Paturi   Baumeister unserer Zukunft

Felix R. Paturi

BAU-MEISTER UNSERER ZUKUNFT

Kühne Projekte
der Forscher, Erfinder und
Ingenieure in aller Welt

Econ Verlag
Düsseldorf · Wien

Für meine Mutter

1. Auflage 1975

Gesetzt aus der 10 Punkt Times Linotron
Gesamtherstellung Mohndruck Reinhard Mohn OHG, Gütersloh
Printed in Germany
ISBN 3-430-17379-5

Inhalt

Statt Untergangsparolen: Bauen an unserer Zukunft – gleichsam ein Vorwort –

Als gegen Anfang der sechziger Jahre die Lage auf dem Energie- und Rohstoffsektor vielen weitsichtigen Wissenschaftlern und Ingenieuren in aller Welt ausweglos erschien, als sich die düsteren Prognosen der Verkehrsexperten in allen Industriestaaten der westlichen Welt zu häufen begannen, als Meßtechniker mit ihren Geräten die drohende Verschmutzung der Luft und der Gewässer erfaßten, berichteten einige wenige Fachjournalisten sachlich, ernsthaft und sehr besorgt über die damals durchaus fatale Situation. Diese Journalisten der ersten Stunde wollten warnen und aufrütteln. Sie wollten die Ziele zeigen, für die es sich einzusetzen lohnte. Sie forderten, die Krisen schon im Keim zu bekämpfen.

Das war vor etwas mehr als zehn Jahren. Dann folgte bis heute die große Schar der Refrainsänger, die weder eigene neue Erkenntnisse vermittelte noch selbst irgendwelche Anregungen zur Lösung der Probleme gab. Ihnen ist nicht aufgefallen, daß es nicht mehr in die Zeit paßt, für das Jahr 2010 das Versiegen der Ölquellen zu beklagen. Denn in diesem Jahr werden mit Sicherheit drei bis vier weitaus ergiebigere und sauberere Energiequellen fließen. Und sie dürften auch nicht mehr um Trinkwasser für das Jahr 2000 besorgt sein, an dem dann bestimmt kein Mangel mehr herrschen wird. Genauso ist es auf vielen anderen Gebieten.

Es entbehrt nicht der Ironie, daß sich vor einem Jahrzehnt, als die Energie-, die Rohstoff-, die Verkehrs-, die Kommunikationsfragen und andere Probleme wirklich noch unlösbar schienen, die Allgemeinheit keineswegs alarmiert wurde. Inzwischen haben sich die Schubladen der Wissenschaftler und Ingenieure mit Rezepten für eine gesicherte Zukunft auf den meisten Gebieten gefüllt. Viele Großprojekte zu ihrer Verwirklichung sind bereits angelaufen.

Noch vor den ersten, ernsthaften Berichten und Analysen haben nämlich auch viele *der* Männer die Drohungen wahrgenommen, die in der Lage sind, ihnen wirkungsvoll zu begegnen. Sie sind die wahren *Verbesserer der Welt,* nicht die Ideologen gleich welcher Schattierung, die sich diesen Rang nur allzuoft anmaßen. Baumeister unserer Zukunft, das sind heute in erster Linie verantwortungsbewußte Forscher, Erfinder und Ingenieure. Sie haben die Forderungen unserer Zeit erkannt. Sie haben nicht geklagt. Sie haben gehandelt. Doch während sie oftmals in aller Stille Projekt um Projekt ausarbeiteten, tönten die Krisenjünger immer lauter: »Es geschieht nichts.«

Was wirklich geschehen ist und was jetzt Schritt für Schritt der Verwirklichung entgegengeht, davon handelt dieses Buch. Daß die Wissenschaftler selbst sich bisher nicht das nötige Gehör verschafft haben, um dem allgemeinen Pessimismus ein Ende zu machen, hat drei Gründe:

Erstens: sie haben hart und mit der in der Tat nötigen Eile an der Zukunft gearbeitet und deshalb keine Zeit gehabt, sich in langen Lobreden über die eigene Arbeit zu ergehen.

Zweitens: Gegen die immer stärker werdende pessimistische Welle kann kein einzelner Forscher auf seinem eng begrenzten Tätigkeitsgebiet ankämpfen. Die Untergangsprediger würden ihm nur vorwerfen: »Deine Arbeit ist ein Tropfen auf den heißen Stein, und das zeigt erst recht die Ausweglosigkeit unserer Situation.«

Drittens: Wissenschaftler sprechen unpopuläre Fachsprachen, und mit Formeln gespickte Forschungsberichte nimmt die Allgemeinheit selten zur Kenntnis.

Welche Lösungen sind nun entwickelt worden?

Tiefsee-Erzbergbau 5000 Meter unter dem Meeresspiegel, die unterirdische Umwandlung mächtiger Kohlelager in hochwertiges Heizgas, im Weltall produzierter Schaumstahl, Bahnen, die lautlos mit 1000 Kilometer in der Stunde durch Röhren dahinjagen, Transportflugzeuge, auf deren Tragflächen fünf Einfamilienhäuser einschließlich Garage und Garten Platz haben, schwimmende Städte, haardünne Glasfasern für ein unvorstellbar leistungsstarkes Lichttelefonnetz, optische Datenspeicher für alles Wissen unserer Welt, mit Sonnenwärme geheizte und mit Weltraumkälte gekühlte Wohnhäuser, fast unhörbare und zugleich abgasfreie Automotoren, das sind beispielhaft einige der Projekte, von denen in diesem Buch die Rede ist.

Eine Übersicht über die verschiedensten Vorhaben auf allen möglichen Gebieten ist heute für den Nichttechniker ebenso notwendig wie für den Ingenieur, der sich meist nur mit seiner Spezialaufgabe befassen kann und deshalb leicht die Gesamtentwicklung aus den Augen verliert. Alle Menschen verbindet ein besorgtes Interesse an den Problemen der Gegenwart und Zukunft und ihren möglichen Lösungen. Die fehlende breite Information, die dieses besorgte Interesse befriedigt, ist zu einem großen Teil für die heute herrschende Beklemmung und Lebensangst verantwortlich.

Freilich läßt sich den sorgenvollen Fragen mit Beschwichtigungen und Verniedlichungen genausowenig begegnen wie mit Panikmacherei. Deshalb sollen in diesem Buch die Großprojekte von morgen so unvoreingenommen wie möglich vorgestellt werden, ohne sie auf- oder abzuwerten. Aus der Fülle der verschiedensten Vorhaben mußte eine Auswahl getroffen werden. Bewußt wurde sie so gewählt, daß der Überblick einen möglichst großen Ausschnitt aus möglichst vielen Problemkreisen wiedergibt. Und bewußt wechseln Vorhaben, die vollständig durchgeplant sind und kurz vor der Ausführung stehen, mit solchen ab, die zwar technisch möglich sind und von Experten als mehr oder weniger chancenreich betrachtet werden, die aber heute noch aus finanziellen oder fertigungstechnischen Gründen als utopisch gelten. Auch die letzteren sind durchaus ernst zu nehmen, denn schon morgen wird fertigungstechnisch möglich sein, was heute noch ein Wunschtraum ist.

Energie für Heute und Morgen

Unerschöpflicher Energiereichtum

»Was die Energiequellen betrifft, die haben wir in Mengen. Aber wir müssen die richtigen Technologien entwickeln, um sie zu nutzen.« Diese optimistischen Worte äußerte Dr. H. Guyford Stever, Direktor der National Science Foundation, die in den USA als Dachorganisation alle Fragen der Energieforschung koordiniert, am 15. Mai 1973 auf einer Expertentagung im amerikanischen Repräsentantenhaus. Dr. Stever ist zugleich wissenschaftlicher Chefberater der amerikanischen Regierung und des Präsidenten. Trotz seines Optimismus räumt der erste Energieexperte des Landes mit dem größten Energiebedarf der Welt jedoch ein: »Wir werden mit der Energie noch lange Jahre Probleme haben.« Wer daran denkt, wie lange die richtigen Technologien vielleicht noch auf sich warten lassen, versteht das.

Eines steht fest: bis heute nutzen wir die uns zur Verfügung stehenden natürlichen Energiequellen so unrationell wie nur irgend möglich. In der Abbildung 1 wurden alle diese Quellen zusammengestellt und daneben in Prozenten angegeben, in welchem Maße sie 1972 in den USA als einem typischen Industrieland der westlichen Welt in Anspruch genommen werden: die fossilen Brennstoffe Kohle, Erdöl und Naturgas zu 95 %, Wasserkraft zu 4 %, Uran zu 1 % und Erdwärme zu weniger als 0,1 %. Diese Bilanz ist erschreckend. Reserven, die zu erschöpfen drohen (fossile Brennstoffe und Natururan) oder in sehr beschränktem Maße zur Verfügung stehen (Wasserkraft), bauen wir ab, diejenigen, die am raschesten versiegen werden, am intensivsten. Alle anderen Energiequellen nutzen wir nicht oder nicht nennenswert (Erdwärme); aber gerade sie sind unerschöpflich.

Noch in einer weiteren Hinsicht zeigt die Abbildung, wie unrationell unsere Energiewirtschaft ist: Bevor wir Energie verbrauchen, wandeln wir sie meist mehrfach um. In Heizkraftwerken und Kernreaktoren gewinnen wir aus Brennstoff zunächst Wärmeenergie. Sie setzen wir zur Wasserverdampfung ein und betreiben dann mit dem Dampf Turbinen. Die Energie liegt jetzt als Bewegungsenergie (kinetische Energie) vor. Wir übertragen sie auf Generatormaschinen und erzeugen damit schließlich elektrischen Strom. Bei jeder Umwandlung geht ein Teil der Energie verloren. Die Wärmeverluste

Energienutzung

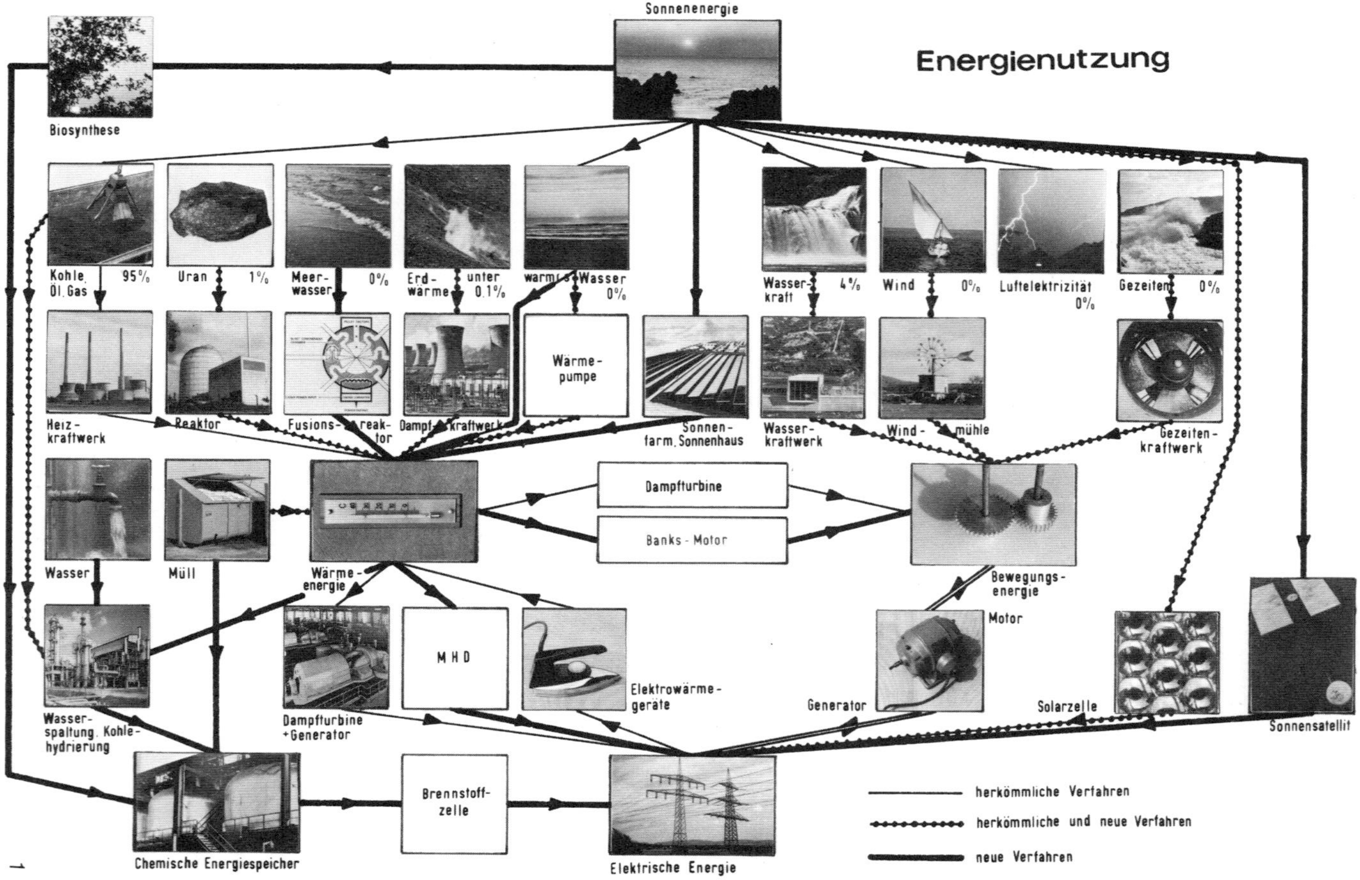

1

bei der ersten Stufe sind so hoch, daß sie uns als Schadwärme Kopfzerbrechen bereiten, denn sie gefährden das biologische Gleichgewicht unserer Gewässer, in das wir sie einleiten. Heizen wir elektrisch, dann setzen wir schließlich die mühsam über die Zwischenstufe Wärme gewonnene und deshalb teure elektrische Energie sogar wieder rückwärts in Wärme um. Das Ergebnis dieser vielfältigen Verwandlungen läßt sich klar und erschreckend in Zahlen fassen: Von aller Energie, die wir *ver*brauchen, *ge*brauchen wir nur 50,3%. Die andere Hälfte geht durch schlechte Wirkungsgrade in den einzelnen Umwandlungsstufen unwiederbringlich verloren.

Wenn Experten trotz dieser Bilanz optimistisch auch in die ferne Zukunft sehen, ja sogar *nur* in die ferne Zukunft, dann ist das keine Wunschtraumutopie: Auf allen Gebieten, die in Abbildung 1 dick gestrichelt eingetragen sind, haben Wissenschaftler in den letzten Jahren zusätzlich zu den bekannten Methoden der Energiegewinnung grundlegend neue, bessere Technologien entwickelt. Und die Energieerzeugungswege, die ich mit dick durchgezogenen Linien gekennzeichnet habe, sind sogar völlig neuartig. An entsprechenden technischen Großprojekten zur Realisierung all dieser genialen Pläne fehlt es nicht.

Brennstoffe der Zukunft: Erdöl, Naturgas und Kohle

Sie haben richtig gelesen: Auch morgen werden wir Erdöl, Naturgas und Kohle verbrennen, sogar in noch größeren Mengen als bisher. Denn bis wir gelernt haben werden, neuartige Energiequellen in größerem Umfang erfolgreich anzuzapfen, werden noch Jahrzehnte vergehen, während der sich unser Energiebedarf vervielfachen wird.

Aber werden nicht die Reserven an fossilen Brennstoffen, eben Erdöl, Naturgas und Kohle, schon sehr bald erschöpft sein?

Selbst wenn der Energiebedarf nicht wachsen würde, wären in rund 25 Jahren die gewaltigen Erdöl- und Naturgasreserven der

Abbildung 1: So nutzt der Mensch die natürlichen Energiequellen. Dünne Striche bezeichnen bekannte, eingeführte Verfahren. Dickgestrichelte Linien bedeuten Wege zur Energienutzung, die wir zwar heute schon begehen, die in Zukunft aber wesentlich verbessert oder ausgebaut werden. Dicke durchgezogene Linien weisen auf zukünftige, völlig neuartige Verfahren hin.

USA verbraucht. Die Gascompany von Washington hat deshalb schon vor Jahren erklärt, daß sie keine neuen Kunden mehr annimmt. Und auch die arabischen Erdölvorkommen sind keine ewig brennenden Wunderlampen. Sofern die Geologen keine neuen großen Öl- und Gasfelder entdecken oder die Techniker keine gangbaren Wege finden, bisher nicht abbauwürdiges Öl wirtschaftlich zu gewinnen, hat allein die Kohle Zukunftschancen. Bei unverändertem Energiebedarf würde ihr Vorrat erst gegen Mitte des dritten Jahrtausends nur Neige gehen. Doch ohne die Entwicklung grundlegend neuer Technologien ist Kohle ein unpraktischer und schmutziger Brennstoff: Autos lassen sich nicht gerade leicht auf Kohlenbetrieb umstellen, und Heizkraftwerke, die Kohle zur Erzeugung elektrischer Energie verbrennen, blasen Tag und Nacht Tonnen giftiger Schwefelverbindungen in die Atmosphäre. Zusammen mit der Luftfeuchtigkeit greifen sie sogar Stahl und Marmor an, und was viel schlimmer ist, sie zerfressen unsere Lungen.

Sollen Erdöl, Naturgas und Kohle unsere Hauptenergiequellen für die nächsten Jahrzehnte bleiben – und eine andere Wahl haben wir nicht –, dann müssen Wissenschaftler und Techniker neue Lagerstätten suchen und finden, außerdem müssen sie lernen, bekannte, bisher nicht erschließbare Lagerstätten abzubauen und Verfahren entwickeln, um Öl und Kohle sauber und möglichst vollständig zu verwerten. An genialen, oft utopisch kühn erscheinenden Ideen fehlt es nicht, und internationale Industriegesellschaften haben sogar schon mit den Ausführungsarbeiten für eine Reihe erfolgversprechender Großprojekte begonnen.

Öl aus dem Meer Nach Schätzungen amerikanischer Wissenschaftler wird die westliche Welt noch im Jahre 2000 rund Dreiviertel ihres Energiebedarfs aus fossilen Brennstoffen decken müssen. Zwar verfügen die neun Ölländer im nahen Osten, Algerien, Libyen, Saudi-Arabien, der Irak, der Iran, Kuwait, Bahrain, Qatar und Abu Dhabi über gewaltige Reserven; aber die jüngste Vergangenheit hat gezeigt, daß der Ölstrom aus diesen Ländern aus politischen Gründen weit schneller versiegen kann als aus geologischen. Kein Wunder also, daß die Suche nach dem flüssigen Gold, von dem das wirtschaftliche Schicksal der Industrienationen abhängt, zum Ölfieber wurde.

Die Lagerstätten leicht gewinnbaren Erdöls auf den Kontinenten sind weitgehend bekannt, ihr Abbau läuft auf vollen Touren. Doch die Goldsucher unserer Tage machen nicht halt, wenn sie im wahrsten Sinne des Wortes den Boden unter den Füßen verlieren. Forschungsschiffe suchen seit Jahren systematisch die Meere ab. Nicht planlos, denn die Geologen wissen längst, in welchen unterseeischen Gebieten sie auf Öl hoffen können und in welchen nicht. Sie setzten ihre Erwartungen besonders in das Schelf, in die Flachwasserzonen, die wie eine Tafel alle Erdteile umsäumen. In Meeresbecken ist der Schelfbereich relativ groß, denn fast ringsum liegt Land, und vor den Küsten erstreckt sich das Flachwasser. Die Nordsee beispielsweise ist ein reines Schelfmeer. Schon vor etwas mehr als zehn Jahren begannen deshalb Geologen, die Nordsee nach Erdöl abzusuchen. Seit 1963 haben sie viele 1000 Kilometer Profillinien seismisch abgetastet, das heißt, durch künstliche Erdbebenwellen den Aufbau des Meeresbodens erforscht. Unter oft schwierigsten Bedingungen, bei arktischen Stürmen und haushohem Wellengang bohrten sie rund 400mal den Meeresboden an und untersuchten die gewonnenen Gesteinsproben.

Ihre Mühe hat sich gelohnt: Fast drei Dutzend Erdölfelder haben die Wissenschaftler bis heute unter der Nordsee entdeckt (vgl. Abb. 2). Sechs davon rechnen zu den Mammutvorkommen der Erde mit jeweils über 70 Millionen Tonnen Rohöl. Insgesamt gelten heute 1200 bis 1500 Millionen Tonnen Nordseeöl als erschlossen. Das ist das Sieben- bis Achtfache aller europäischen Festlandvorkommen.

Der Meeresboden aber birgt noch weit mehr fossile Energiereserven: Neben den Ölvorkommen spürten die Besatzungen der Forschungsschiffe bis heute 50 Lagerstätten mit schätzungsweise 2000 Milliarden Kubikmetern Erdgas auf. Acht dieser Felder führen allein jeweils mehr als hundert Milliarden Kubikmeter. Und noch sind längst nicht alle Öl- und Gasreservoire im Nordseebecken bekannt. Fachleute schätzen sogar, daß bis jetzt erst etwa ein Viertel des Nordseeöls entdeckt wurde. In anderen europäischen Küstengewässern, zum Beispiel vor Grönland und Spitzbergen, in den atlantischen Gebieten vor den britischen Inseln, vor Frankreich, Spanien und Portugal und im Mittelmeer steckt die Suche jedoch noch in den Anfängen.

Wann wird Europa Erdgas und Erdöl aus seinen Meeren praktisch nutzen können? In kleinem Rahmen hat die Ausbeute schon vor

Jahren begonnen. England fördert Naturgas aus den Feldern Leman, Indefatigable, Viking und West-Sole schon seit 1967. Norwegen gewinnt seit 1971 Erdöl aus dem Ekofiskfeld, Dänemark seit 1972 aus dem Feld Dan. Doch die Förderung steht erst an ihrem Anfang. England gewann 1972 20 Milliarden Kubikmeter Erdgas, Norwegen und

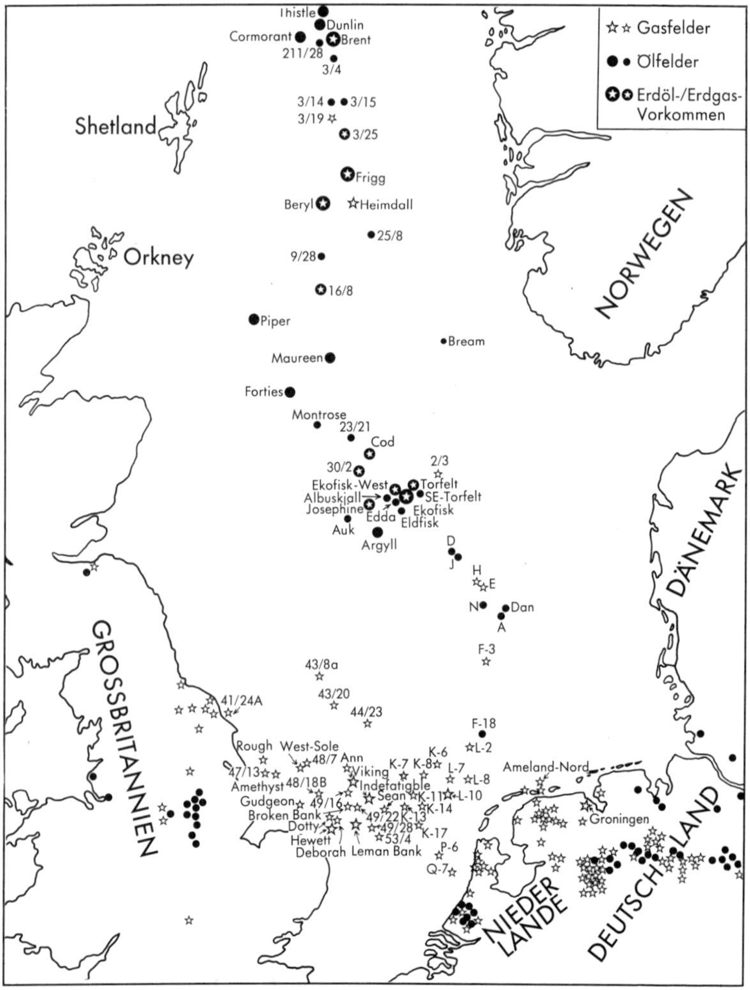

Abbildung 2: Unter dem Grund der Nordsee spürten die Wissenschaftler in den letzten Jahren fast drei Dutzend Erdölfelder und 50 Erdgaslagerstätten auf. Einige davon zählen zu den Mammutvorkommen der Welt.

Dänemark gewannen im gleichen Jahr zwei Millionen Tonnen Erdöl. In wenigen Jahren werden sich diese Zahlen vervielfacht haben. Experten rechnen für 1980 mit einer Jahresproduktion von 80 bis 90 Milliarden Kubikmetern Erdgas und 100 bis 150 Millionen Tonnen Erdöl.

Europa braucht eigenes Öl und Gas. Die Quellen sind gefunden. Zwar werden sie trotz ihrer gewaltigen Größe stets nur einen Teil des gesamten Energiebedarfes des Kontinents decken können, doch werden sie wesentlich zur Unabhängigkeit der europäischen Staaten beitragen können.

Im Golf von Mexiko wird schon seit 1938 Öl aus dem Meeresboden gefördert. Die Offshoretechnik (das englische Wort Offshore bedeutet »von der Küste entfernt«), wie der Fachmann die Erschließung von Lagerstätten im Meer nennt, bereitet demnach keine Schwierigkeiten mehr. Warum also nutzen die großen Ölgesellschaften das Nordseeöl und -gas nicht schon heute in wesentlich stärkerem Umfang? Das Problem liegt in dem Charakter der Nordsee. Nicht umsonst reimen norddeutsche Seefahrer »Nordsee – Mordsee«.

Feste Bohrtürme oder die herkömmlichen schwimmenden Inseln, wie sie seit langem zu Hunderten in amerikanischen Küstengewässern arbeiten, sind für den harten Nordsee-Einsatz absolut ungeeignet. Auch im Golf von Mexiko gibt es Stürme. Sogar heftigere als in der Nordsee. Aber sie dauern niemals lange und ihre Wege sind bekannt: Man weiß, wann sie kommen. An den stählernen Fördergiganten in der Nordsee rütteln dagegen oft wochenlang heftige Stürme, nicht selten mit voller Orkanstärke.

Der Betrieb der Bohrstation darf dabei nicht unterbrochen werden. Doch die Windkräfte, stark genug, um Dächer abzudecken, Autos in die Luft zu heben oder schwere Hafenkrananlagen einfach umzuwerfen, bereiten den Konstrukteuren die geringsten Kopfschmerzen. Winde verursachen Meeresströmungen. Zwar bewegen sich vom Sturm gepeitschte Wassermassen nur mit etwa 3% der Windgeschwindigkeit, doch das Wasser ist 800mal so dicht wie Luft. Die durch einen Sturm erzeugten Wasserkräfte, die an einer Bohrinsel schieben und zerren, sind deshalb rund 25mal so heftig wie der Sturm selbst. Auch sie dürfen die Produktion nicht beeinflussen. Dazu kommen die großen ozeanischen Meeresströmungen und die Gezeitenströme.

Vor Jahren brachen drei riesige Kühltürme eines englischen Kraftwerkes im Gesamtwert von drei Millionen Dollar zusammen. Sie hatten dem Sturm nicht standgehalten. Meeresströmungen bedeuten demgegenüber eine vielfache Belastung. Doch die von den Baustatikern gefürchtetste Gewalt ist der Seegang. Wasserströmungen, so heftig sie sein mögen, lassen sich berechnen. Sie ändern sich nicht von Sekunde zu Sekunde. Wellen bei schwerem Seegang sind im wahrsten Sinne des Wortes unberechenbar. Sie ziehen nicht, sie reißen, sie drücken nicht, sie stoßen – unvorhersehbar in ihrer Gewalt und in ihrer zeitlichen Folge. Oft sind die gegen eine Förderplattform anrennenden Wasserwände 10, ja 20 m hoch. Mit wohnblockhohen, fast senkrechten und manchmal sogar überhängenden Flanken brechen sie schonungslos über jede menschliche Konstruktion herein, die sich ihnen in den Weg stellt. Solche Hexenkessel der Naturgewalten muß eine Nordseebohrinsel überdauern. Mehr noch: sie muß unter diesen extremen Bedingungen ungestört weiter arbeiten.

Alle konventionellen Konstruktionen versagten. Die Konstrukteure mußten sich etwas grundlegend Neues einfallen lassen, und sie haben die schwierige Aufgabe, vor der sie standen, gelöst. Das Stichwort heißt Halbtaucher. Auf drei oder vier röhrenförmigen Beinen von über 40 m Höhe ruht die eigentliche Bohrplattform. Unten stehen die Beine auf hohlen Schwimmkörpern, die die Gesamtkon-

Abbildung 3: Hundert Meilen vor der Ostküste der Shetland-Inseln arbeitet der *Halbtaucher* SEDCO K. Die schwimmende Bohrinsel erschließt Ölvorkommen unter dem Meeresgrund.

Abbildung 4: Auch von stürmischer See mit haushohen Wellen lassen sich halbtauchende Bohrinseln nicht aus der Ruhe bringen. Im stärksten Wellengang bleiben sie unbeweglich wie hier die SEA QUEST in der Nordsee vor Aberdeen, Schottland.

Abbildung 5: Kurz vor der Fertigstellung im Hamburger Hafen läßt die TRANSOCEAN Nr. 3 gut das Prinzip der Halbtaucher erkennen. Die schiffsförmige Bohrplattform schwimmt noch auf dem Wasser, ihre vier Tragsäulen ragen hoch über sie hinaus. Am Einsatzort werden später die im Bild nicht sichtbaren großen Schwimmkörper am unteren Ende der Tragsäulen zunächst geflutet. Dadurch sinken sie ab. Die Plattform wird dann oben an den Säulen befestigt. Werden die Schwimmer wieder mit Luft gefüllt, heben sie schließlich die Plattform hoch über den Wasserspiegel hinaus (vgl. Abb. 3 und 4).

Abbildung 6: Die CASTORO II bei ihrer Arbeit in der Nordsee. Das Spezialschiff verlegt Unterwasser-Pipelines beliebiger Länge. Vorne in der Bildmitte gleitet das knapp 1 m dicke Rohr ins Meer.

4

6

struktion tragen. Ein raffiniertes Regelsystem steuert den Auftrieb der Schwimmkörper so, daß die Beine stets zur Hälfte untergetaucht sind. Dadurch treibt die künstliche Insel nicht an der Wasseroberfläche, wo Wellen sie heben und senken oder gar überspülen würden. Ihre Auftriebskörper liegen rund 20 Meter unter dem Meeresspiegel im ruhigen Wasser. Ihre Arbeitsplattform liegt ebensoweit über dem Meeresspiegel und ist auch für höhere Wellenberge unerreichbar.

Die ersten solchen Halbtaucher haben sich schon praktisch bewährt, zum Beispiel die Sedco K, seit 1973 100 Meilen vor der Ostküste der Shetland Inseln (vgl. Abbildung 3) oder die Sea Quest, seit 1972 östlich von Aberdeen, Schottland (vgl. Abbildung 4). Die Transocean Nr. 3 ging während der Arbeiten am Manuskript zu diesem Buch gerade im Hamburger Hafen ihrer Fertigstellung entgegen (vgl. Abbildung 5).

Nicht nur die mörderischen Witterungsbedingungen erschweren die Arbeiten in der Nordsee gegenüber den Bohrungen in Mittelamerika. Auch die Entfernungen der Felder vom Festland sind wesentlich größer. Dadurch wird der Transport von Öl und Gas teuer. Die herkömmliche Beförderung mit Tankschiffen wäre völlig unwirtschaftlich. Das Öl fließt nicht beliebig schnell aus den Fördertürmen, und die Tanker müßten für das Beladen lange und sehr teure Liegezeiten in Kauf nehmen. Der Erdgastransport per Tankschiff ist noch problematischer: Das Gas nimmt so viel Laderaum in Anspruch, daß die Frachtkosten den Marktwert des Erdgases übersteigen würden.

Öl- und Gastransport von der Bohrinsel zum Festland: zwei Probleme, mit deren wirtschaftlicher Lösung das Projekt Energie aus der Nordsee steht und fällt. Die ersten Gehversuche der Ölgesellschaften in Europas nordischem Meer lassen drei verheißungsvolle Techniken erkennen, die einen Ausweg zeigen.

Vom Forties-Ölfeld her (vgl. Abb. 2) installierte die British Petroleum Company (BP) 1973 bis 1974 mit dem eigens entwickelten Pipeline-Verlegeschiff Castoro II eine Rohrleitung auf und zum größten Teil unter dem Meeresboden. In der Cruden Bay in Aberdeensshire erreicht sie das britische Festland (vgl. Abb. 6). Das Rohr hat einen Durchmesser von 80 cm. Seine 3/4 Zoll (19 mm) dicken Stahlwände sind außen mit Teer verkleidet und schließlich noch in eine 2 1/2 Zoll (61 mm) starke Stahlbetonhülle eingebettet. Die

Unterwasserpipeline ist 110 Meilen (204 km) lang. Davon liegen 95 Meilen (176 km) in Wassertiefen von 100 m und mehr, tiefer als je zuvor eine Pipeline verlegt wurde. An die Seepipeline schließt sich eine Landpipeline von etwas mehr als der gleichen Länge an. Sie liegt größtenteils in Acker- und Moorland zwei Meter unter der Erdoberfläche und ist unter anderem mit Fiberglas isoliert.

Die Gesamtinvestition zur Erschließung des Fortiesfeldes wird (nach dem Stand von 1974) 400 Millionen Pfund Sterling oder umgerechnet 2,5 Milliarden DM betragen. Ende 1975 werden täglich 40 Millionen Liter Öl vom Fortiesfeld zu den Raffinerien fließen, ein Jahr später werden es fast 65 Millionen Liter sein. Das entspricht einer Jahresproduktion von 25 Millionen Tonnen.

Doch auch der Tankertransport für Nordseeöl hat durchaus Chancen, wenn es gelingt, die Liegezeiten der Schiffe drastisch zu verkürzen. Dieses Konzept verfolgt die Phillips Norway Group. Im Rahmen der Erschließung des Ekofiskfeldes (vgl. Abb. 2) ließ sie Anfang Juli 1973 einen schwimmenden Ölvorratstank von über 150 Millionen Litern Fassungsvermögen an den Ort der Bohrung schleppen (vgl. Abb. 7). Für die 212 Seemeilen (knapp 400 km) lange Schleppfahrt mußte die Gesellschaft sechs superstarke Schlepper mit zusammen über 50 000 PS Leistung anheuern. Der Tiefgang des rund 90 m hohen Monstrums betrug während der Fahrt etwas mehr als 66 m. Allein die Untersuchungen des Meeresbodens an der Absenkstelle, auf der der Koloß heute steht, verschlangen Millionen. Zusätzlich zu dieser Einrichtung für die Ölverschiffung wird das Ekofiskfeld gleich über zwei Unterwasser-Pipelines mit dem Festland verbunden werden: Eine Rohölleitung nach England wurde im September 1974 fertiggestellt, eine Erdgaspipeline nach Deutschland soll im Oktober 1975 betriebsbereit sein. Schon Mitte 1974 wurden im Ekofiskfeld täglich sieben Millionen Liter Rohöl gefördert. In wenigen Jahren werden es pro Tag 160 Millionen Liter sein.

Ein dritter Weg für den Transport fossiler Brennstoffe aus der Nordsee besteht neben Pipelines und Öltankerverkehr im Schiffstransport von Erdgas. Naturgas unbehandelt in Tankschiffen zu befördern ist wegen der hohen Transportkosten absolut unwirtschaftlich. Eine Überschlagsrechnung macht das verständlich: Würden die für 1980 erwarteten jährlich geförderten 80 bis 90 Milliarden Kubikmeter Erdgas ausschließlich von Großtankern mit 85 000 m^3 Fassungsvermögen transportiert, so müßte fast alle fünf Minuten von europäischen Häfen ein Schiff dieser Größe zu den Erdgasfeldern der Nordsee auslaufen. Das ist undenkbar. Andererseits wird sich ein Schiffstransport zwischen Gaslagerstätten und Festland nicht umgehen lassen, wenn in Zukunft große Felder weitab von der Küste in tieferen Gewässern entdeckt und erschlossen werden.

Die Techniker suchten nach einer wirtschaftlichen Lösung und fanden sie: Das Erdgas muß bei tiefen Temperaturen an Ort und Stelle verflüssigt werden. Dabei nimmt das Volumen auf den sechshundertsten Teil ab. Das setzt aber den Bau großer Verflüssigungsanlagen mitten im Meer voraus. Solche Einheiten werden heute in den USA, in Japan und Europa entwickelt. Aber noch erscheinen die Baupläne zum Teil reichlich futuristisch. Die Überlegungen reichen von einem völlig untergetauchten Verflüssiger am Meeresgrund über untergetauchte, im ruhigen Wasser verankerte, bis zu schwimmenden Einheiten.

Das verflüssigte Erdgas wird in einem Tank gesammelt und von dort mit einer Spezialleitung in Tankschiffe entladen. Der Werkstoff dieser Leitung muß extremsten Anforderungen genügen. Er muß nicht nur flexibel und wie alle im Meer verwendeten Materialien seewasserbeständig sein, sondern darüber hinaus auch bei −162 °C – denn so kalt ist flüssiges Erdgas – vollkommen elastisch bleiben.

Auch die Erdgastankschiffe werden eigens für ihre Aufgabe gebaut. Zwei derartige gigantische LNG-Carrier (LNG-Carrier = *l*iquified *n*atural *g*as carrier = Flüssignaturgas-Tanker) mit je 125 000 m³ Inhalt sollen bereits 1977 in Kiel vom Stapel laufen (vgl. Abb. 8).

Abbildung 7: Wie bei einem gewaltigen Eisberg ragt nur das oberste Ende dieses Stahlbetonmonstrums von der Größe eines dreißiggeschossigen Wolkenkratzers aus dem Wasser. Das riesige Gebilde inmitten der Nordsee ist ein Rohöltank mit 150 Millionen Litern Fassungsvermögen. Die Dimensionen des Riesenspielzeugs verrät eine Zahl: Die Entfernung zwischen Tank und Bohrinsel in der Bildmitte beträgt knapp 1 km.

Abbildung 8: 125 000 m³ verflüssigtes Erdgas werden Riesentanker wie dieser ab 1977 auf jeder Fahrt von den Gasfeldern in der Nordsee zum Festland bringen. Die zehngeschossige Kommandobrücke nimmt sich gegen die fünf gewaltigen Kugeltanks bescheiden aus.

Gas aus der Arktis – das kanadische Fünf-Milliarden-Dollar-Rohr Die 2000 Milliarden m^3 Erdgas des Nordseegebietes zu fördern und zu den Verbrauchern in Europa zu transportieren ist keine Kleinigkeit. Die zehnfache Menge (rund 19000 Milliarden m^3) aus den um 1970 entdeckten Feldern im arktischen Norden Kanadas in den Süden des Landes und ebensoviel aus der Eiswelt Alaskas nach den USA zu befördern, stellt vielleicht das gigantischste Transportproblem aller Zeiten dar.

Die Großindustrie und die Regierungen beider Länder haben die Herausforderung angenommen. Die drohende Energiekrise ließ ihnen keine andere Wahl. Seit Jahren suchen Scharen von Experten aller Fachrichtungen nach Lösungen für die Mammutaufgabe. Geologen und Geographen, Transportspezialisten, Maschinenbauer, Materialwissenschaftler und Dauerfrost-Experten beteiligen sich an den Untersuchungen ebenso wie Elektrizitätsversorgungsfachleute, Wild- und Landschaftsschutzorganisationen, Soziologen, Wasserversorgungs- und Wasserschutzämter und Nahrungsmittelberater.

Der Schiffstransport mit Flüssiggastankern würde in arktischen Gewässern fast unüberwindliche Schwierigkeiten bereiten. Die gewaltigen Spezialtanker müßten speziell für diesen Einsatz als Eisbrecher ausgerüstet werden, überdies könnten sie während der Wintermonate nicht verkehren. Auch der Eisenbahntransport mit Spezialzügen ist indiskutabel. Schmelzvorgänge im oberen Bereich der Dauerfrostböden würden die Schienenstränge demolieren, und die Investitionskosten für das Streckennetz sowie Tausende von Spezialwaggons würden die Transportkosten ins Astronomische klettern lassen.

Zwei Konzepte aber lassen sich verwirklichen. Beide sind gigantisch, sensationell und einmalig. Beide haben utopische Dimensionen. Beide konkurrieren miteinander, und vielleicht werden sogar beide unabhängig voneinander das Rennen gewinnen, wenn der Gashunger Nordamerikas es eines Tages notwendig macht.

Das eine Projekt ist die Arctic Gas Pipeline. Wenn die Regierungen Kanadas und der Vereinigten Staaten ihren Bau bewilligen, und das ist sehr wahrscheinlich, erfolgt im zeitigen Winter 1976/77 der erste Spatenstich für das bisher gewaltigste Bauvorhaben des Kontinents. Voraussichtliche Gesamtkosten der Pipeline: fünf bis sechs Milliarden Dollar. Der Aufwand für die Voruntersuchungen, ob sich das Projekt überhaupt durchführen läßt, fällt dagegen kaum ins Gewicht. Immerhin haben die Studien bis 1974 schon 60 Millionen Dollar verschlungen.

Die Daten des Mammutprojekts sind selbst für Industriegiganten beeindruckend und übersteigen die Leistungsfähigkeit kanadischer Großkonzerne selbst dann, wenn sie sich zu Arbeitsgemeinschaften zusammenschließen. Die 3000 Meilen (rund 4800 km) lange, 1¼ Meter starke Pipeline wird mindestens eine Million Tonnen Stahlrohr im Materialwert von 500 bis 750 Millionen Dollar verschlingen. Eine Spiralschweißanlage, in der Rohrstücke hergestellt werden sollen, kostet allein 18 Millionen Dollar. Drei derartige Anlagen werden während der Arbeiten gleichzeitig ausgelastet sein. Für die Verlegearbeiten müssen 320 Spezialtraktoren, 250 Bulldozer, 600 Lastkraftwagen und 650 Schweißeinrichtungen zur Verfügung stehen, die meisten davon eigens für den Einsatz unter Polarbedingungen konstruiert, bei denen normaler Stahl spröde und brüchig wird.

Im Dauerfrostboden muß das dicke Rohr aus klimatischen Gründen unterirdisch verlegt werden. Aber es gibt keine Maschinen, die im starrgefrorenen arktischen Gelände rationell genug entsprechende Gräben ausheben könnten. Spezialkonstruktionen werden erforderlich. Jede dieser Maschinen wird 300 000 bis 400 000 Dollar kosten.

Allein die Anlage der Mannschaftscamps wird eine enorme Ingenieurleistung darstellen. 18 Teams, deren Camps ausnahmslos mehr als 1500 km von jeder Versorgungsquelle für Lebensmittel, Wasser, Brennstoff, Elektrizität und allen Bedarfsgütern des täglichen Lebens trennen, müssen in jeder Hinsicht autark aufgebaut werden. Im extremen Norden wird so ein Camp die Größe einer Kleinstadt von 8000 Einwohnern haben, die Tag für Tag 24 000 Mahlzeiten konsumieren und entsprechend viel Müll produzieren.

Die Versorgung der Camps und den Materialnachschub zu den Baustellen sollen Transportunternehmen auf Straßen, Schienen, Wasserwegen und in der Luft übernehmen. Aber selbst die größten Organisationen fühlen sich dieser Aufgabe mit den heute verfügbaren Mitteln nicht gewachsen. J.R. O'Rourke, Direktor bei den kanadischen Staatsbahnen, schätzt, daß seine Gesellschaft eigens 300 bis 600 neue Güterwagen ordern muß. Fuhrunternehmer rechnen mit dem Kauf von 250 zusätzlichen Großtransportern, und Reedereien bereiten sich auf den Neuerwerb von 50 Frachtschiffen vor. Die kanadische Regierung hat für das Vorhaben mit dem Bau einer neuen Fernstraße, dem Mackenzie Highway, begonnen. Sie wird 130 Millionen Dollar kosten. Der gesamte Transportaufwand wird einige 100 Millionen Dollar betragen.

Ein anderer Angelpunkt des Fünfmilliardenprojektes ist der geplante raffinierte Spezialcomputer, der die Pipeline später überwachen und ihren Förderdruck über 24 große Kompressorstationen regeln soll. Allein die Baukosten dieser Stationen schätzen Experten auf 50 Millionen Dollar. Der Computer selbst wird 100 Millionen kosten. Die Northern Canada Power Commission will eigens für die Stromversorgung des riesigen Rechenzentrums ein Kraftwerk am Großen Bärensee errichten. Baukosten: 100 Millionen Dollar. Zusätzliche neue Stromquellen sind in anderen Teilen des Nordabschnitts erforderlich. Baukosten: 200 Millionen Dollar.

Zu den insgesamt fünf bis sechs Milliarden Dollar für die Pipeline gesellen sich einige 100 Millionen Dollar für die Bohr- und Aufbereitungsanlagen.

Die Arbeiten an der Arctic Gas Pipeline werden allen Beteiligten physische und psychische Höchstleistungen abfordern: Während die Arbeiter, Techniker und Ingenieure an den Baustellen in der Arktis im Dunkel der Polarnacht bei eisigen Stürmen mit Temperaturen von −50 °C kämpfen, werden die Projektleiter mit Bangen unerwarteten Verzögerungen im Baufortschritt entgegensehen; denn jeder Tag, den die Pipeline später fertig wird, bedeutet einen Zinsverlust von 600 000 Dollar. Fast alle Kosten fallen ja an, bevor auch nur ein einziger Kubikmeter Gas durch die Leitung fließt, also bevor sich die Anlage amortisiert.

Das Schlimmste ist: im Dauerfrostgebiet nördlich des 60. Breitengrades – dort verläuft mehr als die Hälfte der geplanten Pipeline – fallen große Teile des Jahres von vornherein als Arbeitszeit aus. Im Polarsommer tauen die oberen Bodenschichten vorübergehend auf und verwandeln sich in unwegsamen Morast. Hier läßt sich das Projekt nur im Winter vorantreiben. In diesen Monaten aber dauert die Polarnacht täglich 24 Stunden. Dennoch: in nur drei Jahren soll die stählerne Riesenschlange betriebsfertig einen halben Kontinent durchziehen (vgl. Abb. 9), von den US-amerikanischen Gasfeldern im nordöstlichen Alaska über die großen kanadischen Vorkommen am Delta des Mackenzie River entlang der Ostflanke der Rocky Mountains bis Calgary im Südwesten Kanadas und weiter bis zur

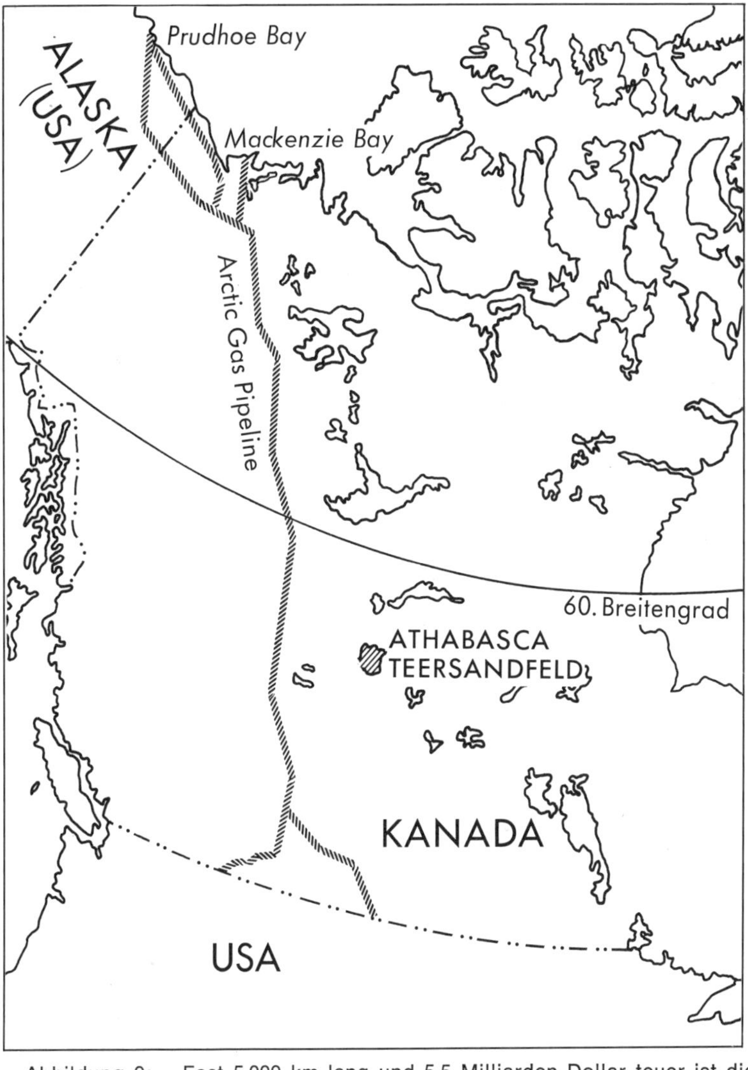

Abbildung 9: Fast 5 000 km lang und 5,5 Milliarden Dollar teuer ist die geplante Erdgaspipeline, die von Alaska und der arktischen Mackenzie Bay durch Dauerfrostböden und weite Moorgebiete bis zur kanadischen Südgrenze führen soll.

Grenze der Vereinigten Staaten. Die volle Förderleistung soll allerdings erst einige Jahre nach der geplanten Inbetriebnahme im Juli 1978 ausgenutzt werden. Dann sollen täglich 100 Millionen Kubikmeter Erdgas durch das fast 5000 km lange Stahlrohr strömen.

Wird der große Gasstrom aus dem Norden den unersättlichen Durst Kanadas und der USA stillen können? Bei weitem nicht! Er vermag gerade 7% zum gegenwärtigen Naturgasbedarf der beiden Staaten beizusteuern. – Noch ist die Mackenzie Pipeline nicht im Bau, doch schon denken die Gas- und Ölgesellschaften an neue Pipeline-Großprojekte. Einer der Stahllieferanten für die Fünf-Milliarden-Dollar-Röhre, die Stelco Corporation, rechnet fest damit, daß bereits im nächsten Jahrzehnt eine Erdölpipeline parallel zur geplanten Erdgasleitung entstehen und daß eine zweite Gaspipeline einmal sogar bis zu den arktischen Inseln verlegt wird.

Der Energiehunger Nordamerikas scheint unstillbar. Deshalb ist es mehr als wahrscheinlich, daß das große Konkurrenzprojekt zur Mackenzie Pipeline nicht nur eine Alternative zu den gigantischen Transportvorhaben ist, sondern eines Tages parallel dazu realisiert werden dürfte. Der Grundgedanke klingt noch phantastischer: Die Firma Boeing will Erdöl und Gas durch die Luft transportieren und dazu ein Flugnetz aufbauen, das mindestens ebenso leistungsfähig ist wie das kanadische 1¼-Meter-Rohr.

Als im Sommer 1969 eine Ölgesellschaft leitende Konstrukteure der Boeing Company fragte, ob so ein »Airlift« denkbar sei, war die Antwort ein Lächeln. Der Transportaufwand würde ein Vielfaches des Öl- oder Gasmarktwertes betragen. Doch Marvin D. Taylor und eine kleine Gruppe weiterer befähigter Flugzeugkonstrukteure ließ die technische Herausforderung, die in dem Gedanken lag, nicht mehr los. Sie beschäftigte fortan nur eine Frage: Wie lassen sich die Kosten senken?

Drei Jahre später, am 17. Mai 1972, schildert Taylor in lebendigen Worten vor der Petroleum Society in Calgary die entscheidenden Schritte zur Lösung des Problems: Fluggäste reisen nicht gern nachts, so daß Linienmaschinen viele Stunden des Tages ungenutzt bleiben. Geeignete Öl- und Gastransporter aber ließen sich rund um die Uhr einsetzen: vier bis sechs Stunden für Be- und Entladung sowie Wartung, 18 bis 20 Stunden Flug. Dadurch machen sich die Maschinen wesentlich schneller bezahlt. In Frage kommt vor allem der Transport in arktischen Zonen. In wärmeren Gebieten ließe sich auf den dort billigeren See- oder Pipelinetransport übergehen. Die Entfernungen nördlich des 60. Breitengrades sind, als Luftverkehrslinien betrachtet, relativ kurz. Für rund 1000 km lange Strecken brauchen die Maschinen nicht besonders schnell zu sein. Und ihre Treibstofftanks lassen sich zugunsten der Nutzlast recht klein halten. Diese Erkenntnisse übertrug das Boeing-Team auf das Zeichenbrett. Existierende Modelle, wie die als Jumbo Jet bekannte Boeing 747, wurden umkonstruiert. Dabei zeigte sich rasch, daß das Transportkonzept um so günstiger aussah, je größer die betrachteten Maschinen waren. Schließlich machte eine völlige Neukonstruktion das Rennen. Der Erdöl- und Naturgastransporter, an dessen Detailkonstruktion die Flugzeugbaufirma mittlerweile arbeitet, ist gigantisch (vgl. Abb. 10).

Das Weiße Haus in Washington, 77-Zimmer-Residenz des Präsidenten der Vereinigten Staaten, ist 52 m lang, 26 m breit und 18 m hoch. Gegen den Luftriesen nimmt es sich wie ein Spielzeug aus. Hier sind seine Maße: Länge 103 m, Spannweite 146 m, Höhe 26 m. Die Fläche seiner Flügel überdeckt mehr als 3000 m^2, Platz genug für fünf Einfamilienhäuser einschließlich Garage und Garten. 12 Triebwerke – der Jumbo Jet besitzt vier – werden den 1600 Tonnen schweren Koloß von der Piste heben. Das ist das Gesamtgewicht einer Herde von mehr als 300 ausgewachsenen Elefantenbullen. Zwei Drittel davon sind Nutzlast, also Erdöl oder Flüssiggas.

Im Gegensatz zu herkömmlichen Flugzeugen wird es aber nicht im Rumpf verladen, sondern in zigarrenförmigen Riesenbehältern, die in die Tragflächen eingebaut sind. Jede einzelne Zigarre hat acht Meter Durchmesser und besteht aus zwei einzelnen Tanks. Zum Be- und Entladen der Maschine werden diese Behälter nicht etwa vollbeziehungsweise leergepumpt. Das würde viel zu lange dauern und Flugstunden kosten. Die Tanks werden mit Spezialladern, die auf Schienen an das Flugzeug heranfahren, komplett ausgetauscht: in der Arktis leere gegen volle, am Bestimmungsort der Fracht volle gegen leere. Und sollte der Gigant einmal nicht 20 Stunden am Tag ausgelastet sein, dann legt er rasch noch einen Sonderflug, zum Beispiel für eine Erzmine, ein. Am Rumpf ändert sich ja nichts, nur die Ladungsbehälter sehen innen anders aus.

Natürlich bewältigt eine Maschine allein nicht die Fördermenge von 100 Millionen Kubikmetern Erdgas pro Tag, die durch das kanadische Fünf-Milliarden-Dollar-Rohr strömen sollen. Boeing plant deshalb einen ganzen Schwarm derartiger Riesenvögel und hat je ein Luftflottenkonzept für 37 und für 51 Flugzeuge dieses Typs entwikkelt. Bei einem Stückpreis von 70 bis 80 Millionen Dollar und rund einer halben Milliarde Dollar für die Errichtung geeigneter Flughäfen kostet das Gesamtprojekt zwischen drei und fünf Milliarden Dollar. Das ist im Vergleich zu der Mackenzie Pipeline nicht viel, und außerdem bringt die Luftflotte noch einige Vorteile mit sich: Die Investitionen können nach und nach erfolgen, denn bereits ein Flugzeug mit Behelfspiste in Nord und Süd kann wirtschaftlich arbeiten, während die Pipeline komplett fertiggestellt sein muß, bevor sie in Betrieb geht. Und Pipelines lassen sich im Bedarfsfall nicht verlegen, wohl aber Luftlinien.

Brennender Sand – brennende Steine Ich habe das internationale Nordseeöl- und -erdgasprojekt beschrieben und von den gewaltigen technischen Anstrengungen zur Förderung arktischer fossiler Brennstoffe berichtet. In welchem Verhältnis stehen die in diesen Gebieten erschlossenen Energiereserven zu den Mammutvorkommen im Nahen Osten?

Bisher gelten rund 1,5 Milliarden Tonnen Erdöl unter der Nordsee als erschlossen. Insgesamt hoffen Fachleute auf etwa sechs Milliarden Tonnen. Im Norden und Westen Kanadas und im Gebiet der nordamerikanischen arktischen Inseln rechnen Experten mit etwa 20 Milliarden Tonnen, von denen sich aber nur etwas mehr als die Hälfte wirtschaftlich fördern lassen. Dem stehen Reserven von 86 Milliarden Tonnen in den klassischen Erdölländern des Nahen Ostens gegenüber. Wenn die Schätzungen der Shell-Gruppe zutreffen, nach denen der Weltölverbrauch in den nächsten 10 Jahren genauso groß sein wird wie in den vergangenen 100 Jahren, dann sind die Ölfunde unter der Nordsee und in der Arktis ein Tropfen auf den heißen Stein. Nur auf sie gestützt bliebe die Energiewirtschaft der westlichen Welt nach wie vor weitgehend von den arabischen Staaten abhängig.

Abbildung 10: Für den Lufttransport von Flüssigerdgas aus der Arktis plant BOEING einen Giganten mit zwölf Triebwerken, der den nur vierstrahligen Jumbo-Jet zum Zwerg macht. Auf den Tragflächen des Luftriesen haben fünf Einfamilienhäuser einschließlich Garage und Garten Platz.

BOEING

Doch es gibt einen Ausweg: In Kanada und den Vereinigten Staaten, zum Teil auch in Nordeuropa, liegen bisher so gut wie ungenutzte Ölreserven, die sich an Umfang mit dem bekannten Erdölvorrat der ganzen Welt – etwas mehr als 300 Milliarden Tonnen – messen können. Der Boden der kanadischen Provinz Alberta birgt allein über 100 Milliarden Tonnen Rohöl, und im Gebiet der amerikanischen Staaten Wyoming, Colorado und Utah sind es zwischen 120 und 190 Milliarden Tonnen. Rund die Hälfte dieser Vorräte ist abbauwürdig.

Grund zum Jubel also? – Durchaus nicht.

Das Öl, von dem hier die Rede ist, läßt sich nämlich nicht einfach durch Bohrungen gewinnen. In Kanada ist es eine zähe bitumenartige innig mit Sand vermengte Masse, die unter dem Namen Teersand bekannt geworden ist (vgl. Abb. 9). Die Vorkommen in den USA bestehen aus mit Öl vollgesaugtem Schiefergestein. Geringere Ölsandvorkommen sind auch aus Norddeutschland und Anfang 1974 aus der Nordsee gemeldet worden.

Die Athabaska-Teersandfelder sind schon seit fast 200 Jahren bekannt. Der Forschungsreisende Peter Pond hatte sie durch Zufall entdeckt, als er beobachtete, wie Indianer vom Stamm der Cree mit der öligen Substanz, vermischt mit Fichtenharz, ihre Kanus wasserfest machten. 1913 begann der Ingenieur Sydney Clark Ells im Auftrag der kanadischen Regierung ein Verfahren für die Aufbereitung des Teersandes zu suchen. Er suchte 32 Jahre lang ohne nennenswerten Erfolg. Der klebrigen schwarzen Masse war nicht beizukommen. Parallel dazu startete 1923 der Research Council of Alberta Experimente mit einer Heißwasserflotation, bei der das Öl mit kochendem Wasser und Wasserdampf aus dem Sand ausgewaschen wird. Im Labor erscheint diese Methode denkbar einfach. In der Praxis ist sie aber mit so großen technischen Schwierigkeiten verbunden, daß eine

Abbildung 11: Die ersten mächtigen Schaufelradbagger fressen sich in den kanadischen Teersand. Bei jeder Umdrehung fördert das »Riesenrad« 20 Tonnen. Tag für Tag schürft eine einzige Anlage dieser Art 108 000 Tonnen Sand.

Abbildung 12: So sieht es heute in den kanadischen Ölsandfeldern von Athabaska aus. Zwischen weiten Tagebauflächen und Abwasserseen steht die erste Aufbereitungsanlage. 1990 sollen 10 bis 15 weit größere Anlagen arbeiten.

G.C.O.S.
ERIE

Reihe von Ölgesellschaften alle entsprechenden Versuche resigniert aufgaben.

Als einziges Unternehmen der Welt praktiziert seit 1968 die Great Canadian Oil Sand Limited das Flotationsverfahren. Doch auch sie konnte bisher auf diese Weise erst weniger als 0,1% des gesamten Ölvorrats fördern.

Die extremen Abbaubedingungen lassen verstehen warum: Um, wie das heute geschieht, täglich 8000 Tonnen Öl zu gewinnen, müssen 100 000 Tonnen Sand ausgebaggert, zur Aufbereitungsanlage befördert, mit Heißdampf gewaschen und schließlich wieder abgeräumt werden. Dabei treibt das Unternehmen den Tagebau bis in Tiefen von 100 m voran (vgl. Abb. 11 und 12). Landverwüstungen gewaltigen Ausmaßes und ganze Seen von Abwasser sind die unvermeidliche Folge. Das gesamte Teersandvorkommen am Athabaska-Fluß erstreckt sich über rund 25 000 Quadratkilometer, und es läßt sich voraussehen, daß die recht umweltbewußt denkende Landesregierung den erst langsam beginnenden Raubbau an der kanadischen Landschaft nicht mehr allzulange dulden wird, wenngleich Experten davon sprechen, daß um 1990 in 10 bis 15 gewaltigen Anlagen auf die geschilderte Weise täglich 150 000 Tonnen Öl gewonnen werden sollen.

Natürlich suchen alle Beteiligten fieberhaft nach Wegen, das flüssige Gold zu fördern, ohne den begleitenden Sand bewegen zu müssen. Eine solche Methode würde es auch gestatten, Schichten auszubeuten, die tiefer als 100 m unter der Erdoberfläche liegen. Aber bis heute ist keine Lösung in Sicht.

Noch größere Probleme als die Ölsandaufbereitung wirft die Ölschieferverarbeitung auf. Bis heute ist sie in den USA wirtschaftlich unmöglich. Das einzige Vorkommen dieser Art auf der Welt, aus dem einige Jahrzehnte lang Öl gewonnen wurde, liegt in der Nähe

Abbildung 13: Bis 1965 wurde in der deutschen Grube Messel Ölschiefer abgebaut. Dann stellte die Gesellschaft die Arbeiten ein. Landschaftsschützer hatten gegen die brennenden und stinkenden Abraumhalden protestiert, ...

Abbildung 14: ... für die gesundheitsschädlichen Arbeitsplätze (hier ein »Stocherer«), die das Schwelverfahren mit sich brachte, fand sich kein Personal mehr ...

Abbildung 15: ... und der Tagebau des ölhaltigen Schiefergesteins war auch nicht ungefährlich; oft kam es zu Grubenbränden oder Bergrutschen.

der deutschen Stadt Darmstadt. Die Grube Messel Gesellschaft, die dort seit 1886 arbeitete, beutete bis 1965 im Tagebau 15,5 Millionen Tonnen Schiefer aus und gewann das Öl daraus in einem nicht gerade sehr sauberen Schwelprozeß.

Nach 1965 ließ sich der Betrieb nicht mehr aufrechterhalten. Das gewonnene Öl war auf dem Markt nicht mehr konkurrenzfähig, Abraumhalden, Luft- und Wasserverpestung beschworen den Unwillen der Landschaftsschützer herauf, und für die gesundheitsschädlichen Arbeitsplätze ließ sich kein Personal mehr finden (vgl. Abb. 13 und 14). Schon zuvor hatten immer wieder Einstürze in der Grube zu schweren Unfällen geführt, denn das brettflache ölige Gestein gleitet wie geschmiert noch bei einem Gefälle von wenigen Prozent (vgl. Abb. 15). Oft verursachte Selbstentzündung Brände im Abbaugebiet und auf den Abraumhalden. Sie ließen sich nicht löschen, weil sie sich in dem gut durchlüfteten porösen Gestein in den Berg hineinfraßen und deshalb von der Oberfläche her nicht bekämpft werden konnten. Noch heute sind nicht alle Schwelherde auf den Halden erloschen.

Ist die wirtschaftliche Verarbeitung von Ölschiefer ein unlösbares Problem? Noch vor wenigen Jahren schien es so. »Eine Tonne dieses Gesteins enthält 150 Liter Öl«, sagte Dr. Rubin vom Lawrence Livermore Laboratorium an der weltbekannten Universität von Kalifornien im November 1972 in einem Interview mit dem amerikanischen National Geographic Magazine. »Das Öl hält die Steine zusammen. Aber wir wissen noch nicht, wie sich das Öl wirtschaftlich aus dem Schiefer gewinnen läßt. Und mit dem Prozeß könnten verheerende Tagebauminen und horrende Abraumhalden verknüpft sein. Wenn es irgend jemandem gelingt, ohne Tausende Quadratmeilen Landschaft zu zerstören, werden wir eine Quelle erschlossen haben, die größer ist als all unsere bekannten Ölreserven.«

Knapp 1½ Jahre später, am 6. März 1974, erhalte ich einen Brief von Jeffrey B. Garberson, der für dasselbe Institut arbeitet wie Dr. Rubin: »Ich füge meinen Zeilen eine Fotografie und technische Unterlagen über die nukleare *in-situ*-Aufbereitung von Ölschiefer bei, einem Verfahren, das in diesem Laboratorium entwickelt wurde. *In-situ* ist stolz unterstrichen, es bedeutet: *an Ort und Stelle,* also ohne den Schiefer abzubauen.

Das Bild, das Garberson mitschickte, zeigt die Abbildung 16. Und so arbeitet das Verfahren: Rund 800 m unter der Erdoberfläche wird ein nuklearer Sprengsatz gezündet. Augenblicklich verdampft in unmittelbarer Umgebung das Gestein. Das Gas dehnt sich aus und sprengt seinerseits einen kugelförmigen Hohlraum frei. Sodann kondensiert das Gas und sammelt sich als Flüssigkeit am Grund der Höhle, in der sich dadurch der Innendruck abbaut. Infolgedessen stürzt die Decke ein. Mehr und mehr Gestein fällt von oben her nach, so daß schließlich eine mehrere 100 Meter hohe Säule von zertrümmertem Fels entsteht. Die senkrechte Ausdehnung dieses Kamins läßt sich recht genau vorherbestimmen. Wenn die Röhre mit zertrümmertem Gestein zur Ruhe gekommen ist, werden drei Bohrungen von je 1,20 m Durchmesser zu ihr vorgetrieben: Eine führt zum oberen Ende des Kamins, zwei führen zum unteren. Sodann wird der Ölschiefer in der obersten Zone des Kamins angezündet. Die für die Verbrennung notwendige Luft bläst ein Kompressor durch die obere, in Abbildung 16 mittlere Röhre ein. Heiße Gase bilden sich, die das tieferliegende Gestein erhitzen und dadurch das Öl freisetzen, das durch das lockere Material nach unten abfließt und sich am Boden des Kamins sammelt. Langsam, nur 1¹/₂ bis 2 m pro Tag, frißt sich die Verbrennungszone tiefer und tiefer in den Kamin hinein und erreicht, je nach dessen Höhe, erst nach drei bis zwölf Monaten dessen Sohle. Während dieser Zeit werden durch die beiden Tiefbohrungen Abgase und Öl an die Erdoberfläche gefördert. Daß diese Daten realistisch sind, haben ausgeführte Laborversuche in künstlichen Riesenretorten mit bis zu 150 Tonnen Fassungsvermögen bewiesen.

Die Ölausbeute nach diesem Verfahren kann bis zu 80% betragen, und die Wissenschaftler des Lawrence Livermore Laboratory rechnen damit, auf diese Weise aus 32 Kaminen jährlich je nach der Mächtigkeit der Schieferschichten (im Durchschnitt 300 bis 600 m) zwischen 4,5 und 19 Millionen Tonnen Öl fördern zu können.

Selbstverständlich werden Ingenieure und Geologen noch zahlreiche Versuche ausführen müssen, bis sie die neue Technik zuverlässig beherrschen und jede Gefahr für die Umwelt, zum Beispiel durch radioaktive Stoffe oder durch eine Senkung des Grundwasserspiegels, ausschließen können. Doch schon heute zeigt sich, daß sich Tagebauprojekte in jedem Fall weitaus verheerender auf die Landschaft auswirken würden. Und noch eins ist sicher: Die in-situ-

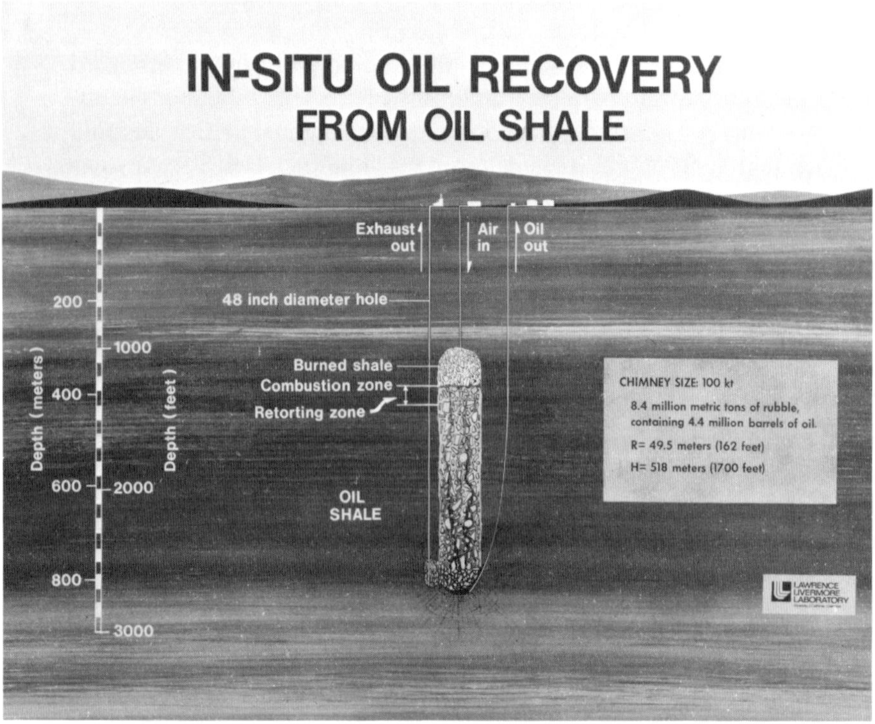
IN-SITU OIL RECOVERY
FROM OIL SHALE
Exhaust out
Air in
Oil out
48 inch diameter hole
Burned shale
Combustion zone
Retorting zone
OIL SHALE
Depth (meters)
Depth (feet)
200
400
600
800
1000
2000
3000
CHIMNEY SIZE: 100 kt
8.4 million metric tons of rubble, containing 4.4 million barrels of oil.
R= 49.5 meters (162 feet)
H= 518 meters (1700 feet)
LAWRENCE LIVERMORE LABORATORY

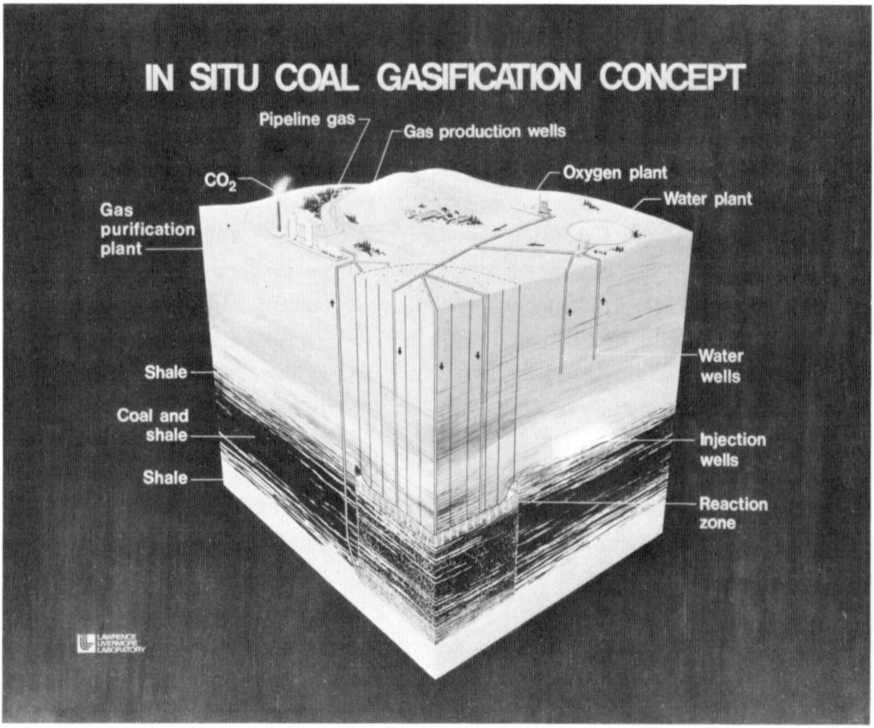
IN SITU COAL GASIFICATION CONCEPT
Pipeline gas
Gas production wells
CO_2
Oxygen plant
Water plant
Gas purification plant
Shale
Coal and shale
Shale
Water wells
Injection wells
Reaction zone
LAWRENCE LIVERMORE LABORATORY

Methode des Lawrence Livermore Laboratoriums wird nur 5% der Kosten verursachen, die ein Tagebauvorhaben verschlingen würde.

Wie wichtig es ist, eine saubere in-situ-Methode zur Verarbeitung von Ölschiefern und Teersanden zu entwickeln, zeigt besonders deutlich eine Zahl: So gewaltig die kanadischen und US-amerikanischen Vorkommen sein mögen, sie machen nicht einmal ein Fünfzigstel des Weltvorrates aus.

Das große Comeback der Kohle »Bald werden die gesamten fossilen Brennstoffvorräte der Welt aufgebraucht sein. Das einzige, was uns dann noch auf lange Zeit vor der großen Krise retten kann, ist die Kernenergie.« Diese Meinung vertritt oft die Boulevardpresse. Zuweilen findet sie sich aber auch in seriösen Fachpublikationen. Sie ist nur eingeschränkt richtig. Kernreaktoren verbrauchen nämlich Natururan, und das gibt es auf der Welt in weit geringerem Maße als fossile Brennstoffe. Alle bisher nachgewiesenen Vorkommen zusammen lassen sich in herkömmlichen Kernkraftwerken nur in eine Energiemenge umsetzen, die 2,5% der nachgewiesenen fossilen Energie entspricht. Zwar rechnen Geowissenschaftler damit, daß sie noch doppelt soviel Natururanvorkommen finden werden wie bisher, aber auch die Reserven an fossilen Brennstoffen sind noch längst nicht alle bekannt, und es ist damit zu rechnen, daß relativ mehr zu-

Abbildung 16: Das Lawrence Livermore Laboratory hat ein vielleicht epochemachendes Verfahren zur Gewinnung von Öl aus Ölschiefer entwickelt. Das Gestein braucht dabei nicht bewegt zu werden. Wenn dieser Weg gangbar ist, lassen sich damit größere Öllager erschließen, als alle bis heute bekannten Vorkommen zusammen. Das Bild zeigt eine Originalillustration aus der aufsehenerregenden Arbeit des Labors. Darin bedeuten: Depht = Tiefe; Exhaust out = Abgase hinaus; Air in = Luft hinein; Oil out = Öl hinaus; 48 inch diameter hole = Loch mit 48 Zoll Durchmesser; Burned shale = verbrannter Schiefer; Combustion zone = Verbrennungszone; Retorting zone = Reaktionszone; Oil shale = Ölschiefer.

Abbildung 17: Die Abbildung aus der Originalarbeit von Dr. Gary Higgins erklärt, wie sich Kohle möglicherweise unter der Erde vergasen läßt. Ohne die üblichen Zechenanlagen, ohne Fördertürme, Stollen und Abraumhalden, ließe sich damit aus Kohlenflözen, selbst in großer Tiefe, direkt billiges Heizgas gewinnen. Die englischen Begriffe bedeuten:
Gas pruduction wells = Gasförderbohrungen; Oxygen plant = Sauerstoffanlage; Water plant = Wasseranlage; Gas purification plant = Gasreinigungsanlage; Shale = Schiefer; Coal and shale = Kohle und Schiefer; Water wells = Wasserbohrungen; Injection wells = Einleitungsbohrungen; Reaction zone = Reaktionszone.

sätzliche Kohle, Erdöl und Erdgas gefunden werden als Natururan. Im Weltvorrat an vermuteten Energiereserven nimmt das Uran mit weniger als 1% eine recht bescheidene Stellung ein.

»Diese Bilanz wird sich wesentlich ändern, wenn erst einmal im großen Stil Brutreaktoren arbeiten werden. Sie erzeugen mehr Kernbrennstoff, als sie an Natururan verbrauchen. Und«, so klingt das Argument der Optimisten, »damit behalten wir recht: das einzige, was uns noch auf lange Zeit retten kann, ist die Kernenergie.« Gewiß, Brutreaktoren nutzen das natürliche Uran ungleich vorteilhafter aus als konventionelle Kernkraftwerke (wie, das werde ich noch erklären), aber auch Natururan läßt sich nur solange multiplizieren, solange es welches gibt. Das wahre Bild zeigen einige nüchterene Zahlen. Vorausgesetzt, alles nachgewiesene Natururan der Welt würde in Brutreaktoren verbrannt, dann sähe die Bilanz so aus:

Energievorrat an fossiler Energie:	33,9%
davon Kohle:	26,0%
Energievorrat im Natururan:	66,1%

Nach Schätzungen der Gesamtreserven in allen noch nicht exakt nachgewiesenen Lagerstätten sieht die Bilanz für das Uran weitaus negativer aus:

Energievorrat an fossiler Energie:	63,6%
davon Kohle:	51,1%
Energievorrat im Natururan:	36,4%

In den genannten Zahlen ist allerdings nur solches Uran berücksichtigt, das sich zu einem wirtschaftlichen Kostensatz gewinnen läßt. Wenn es die Preissituation auf dem Energiemarkt einmal sinnvoll werden läßt, auch teureres Uran abzubauen, lassen sich weitere Reserven mobilmachen. Aber auch dann wird es nicht möglich sein, mehr Energie aus allem Uran der Welt zu gewinnen als aus fossilen Brennstoffen. Das reicht zwar noch für einige Jahrhunderte, aber nicht ewig.

Die Hoffnung auf die »unerschöpfliche« Energiequelle Uran ist leider nicht begründbar. Doch sie hat einige Jahrzehnte lang dazu beigetragen, einseitig die Reaktortechnologie voranzutreiben. Dies hat zwar zu einer Fülle naturwissenschaftlicher und technologischer Erkenntnisse geführt. Bedauerlicherweise wurde aber die Weiterentwicklung der Kohletechnologie nicht in gleichem Maße gefördert.

Weil es insgesamt jedoch mindestens ebensoviel Kohleenergiereserven auf der Welt gibt wie Kernenergievorräte, ist das unverantwortlich.

Daß die Kohleforschung heute nicht beim Stand Null beginnen muß, verdankt sie allein zwei Umständen: Der Tatsache, daß der schwarze brennende Stein im Geburtszeitalter der modernen Chemie, also etwa während der zweiten Hälfte des vorigen Jahrhunderts, gerade in Mode war und der extrem »altmodischen« Einstellung einiger Ingenieurfirmen, die auch dann noch Kohleforschung betrieben, als niemand mehr ernsthaft an eine Zukunft des schmutzigen, mühsam abzubauenden und zudem noch so unpraktisch festen Brennstoffes glaubte.

Heute feiert die Kohle vor dem Hintergrund weltweiter Energiekrisen ihr Comeback. Seit die mächtigsten Kraftwerkgesellschaften beginnen, sich an sie zu erinnern, reißt die Kette von Illustriertenberichten über sensationelle neue Verfahren zur Kohlevergasung und Kohleverflüssigung nicht ab. »Jetzt verwandeln Forscher Kohle in Benzin« – »Bald ist es soweit: synthetisches Erdgas aus Kohle« – »Wie die Amerikaner in Zukunft ihre Kohle veredeln«; so und ähnlich preisen die Schlagzeilen in Wirklichkeit längst bekannte Verfahren. Ein Griff in teilweise seit mehr als einem Jahrhundert verstaubte Schubladen längst vergessener Chemiker hätte es auch getan.

Die ersten systematischen Untersuchungen zur Kohlevergasung gehen bis auf das Ende des 18. Jahrhunderts zurück. 1780, also vor fast 200 Jahren, berichtete Fontana über Reaktionen von glühender Kohle mit Wasser, wobei »brennbare Luft« entsteht. Anfang des 19. Jahrhunderts versuchte die englische Leuchtgasindustrie, Koks mit Wasserdampf zu vergasen und den erzeugten Wasserstoff für Beleuchtungszwecke zu verwenden. 1831 entdeckte G. Lowe, daß sich Kohle vorteilhaft erst mit Luft verbrennen und dann mit Dampf vergasen ließ. 1840 arbeitete der erste Generator für reine Luftvergasung. Rasch schritt die Entwicklung fort. Aus dem Jahre 1854 ist das erste Patent für ein entsprechendes großtechnisches Verfahren bekannt. Neuere und sehr leistungsfähige Kohlevergasungsverfahren stammen schließlich aus der Anfangszeit unseres Jahrhunderts. Zu den bekanntesten gehört die Winkler-Staubvergasung, entwikkelt in den frühen zwanziger Jahren. In den dreißiger Jahren gelang der Frankfurter Firma Lurgi die Kohlevergasung mit Sauerstoff und

Dampf unter Druck. Damit ließ sich erstmalig großtechnisch ein Gas mit hohem Heizwert erzeugen, das für die Stadt- und Ferngaswirtschaft brauchbar war.

Anfang der fünfziger Jahre ging die erste großtechnische Anlage zur Vergasung von Kohlenstaub mit Sauerstoff nach dem Koppers-Trotzek-Verfahren in Betrieb. 1955 bis 1963 erzeugte die Deutsche Steinkohlengas AG nach dem inzwischen verbesserten Lurgi-Druckvergasungsverfahren täglich 1,6 Millionen Kubikmeter Heizgas aus Steinkohle. Und danach? – Danach erwiesen sich alle Kohlevergasungsprojekte gegenüber der zunehmenden Mineralöl- und Erdgaskonkurrenz als unrentabel und gegenüber der aufkommenden Kernenergie als scheinbar antiquiert. Statt die Verfahren weiterzuentwickeln und wirtschaftlich gesehen wieder flottzumachen, wurden die Produktionsanlagen stillgelegt. Die Kohle geriet in Mißkredit, Zechen wurden geschlossen. Lediglich in der Republik Südafrika verwandelte die Energiegesellschaft Sasol auch weiterhin nach dem Lurgiverfahren die besonders billige Kohle des Landes zu Gas und mit dem Fischer-Tropsch-Verfahren zu Benzin.

Erst der Ölschock von 1973 ließ die Forschungsminister und die Energieversorger der Industriestaaten wieder an die Kohletechnologie denken und diesmal sogleich fieberhaft an Großprojekten arbeiten. Das Ergebnis ist, daß einige wenige Herstellerfirmen, die sich wie die Lurgi oder das Institute of Gas Technology in Chicago in aller Stille und von »fortschrittlichen« Technologen belächelt, traditionsgemäß weiter mit der Kohleveredlung beschäftigt hatten, heute Schlüsselstellungen auf dem Energiemarkt einnehmen.

Die erste Mammutanlage zur Kohlevergasung wird voraussichtlich schon 1975 in den USA in Neu Mexiko in Betrieb gehen. Der erste Bauabschnitt wird die betreibenden Gesellschaften, die Texas Eastern Transmission und die Pacific Lightning, über eine viertel Milliarde Dollar kosten. Die Einrichtung wird täglich fast 23000 Tonnen Kohle verarbeiten. Eine zweite Bauphase, die einen täglichen Kohlegesamtdurchsatz von über 90000 Tonnen garantiert, soll sich anschließen.

Die erste Lurgi-Großanlage wird 1976 für die El Paso Natural Gas Company ebenfalls in Neu Mexiko arbeiten. Baukosten: wiederum reichlich eine viertel Milliarde Dollar; Tagesdurchsatz: 18000 Tonnen Kohle. Im selben Jahr will eine weitere amerikanische Gesellschaft, die Food-Machinery Corporation, ein Projekt der gleichen Größenordnung in Betrieb nehmen.

Indessen gibt es im Heimatland der Lurgi, in Westdeutschland, kaum entsprechende Pläne. Woran liegt das? Die Antwort läßt sich leicht finden: In Amerika kostet eine Tonne Steinkohle 15,– DM (nach der Kaufkraft von 1973), in Westdeutschland mehr als 100,– DM. Eine rentable Kohlevergasung in Europa setzt also wirtschaftlichere Verfahren voraus. Das Kernforschungszentrum in Jülich, die Bergbau-Forschung GmbH in Essen und die Rheinischen Braunkohlenwerke AG, Köln, arbeiten daran. Die Kohlevergasung verschlingt Wärmeenergie. In den Vereinigten Staaten wird für ihre Erzeugung Kohle verheizt, denn Kohle ist billig. In Europa wäre das Luxus. Doch zeigt sich ein Lichtstreif am Horizont: Eine neue Generation von Kernkraftwerken, die Hochtemperaturreaktoren, werden voraussichtlich die notwendigen Temperaturen von rund 1000 °C billiger erzeugen können, als es dem Wärmepreis der Kohle entspricht. Die Forscher in Jülich wollen sich deshalb als energietechnische Heiratsvermittler betätigen. Ihr Ziel ist eine Ehe zwischen Hochtemperaturreaktoren und Kohlevergasungsanlagen. Sie rechnen sich dabei für die Rohstoffkosten eine Ersparnis von rund einem Drittel aus.

Wenn in den nächsten Jahren das Naturgas teurer wird, ist das Produkt der Kohlevergasung mit Kernreaktorwärme vielleicht auch in Europa konkurrenzfähig. Das ist möglicherweise schon 1980 der Fall. Doch für die Entwicklung des neuen Verfahrens rechnen die Wissenschaftler heute noch mit 10 bis 12 Jahren.

Kohlevergasung kostet Geld. Doch der dickste Kostenfaktor bei dieser Art der Heizgasgewinnung liegt ganz wo anders. Die erforderliche Kohle muß zunächst in Bergwerken gefördert werden, und das ist teuer. Zudem finden sich für den gefährlichen Untertageabbau immer weniger Arbeitskräfte, während der Tagebergbau bei den Landschaftsschützern mehr und mehr Protest heraufbeschwört. Und schließlich läßt sich Kohle in mehr als 300 m Tiefe überhaupt nicht wirtschaftlich hauen und fördern. Rund die Hälfte aller bekannten Vorkommen und vermutlich ein weit höherer Prozentsatz der noch nicht entdeckten Kohle liegt aber in größeren Tiefen. Eine Frage drängt sich auf: Läßt sich die Kohle vielleicht unter Tage vergasen, in-situ, ähnlich, wie die Lawrence-Livermore-Forscher an der Universität von California Erdöl aus Schieferstein gewinnen wollen? Wenn das gelänge, würden damit nicht nur mit einem Schlag alle gerade erwähnten Probleme gelöst. Auch um landschaftsfeindliche Aschenhalden, wie sie bei jeder oberirdischen Kohlevergasung unweigerlich anfallen, brauchten sich die Gasgesellschaften nicht mehr zu kümmern. Und die Transportprobleme von Millionen Tonnen Kohle und Asche gehörten ebenfalls der Vergangenheit an.

Natürlich stellte sich das Lawrence Livermore Team selbst die Frage nach der in-situ-Kohlevergasung. Beantwortet hat sie schon im April 1972 Dr. Gary Higgins mit einem theoretisch bestens untermauerten Konzept, das aber praktisch noch nicht erprobt ist und vielleicht sogar in letzter Minute fehlschlagen könnte. Die Abbildung 17 stammt aus der Originalarbeit von Gary Higgins. Sie erklärt die Grundzüge seines bemerkenswerten Plans.

Ein Kohlevorkommen in einigen hundert, maximal tausend Metern Tiefe wird von der Erdoberfläche her in Abständen von etwa 20 Metern mit Löchern von 60 cm Durchmesser angebohrt. Das Gesamtgebiet der Bohrungen richtet sich natürlich nach der Größe des Kohlevorkommens. Dr. Higgins nimmt in einem Modellfall eine Fläche von rund zwei Quadratkilometern an. Die Bohrlöcher werden im kohleführenden Bereich mit Sprengstoff gefüllt. Das kann zum Beispiel eine Mischung aus Ammoniumnitrat, Aluminium und Dieselöl sein, von der eine Tonne in der Lage ist, tief unter der Erde 600 Tonnen Kohle zu zertrümmern. Bis zu 3000 Tonnen dieses Sprengstoffes werden gleichzeitig eingebracht und dann auch gleichzeitig gezündet. Dadurch zerbröckeln augenblicklich fast zwei Millionen Tonnen Kohle. Das zertrümmerte Gebiet wird erneut angebohrt. Einige Löcher führen zu seinem oberen Rand, einige bis hinab zur Sohle. Durch die kürzeren Löcher wird zunächst reiner Sauerstoff eingeblasen, und das Kohlelager wird an seinem oberen Rand angezündet. Bei Temperaturen über 500 °C wird die Sauerstoffzufuhr durch ein Sauerstoff-Wasser-Gemisch ersetzt. Das Wasser reagiert dann mit der heißen brennenden Kohle und es bilden sich Methan, Kohlenmonoxid und Kohlendioxid. Durch den Druck des nachströmenden Sauerstoff-Wasser-Gemisches werden diese Gase nach unten gepreßt. Während sie sich langsam abkühlen, setzt sich das Kohlenmonoxid mit dem noch vorhandenen Wasserdampfüberschuß zu weiterem Methan und Kohlendioxid um. Das stets vorhandene taube

Gestein begünstigt diese Reaktion chemisch, und was noch wesentlicher ist, es hält sehr wahrscheinlich die giftigen Schwefelverbindungen fest, die bei jeder Kohleverbrennung unvermeidlich mit entstehen. Durch die Tiefbohrungen zur Sohle des Kohlevorkommens strömt schließlich eine nur wenig verunreinigte Mischung aus Methan, Kohlendioxid und Wasserdampf an die Erdoberfläche. Es ist nicht weiter schwierig, Kohlendioxid und Wasserdampf daraus zu entfernen. Übrig bleibt ein äußerst hochwertiges Pipelinegas zu einem Produktionspreis, der nur etwa halb so hoch ist wie bei Kohlevergasungsanlagen über Tage. Eine einzige Anlage dieser Art könnte in einem Jahr fünf Millionen Tonnen Kohle in drei Milliarden Kubikmeter wertvolles Heizgas umwandeln.

Zwei Hürden muß das in-situ-Verfahren von Dr. Higgins jedoch noch nehmen, bevor es sich als durchführbar erweist. Einmal ist noch nicht ganz sicher, ob nach der Zertrümmerung durch den Sprengstoff der Kohlenbruch für die von der Verbrennungszone abwärtsströmenden Gase durchlässig genug sein wird. Zum zweiten dürfen in den Kohlelagern keine größeren Wasseradern vorkommen, die unter verschiedenem Druck stehen. Sehr wahrscheinlich werden beide Probleme nicht auftreten, und das bedeutet, daß irgendwann zwischen 1985 und 1990 die ersten Higgins-Anlagen arbeiten könnten. Sie werden der Umwelt weit weniger Schaden zufügen als viele andere Arten der Energiegewinnung aus Kohle.

Vollkommen ohne unbeabsichtigte Nebenwirkungen werden sie indessen auch nicht sein. Denn wenn sich unter der Erde gewaltige Kohlenlager in Gas auflösen, bleibt nicht viel zurück, und auf Gebieten von mehreren Quadratkilometern wird sich unweigerlich der Boden senken. Dr. Higgins selbst rechnet mit Senkungen von über Dreiviertel der Mächtigkeit der kohleführenden Schicht. Das können in der Praxis mehr als 50 m sein. Aber die Senkung geht so langsam und gleichmäßig vor sich, daß sie nicht einmal die Pflanzendecke auf der Erdoberfläche schädigt.

Lassen sich bei der Kohlevergasung durch Nutzung der Hochtemperaturreaktorwärme oder durch in-situ-Verfahren Kosten sparen, so läßt sich am anderen Ende der Energiekette, beispielsweise bei der Verwendung des erzeugten Heizgases für die elektrische Stromerzeugung, ebenfalls der Wirkungsgrad wesentlich erhöhen. Ein Stichwort dafür heißt MHD. Das ist die Abkürzung für Magnetohydrodynamik, ein Prinzip, das weitaus unkomplizierter ist, als sein zungenbrecherischer Name vermuten läßt.

Wie vieles in der Kohletechnologie ist es ebenfalls nicht gerade ein Kind der letzten Stunde. Die amerikanischen Wissenschaftler Dr. Arthur Kantrowitz und Dr. Avco Rosa haben das altbekannte Prinzip vor mehr als 15 Jahren »wiederbelebt«. Doch bis vor kurzem interessierte sich die westliche Welt kaum für MHD. Russische Forscher dagegen, die ein Modell bei Dr. Kantrowitz sahen, steckten Geld in die technische Weiterentwicklung der Idee. 1971 flossen die ersten 1000 Kilowatt elektrische Leistung aus dem MHD-Generator »U-25« in das Moskauer Netz. Erst ein Jahr später bildete sich auf dem MHD-Gebiet eine Arbeitsgemeinschaft zwischen dem westdeutschen Bundesministerium für Bildung und Wissenschaft und dem Innenministerium der USA. Eine erste Studie der Gruppe kommt zu dem Ergebnis, daß sich die Wirtschaftlichkeit von Verbrennungskraftwerken durch MHD um maximal 10% steigern läßt. Dr. Kantrowitz selbst rechnet sogar mit 50%.

Was aber verbirgt sich eigentlich hinter der geheimnisvollen Bezeichnung Magnetohydrodynamik? Das läßt sich mit wenigen Worten erklären. Bei der herkömmlichen Elektrizitätserzeugung in Heizkraftwerken treiben heiße Gase Turbinen an, die ihrerseits riesige Dynamomaschinen in Schwung halten. In diesen rotieren viele Lagen aufgewickelter Kupferleiter ständig in einem starken Magnetfeld. Dadurch beginnen in den Kupferleitern Elektronen zu fließen, die sich als Strom in das Versorgungsnetz leiten lassen. Beim MHD-Prinzip gibt es keine rotierenden Drähte. Hier schießt mit Schallgeschwindigkeit ein durch einen Trick elektrisch leitend gemachter Strahl heißer Verbrennungsgase durch ein Magnetfeld. Die Elektronen in einem bewegten Gasstrahl verhalten sich genauso wie jene in einem bewegten Kupferleiter. Sie beginnen nach einer bestimmten Richtung zu fließen, das heißt, es entsteht elektrischer Strom. Das heiße Gas, das den MHD-Generator verläßt, betreibt anschließend noch eine konventionelle Verbrennungskraftmaschine. Die ersten MHD-Projekte laufen nun in bescheidenem Umfang auch im Westen an. In den nächsten Jahren ist aber kaum mit mehr als kleinen Versuchsanlagen zu rechnen.

Atome spalten – Atome zusammenfügen

Wohin mit tausend Kernkraftwerken? Ende 1972 erzeugten auf der Welt 123 Kernkraftwerke 30 Milliarden Kilowatt elektrischer Energie. Das sind rund 2,5 Prozent der gesamten Stromerzeugung. Heute gibt es schon doppelt so viele Kernreaktoren, und 1980 soll bereits zehnmal soviel Atomstrom fließen wie 1972. Der unersättliche Energiebedarf läßt die Atommeiler wie Pilze aus dem Boden schießen, und es ist nur eine Frage von ein oder zwei Jahrzehnten, bis tausend nukleare E-Werke oder mehr in die Stromnetze der Welt Energie liefern.

Aber wohin mit tausend Kernkraftwerken? Wir alle brauchen sie, doch niemand will sie haben. Schon heute dauert die Bearbeitung von Baugenehmigungsanträgen oft länger als der Bau selbst. Sorgsame Untersuchungen des geplanten Standortes durch Geologen, Wasserwissenschaftler, Meteorologen, Städteplaner, Naturschützer und Juristen verzögern oft jahrelang den energiewirtschaftlich so wichtigen Bau neuer Anlagen.

Dabei geht es nicht nur darum, daß Kernreaktoren etwa gefährlich für die Umwelt wären. In einigen hundert Betriebsjahren (alle existierenden Reaktoren sind dabei natürlich zusammengerechnet) haben sie sich im großen und ganzen als zuverlässig und sicher erwiesen. Jedes Öl- oder Kohlekraftwerk ist mit seinem giftigen Schwefelatem unvergleichlich gefährlicher. Dennoch lassen sich Kernkraftwerke nicht an jedem beliebigen Ort aufstellen. In direkter Stadtnähe akzeptiert sie nach wie vor die Bevölkerung nicht.

Das ist in erster Linie ein psychologisches und juristisches Argument, aber es läßt sich nicht einfach vom Tisch fegen. Geeignete Plätze fernab von jeder Siedlung finden sich in den Ländern mit dem größten Energiebedarf kaum, und wenn es sie gäbe, würden die Stromleitungskosten zwischen Kraftwerk und Verbraucher unzumutbar hoch. Also heißt es Kompromisse schließen. Dabei sind auch zukünftige Bebauungspläne zu berücksichtigen. In der Nähe des Kraftwerkes muß ausreichendes Kühlwasser zur Verfügung stehen, das ohne Gefahr einer Überwärmung wieder in Flüsse oder Seen eingeleitet werden kann; oder das Gelände muß den Bau von Kühltürmen erlauben, ohne daß es später etwa zu Nebelbildung kommt. Besondere Anforderungen stellen Kernkraftwerke auch an den

Baugrund. Sicherheit vor Hochwasser und Erdbeben sind weitere Bedingungen. Wirtschaftliche Überlegungen spielen ebenfalls mit: Der Preis für das Gelände muß sich in erträglichen Grenzen halten.

Um der Platznot zu begegnen, hat die amerikanische Firmengruppe *Offshore Power Systems* jetzt ein revolutionierendes neues Reaktorprojekt entwickelt, das alle diese Probleme aus dem Weg räumt und zugleich noch eine Reihe weiterer entscheidender Vorteile mit sich bringt. Wenn für Kernkraftwerke nicht genügend Bauland zur Verfügung steht, dann bauen wir eben keine Kernkraftwerke auf dem Land, heißt die Philosophie der Gesellschaft. Über zwei Drittel der Erdoberfläche sind von Wasser bedeckt. Dort ist ausreichend Platz für Kernreaktoren.

In der Offshore Power Systems Gesellschaft hat sich der größte Reaktorbauer der Welt, die Firma Westinghouse, mit der größten Schiffswerft der USA, Tenneco, zusammengeschlossen. So groß wie die beiden Industriegiganten selbst, so groß sind ihre Pläne. Auf Blount Island, einer Insel im St.-Johns-Fluß, der bei Jacksonville im Norden Floridas in den Atlantik mündet, entsteht, wenn die Atomenergiekommission der Vereinigten Staaten ihre Zustimmung gibt, in den nächsten Jahren eine der größten Werften der Welt. Schiffe werden in ihr allerdings nicht vom Stapel laufen. Sie wird speziell für die Produktion schwimmender Kernkraftwerke gebaut.

Abbildung 18 zeigt im Modell, wie sie arbeitet. Auf dem über 600 Meter langen und mehr als 120 Meter breiten »Fließband« in der Bildmitte werden gleichzeitig fünf komplette Großkraftwerke montiert. Alle drei Monate ist eine Anlage fertig, und die anderen vier rücken im Dock um einen Platz weiter.

Die Fließbandarbeit ist nur denkbar, wenn sich die produzierten Kraftwerke gleichen wie ein Ei dem anderen. Das wiederum ist in diesem Ausmaß nur bei schwimmenden Reaktoren möglich, denn Anlagen auf dem Festland müssen jeweils ganz speziell den örtlichen Gegebenheiten angepaßt werden.

Abbildung 18: Das größte »Fließband« der Welt will eine Firmengruppe in Florida bauen: In der gewaltigen Werftanlage sollen in wenigen Jahren schwimmende Großkernkraftwerke in Serie vom Stapel gehen.

Abbildung 19: So werden die »Fertigprodukte« des größten »Fließbandes« der Welt aussehen: schwimmende Atomkraftwerke mit 9 m Tiefgang, die 55 m hoch aus dem Wasser ragen und später irgendwo vor der amerikanischen Küste in einer schützenden Wellenbrecheranlage vor Anker gehen.

Kraftwerke vom Fließband haben eine Reihe entscheidender Vorteile gegenüber Maßfertigungen. Einmal sind sie wesentlich billiger, weil die Baupläne ein für allemal festliegen, weil die Montage zur zeitsparenden Routinearbeit wird und weil sich in Serie gefertigte Normteile verenden lassen. Die Standardisierung der Blocks gewährt außerdem höhere Betriebssicherheit; denn wo jeder Griff sitzt, schleichen sich weniger Fehler ein. Die Lieferfrist wird wesentlich kürzer sein als für vergleichbare Anlagen auf dem Festland. Außerdem verkürzt sich die Laufzeit des Genehmigungsverfahrens ganz erheblich, weil für die damit beauftragten Behörden die langwierigen Prüfarbeiten für immer neue Ausführungsformen fortfallen.

Dazu kommen die Vorteile, die überhaupt zu der Projektidee geführt haben: Für schwimmende Reaktoren gibt es keine Standortprobleme, das Betriebsgelände ist billig, kostspielige Zugangsstraßen sind überflüssig, Kühlwasser bietet das Meer in Mengen, eventuelle Erschütterungen durch Erdstöße dämpft das Wasser, auf dem der Reaktor schwimmt, wirkungsvoll ab. Nicht einmal ästhetische Gründe sprechen gegen diese Reaktoren, die nicht viel anders aussehen, als Schiffe am Horizont.

Die Abbildung 19 zeigt so einen Standardreaktorblock. Seine Grundplattform mißt etwa 120 mal 120 Meter. 55 Meter hoch ragt er aus dem Wasser, 9 Meter tief taucht er ein. Die Anlage wiegt etwa 140 000 Tonnen. Neben dem eigentlichen Kraftwerk, das eine Leistung von 1150 Millionen Watt elektrische Energie hat, umfaßt sie Wohnräume für 112 Belegschaftsmitglieder und eine Cafeteria mit 100 Sitzplätzen.

Abbildung 20: Die ersten beiden schwimmenden Kernkraftwerke der Welt hat die öffentliche Strom- und Gasversorgungsgesellschaft von New Jersey geordert. In einigen Jahren sollen die beiden großen Anlagen, rund 5 km vor der Stadt, im offenen Meer schwimmen und zusammen 2300 Millionen Watt elektrische Energie über ein Seekabel an Land schicken.

Abbildung 21: Große Kernkraftwerke in unmittelbarer Nähe des Verbrauchers, also vor den Toren großer Ballungsgebiete, dürfen nicht stören und müssen besonders sicher sein. Ein Plan kalifornischer Wissenschaftler verbannt sie rund 50 m tief unter die Erde. Die einzelnen Anlagenteile sollen in druckfesten Kavernen mit hufeisenförmigem Querschnitt untergebracht werden:
1: Aufzüge; 2: nukleare Notschutzanlage; 3, 4, 8, 9, 12, 13, 14: Versorgungs- und Zugangsstollen; 5: Reaktorkaverne; 6: Versorgungswasserheizung; 7: Kontrollraum und Verschiedenes; 10: Turbinengenerator; 11: Transformatoren.

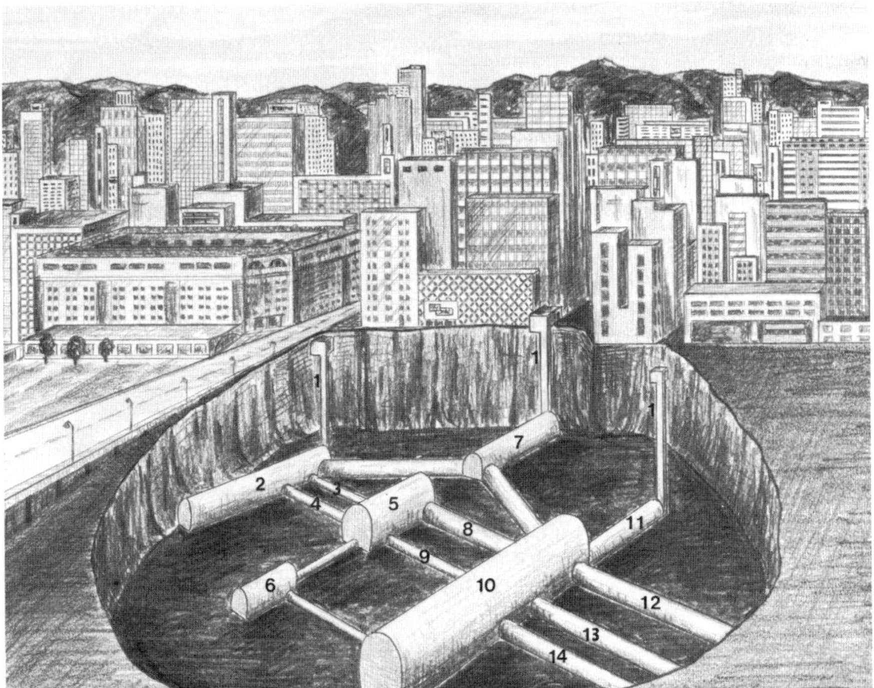

1
1
1
2
3
4
5
6
7
8
9
10
11
12
13
14

Läuft ein Offshore Nuclear Power Plant – so nennen ihn die Hersteller – vom Stapel, dann ziehen ihn Schleppschiffe zum vorgesehenen Ankerplatz irgendwo vor der amerikanischen Küste. Dort ist inzwischen alles gut vorbereitet. Rund drei Seemeilen (5 1/2 km) vor der Küste steht bereits eine Wellenbrecheranlage auf dem dort etwa 10 bis 20 m tiefen Meeresboden. 10 m reicht sie über das Wasser hinaus. Nur der Abschlußdamm fehlt noch, denn eine Seite muß offenbleiben, bis das Kraftwerk im schützenden kleinen Hafen vor Anker gegangen ist.

Für die ersten acht Reaktoren lief Anfang 1974 das Baugenehmigungsverfahren an. Zwei von ihnen hat eine Kraftwerksgesellschaft im US-Staat New Jersey bereits gekauft. Sie werden, durch einen gemeinsamen Wellenbrecher geschützt, elf Meilen nordöstlich von Atlantic City und 2,8 Meilen von der Küste entfernt in wenigen Jahren als die ersten schwimmenden Großkernkraftwerke der Welt ihren Dienst aufnehmen (vgl. Abb. 20). Der von ihnen erzeugte Strom fließt durch ein Seekabel an Land.

Das Interesse an den schwimmenden Reaktoren vom Fließband ist groß. Dieselbe Gesellschaft, die die beiden ersten Anlagen gekauft hat, denkt bereits daran, zwei weitere zu erwerben, und andere Elektrizitätsgesellschaften erwägen ebenfalls die Anschaffung von gleich zwei oder vier dieser schwimmenden Energieriesen.

Einen ganz anderen Weg, Platz für Kernkraftwerke zu finden, schlagen das California Institute of Technology und Konstrukteure der Aerospace-Gesellschaft vor. Sie wollen Reaktoranlagen 45 bis 60 Meter tief unter der Erde begraben (vgl. Abb. 21). Das kostet, wie ausführliche Untersuchungen der Forscher zeigen, nur fünf bis zehn Prozent mehr als der Bau überirdischer Kraftwerke, bringt aber eine Reihe entscheidender Vorteile mit sich.

Einmal sind Reaktoren unter der Erde sicherer vor Attentaten und Sabotage. Zudem lassen sie sich ohne jedes Risiko für die Umwelt in unmittelbarer Nähe von Ballungsgebieten errichten; vielleicht sogar mitten hinein. Das bedeutet 20 bis 30 km weniger Starkstromleitungen vom Kraftwerk zum Verbraucher. Und vielleicht ließe sich dann sogar die Verlustwärme, die in der gleichen Größenordnung wie die erzeugte Nutzleistung des Reaktors üblicherweise in Form von heißem Wasser in Flüsse und Seen strömt oder durch

Kühltürme in die Luft gepustet wird, sinnvoll für Warmwasserraumheizungen, Klimaanlagen oder industrielle Zwecke verwenden.

Die schnellen Brüter kommen

»Johnny hatte 3 LKW-Ladungen Plutonium.
Er brauchte 3 davon, um New York ein Jahr lang mit Strom zu versorgen.
Wieviel Plutonium behielt Johnny übrig?
Antwort: 4 LKW-Ladungen.«

Diese Pennälerrechnung ziert das Titelblatt einer Informationsbroschüre der amerikanischen Atomenergiekommission über Brutreaktoren.

Was sind Brutreaktoren – brennende Büsche in der Wüste, die brennen und brennen und doch nicht verbrennen? Wenn die verblüffende Rechnung stimmt – und erstaunlicherweise ist sie richtig –, dann erzeugen diese Wundermeiler nicht nur enorme Mengen Strom, sondern darüber hinaus auch noch ihren eigenen Brennstoff, und zwar um so mehr, je länger sie arbeiten. Ist das die glückliche Endlösung aller Energieprobleme?

Eine glückliche Lösung ist der Brutreaktor sicher, die Endlösung ist er sicher nicht. Auch er kann nicht zaubern. Zwar ist die Johnny-Rechnung nicht falsch, aber auch nicht ganz richtig. Korrekt wäre etwa folgende Formulierung: »Johnny hatte 3 LKW-Ladungen Plutonium und 400 LKW-Ladungen wertloses Uran. Drei Ladungen Plutonium brauchte er für die Versorgung New Yorks. Was ihm blieb waren 4 Ladungen Plutonium und 396 Ladungen wertloses Uran.« Der Brutreaktor, mit dem Johnny zweifellos gearbeitet hat, machte also, während er ein Jahr lang 3 LKW-Ladungen voll Plutonium verbrannte und dabei Strom erzeugte, nebenbei aus 4 Ladungen wertlosem Uran 4 neue Ladungen Plutonium.

Vielleicht wird man sich fragen, warum hier ständig von wertlosem Uran gesprochen wird, wo doch dieses seltene Schwermetall überall als hochgeschätzter Reaktorbrennstoff gepriesen wird. Bekannt ist, daß es verschiedene Uranarten gibt, die sich nur ganz geringfügig im Aufbau ihrer Atome unterscheiden. Eine Uranart ist das sogenannte Uran-238, eine andere das Uran-235. Das Uran-238 ist gemeint, wenn es als »wertlos« bezeichnet wurde. Wertlos deshalb, weil es die bisher gebauten Kernkraftwerke nur zu einem ganz unwesentlichen Teil verwerten können, während sie das Uran-235 fast vollständig zur Energiegewinnung nutzen. Natururan ist eine Mischung aus beiden Uranarten, aus beiden Isotopen, wie die Physiker dazu sagen. Unglücklicherweise ist das wertvolle Uran-235 aber nur zu weniger als einem Hundertstel (etwa 0,7%) an der Mischung beteiligt. Das heißt nicht mehr und nicht weniger, als daß alle heute auf der Welt zur wirtschaftlichen Stromerzeugung arbeitenden Kernreaktoren von 1000 Tonnen Uran nur sieben Tonnen wirklich spalten können.

Beim Brutreaktorbetrieb ist das anders. Der Brüter wandelt das selbst nicht spaltbare Uran-238 zum großen Teil in spaltbares Plutonium um und nutzt damit das Natururan fast vollständig aus. Seine genaue Arbeitsweise zu beschreiben, würde den Rahmen dieses Buches sprengen, das in erster Linie zeigen soll, welche technischen Großprojekte uns die Zukunft bescheren wird. Brutreaktoren wird sie uns bescheren, und daß es sich dabei um Großprojekte handelt, mag ein Kostenbeispiel zeigen.

Westdeutschland, Belgien und Holland haben am 24. April 1973 bei der kleinen Gemeinde Kalkar am Niederrhein den ersten Spatenstich für ein gemeinsames Versuchskraftwerk dieser Art ausgeführt. Es heißt SNR 300. Die Anlage soll ab 1978 arbeiten und nur etwa ein Viertel so leistungsstark sein wie ein Großkernkraftwerk herkömmlicher Bauweise. Bei Beginn der Arbeiten rechneten die drei beteiligten Staaten mit einer Bausumme von 1,75 Milliarden DM.

In anderen Ländern gingen die ersten Versuchskraftwerke in der gleichen Größenordnung wie das von Kalkar schon vor einigen Jahren in Betrieb – 1972 in der Sowjetunion, 1973 in England und Frankreich, 1974 in Japan.

Doch noch gibt es auf der ganzen Welt keinen einzigen Brutreaktor, der wirtschaftlich arbeitet und so viel Strom erzeugt, wie man das von jedem anderen modernen Großkraftwerk erwartet. Auch im Bau befindet sich erst ein einziges Projekt mittlerer Größe – der »BN« in Rußland. Die entscheidende Wendung dürften aber schon die allernächsten Jahre bringen. Noch 1975 beginnen in Frankreich die Arbeiten am »Superphenix«, ein halbes Jahr später soll in England der Bau des CFR-Projektes anlaufen, und Anfang 1979 wird in Deutschland der erste Spatenstich für das Supervorhaben SNR-2 getan. Keiner der drei großen westeuropäischen Brüter wird vor 1982 fertig sein. Und auch Japan und die USA werden vor diesem Termin über keinen Riesenbrüter verfügen.

Bevor aber diese Demonstrationsanlagen zufriedenstellend arbeiten, wird keine noch so große Energieversorgungsgesellschaft derartige Kraftwerke bestellen. Deshalb läßt sich vor 1990 in der westlichen Welt keine kommerzielle Stromerzeugung aus Brutreaktoren erwarten. Das ist nicht tragisch. Doch Verzögerungen über das letzte Jahrzehnt unseres Jahrhunderts hinaus hätten sehr ernste Folgen: Das billige Natururan, das herkömmliche Kernreaktoren nur zu einem geringen Teil ausnützen, wird in den neunziger Jahren knapp und die Preise für den Strom aus diesen Reaktoren werden sprunghaft in die Höhe schnellen.

Die ständig wachsende Zahl der Kernkraftwerke bringt außerdem ständig wachsende Kühlprobleme mit sich. Auch hier ist der Brüter dem konventionellen Reaktor überlegen, denn er braucht ein Drittel weniger Kühlwasser. Und noch ein weiteres Problem taucht auf, wenn die Brutreaktoren zu lange auf sich warten lassen sollten. Weil die heute arbeitenden Reaktoren ja das Uran-235 spalten, fallen große Mengen radioaktiv verseuchtes sogenanntes »abgebranntes Uran« an. Im Jahre 2000 werden bereits fünf Millionen Tonnen dieses gefährlichen Materials hermetisch verpackt irgendwo lagern, und schon zehn Jahre später wird es die doppelte Menge sein . . . sofern inzwischen keine Brüter gebaut werden, die aus diesem Nuklearmüll wertvollen Kernbrennstoff produzieren.

Heißer als die Sonne Nun ist auch allgemein bekannt, daß es schweres Wasser gibt. Für den Laien ist es von ganz gewöhnlichem Wasser nicht zu unterscheiden, denn es hat die gleichen physikalischen Eigenschaften. Der Unterschied zwischen leichtem und schwerem Wasser besteht darin: Während leichtes Wasser sich chemisch aus Sauerstoff und ganz normalem Wasserstoff zusammensetzt, besteht schweres Wasser aus Sauerstoff und schwerem Wasserstoff. Leichter und schwerer Wasserstoff wiederum sind zwei verschiedene Spielarten ein und desselben Elements, genauso wie die beiden verschiedenen Uranarten.

Ein kleiner Anteil schweres Wasser findet sich in jedem natürlichen Gewässer. Es läßt sich verhältnismäßig einfach daraus isolieren und anschließend in Sauerstoff und schweren Wasserstoff zerlegen. Die Ausbeute pro Liter natürlichen Wassers beträgt rund ein Drittel Gramm Deuterium, wie der schwere Wasserstoff auch heißt. Deuterium ist genau wie ganz gewöhnlicher Wasserstoff ein Gas. Ein Gramm davon läßt sich für weniger als 10,– DM gewinnen.

Eine kleine Menge Deuterium läßt sich also relativ billig beschaffen. Wem es gelingt, einen Fingerhut voll davon anständig aufzuwärmen, genauer gesagt, ihm etwa die Wärmemenge einzuverleiben, die beispielsweise gebraucht wird, um eine Tasse Kaffee warmzumachen, und wem es gleichzeitig gelingt, das Gas in dem Fingerhut festzuhalten, der braucht für den Rest seines Lebens keine finanziellen Sorgen und die Weltbevölkerung für die nächsten paar Milliarden Jahre keine Energiesorgen mehr zu haben.

Kein Wunder, daß seit rund einem Vierteljahrhundert zahlreiche Physiker in mehr als einem Dutzend Staaten der ganzen Welt darum ringen, diese offenbar nicht ganz einfache »Kleinigkeit« zuwege zu bringen. Nur um das Verhalten von heißem Deuterium genau zu erforschen, haben die Wissenschaftler bis heute über 200 zum Teil gewaltige Anlagen gebaut (vgl. Abb. 22). Allein die USA geben derzeit jedes Jahr fast 100 Millionen Dollar für solche Experimente aus. Aber bis heute ist es noch niemandem gelungen, die verzwickte Aufgabe zu lösen.

Dabei hören sich die Bedingungen doch so einfach an. Worin also liegt das Problem?

Die Schwierigkeiten beginnen bei den erforderlichen Temperaturen. Man muß sich nur überlegen, wie heiß das Deuteriumgas in dem Fingerhut eigentlich würde, wenn es gelänge, ihm die Wärmemenge Ihres Frühstückskaffees beizubringen. – Einige 100 Millionen Grad Celsius! Die gleiche Wärmemenge, die sich auf die knapp 200 Gramm des Kaffeewassers verteilte, konzentriert sich ja jetzt auf weniger als den hundertsten Teil eines millionstel Grammes. Dadurch würde das Gas rund 20mal so heiß wie die Sonne in ihrem Inneren und rund 50000mal so heiß wie die Sonnenoberfläche.

Bei solchen extremen Temperaturen verlieren die einzelnen Atome des Gases die Elektronen, die sonst ständig um den Atomkern kreisen. Deshalb sprechen die Physiker auch nicht mehr von einem Gas. Sie nennen die heiße Materie Plasma. Die einzelnen

Teilchen, aus denen sich das Plasma zusammensetzt, Atomkern und freie Elektronen, fliegen ständig wild durcheinander – bei 100 Millionen Grad Celsius mit einer Geschwindigkeit von mehreren tausend Kilometern in der Sekunde. Natürlich stoßen sie deshalb fortwährend an die Wände des Fingerhuts oder irgendeines anderen Behälters, in dem sich das Plasma befindet. Weil die Wärmeenergiemenge eines einzelnen Teilchens trotz der enormen Temperatur aber unvorstellbar klein ist, kühlt es beim Anprall an die Wand sofort aus. Um also das Plasma überhaupt auf extreme Temperaturen erwärmen zu können, müssen die Forscher dafür sorgen, daß seine Teilchen gar nicht an irgendwelche Gefäßwände anstoßen können.

Das Ideale wäre deshalb ein Gefäß, das überhaupt keine Wände hat. Das klingt unvorstellbar, ist es aber durchaus nicht. Die Atomkerne und die Elektronen, aus denen das Plasma besteht, sind nämlich von Natur aus elektrisch geladen. Durch geeignete Magnete lassen sie sich anziehen oder abstoßen. Das ist zwar nicht ganz so einfach, wie es hier als ›anziehen‹ und ›abstoßen‹ beschrieben ist, aber für das grundsätzliche Verständnis der Sache genügt diese Erklärung. Gelingt es nun, eine Reihe von Magneten so anzuordnen, daß die Plasmateilchen von allen Seiten her zusammengedrängt werden, dann wirkt das Ganze tatsächlich wie ein Gefäß ohne Wände, aus dem das Plasma nicht entweichen kann.

Die Techniker sprechen von einer »magnetischen Flasche«. Je heißer das Plasma in so einer Flasche wird, desto unruhiger werden seine Teilchen und desto »fester« müssen die magnetischen Wände sein, um dem Anprall der Teilchen standzuhalten. Das setzt so gewaltige Elektromagnete voraus, daß die Technik bis heute vor der Aufgabe kapitulierte, sie herzustellen. Außerdem bereitet die genaue Anordnung der Magnete noch ernsthafte Sorgen, denn bei den meisten Versuchen stehen die Wände der magnetischen Flaschen nicht stabil im Raum. Sie sind instabil und verbiegen oder verschieben sich.

Nach diesem kleinen Exkurs in die Probleme der Plasmaphysik lassen sich die technischen Bedingungen für das Aufwärmen eines Fingerhutes voll Deuterium etwas exakter formulieren: Das Deuteriumplasma ist auf einige 100 Millionen Grad Celsius zu erwärmen. Es muß dabei (zum Beispiel in einer magnetischen Flasche) so zusammengehalten werden, daß es nicht dünner wird, als es einem

Zehntausendstel der Dichte unserer Atemluft entspricht. Dieser Temperatur- und Dichtezustand ist wenigstens einige hundertstel Sekunden lang aufrechtzuerhalten. Gelingt es, das Plasma wesentlich dichter zusammenzudrücken, genügen niedrigere Temperaturen oder kürzere Arbeitszeiten. Erreicht haben amerikanische Wissenschaftler bis heute bei der notwendigen Dichte erst ein Zehntel der erforderlichen Temperatur bei einem Tausendstel der erforderlichen Dauer.

Was ist eigentlich gewonnen, wenn das schwierige Experiment eines Tages glückt? Was geschieht in dem Plasma unter den angestrebten ungewöhnlichen Bedingungen?

Die Antwort heißt Kernfusion. Je zwei Deuteriumatome vereinigen sich zu einem Heliumatom. Zum Teil geschieht das direkt, zum Teil über die Zwischenstufe Tritium, eine dritte, superschwere Form des Wasserstoffes. Bei diesem Vorgang werden größere Energiemengen frei, als sie für das Aufheizen des Plasmas erforderlich sind.

Eine Anlage, in der das möglich ist, erzeugt auf dieselbe Weise Energie, wie das in der Sonne geschieht, die schon seit zwei Milliarden Jahren unvermindert unvorstellbare Wärmemengen abstrahlt, ohne dabei merklich an Masse eingebüßt zu haben. Derartige Fusionsreaktoren würden sämtliche Energiesorgen der Menschheit für alle Zeiten lösen, denn ihre »Brennstoff«-Quelle, Wasser, steht in beinahe unbegrenzter Menge zur Verfügung.

Alle Ozeane zusammengenommen enthalten schätzungsweise 45 000 Milliarden Tonnen Deuterium, genug, um daraus den heutigen jährlichen Weltenergiebedarf einige Milliarden Jahre lang zu decken. Ein reichliches Drittel von einem Gramm Deuterium, enthalten in etwas mehr als 10 Litern ganz gewöhnlichen Wassers, genügt, um 1975 den Durchschnittsenergiebedarf pro Kopf der Weltbevölkerung zu decken. Vergleichsweise entspricht dieser Bedarf zwei Tonnen Steinkohle oder 2300 Litern Benzin.

Wird es jemals Fusionsreaktoren geben? Ist das nicht fast unmög-

Abbildung 22: Das kalifornische 2 X II-Experiment, eine der über 200 großen Versuchsanordnungen auf der Welt zur Erforschung möglicher Fusionsreaktor-Technologien.

Abbildung 23: Der größte in der Geschichte der Fusionsforschung je gebaute Elektromagnet soll mit seinem Kraftfeld eine stabile »magnetische Flasche« für 200 Millionen Grad Celsius heißes Plasma erzeugen.

PRELIMINARY FACILITY DESIGN

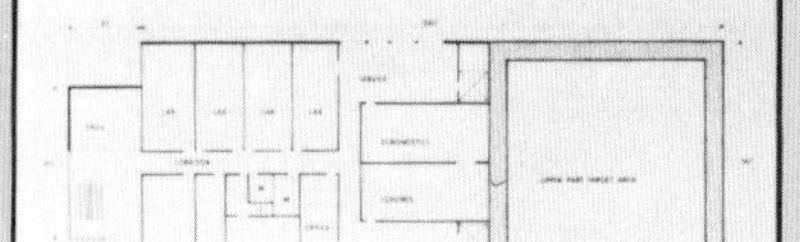

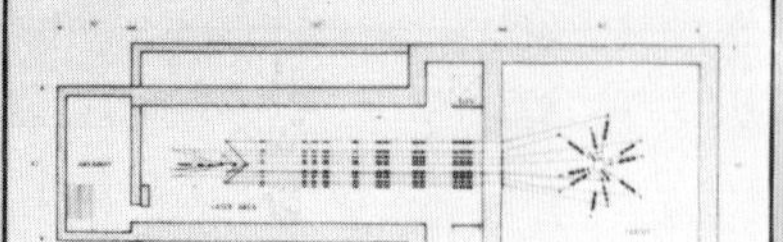

lich nach den so ganz und gar nicht ermutigenden Ergebnissen aller bisherigen Plasmaexperimente? Der Direktor der amerikanischen Atomenergiekommission, Dr. Roy W. Gould, sagte dazu 1972 zuversichtlich vor Journalisten: »Die Frage ist nicht ob, sondern wann!«

Heute, nur drei Jahre später, läßt sich vielleicht sogar schon die Frage nach dem Wann ungefähr beantworten. Neben vielen anderen Forschungsstätten auf der ganzen Welt ist es wieder einmal das Lawrence Livermore Laboratory, das den Problemen zukünftiger Technologien besonders hart zuleibe rückt. In seinem Experiment »Baseball II« könnte es gelingen, mit dem größten in der Geschichte der Fusionsforschung je gebauten Elektromagneten (vgl. Abb. 23) erstmals bei Temperaturen von 200 Millionen Grad Celsius Plasma lange genug in einer stabilen »magnetischen Flasche« einzuschließen, um nachzuweisen, daß Fusionsreaktoren technisch möglich sind.

Zugleich aber hat in allerneuester Zeit ein ganz anderes Verfahren gute Chancen, den Durchbruch herbeizuführen. Mit extrem feingebündeltem einfarbigem Licht, als Laserstrahlen bekannt, lassen sich höchste Energiemengen auf einen winzigen Punkt schießen. Gleich zwölf solche Hochleistungslaser von jeweils 50 m Länge, jeder einzelne gigantischer als alle Laseranlagen zuvor, wird ein Großprojekt im Lawrence Livermore Laboratory vereinigen.

Ein Modell des Gebildes, das 1977 erstmals arbeiten soll, zeigt die Abbildung 24. Wie die Beine einer utopischen gläsernen Spinne umklammern die Austrittsröhren für die zwölf Laserstrahlen eine geheimnisvolle weiße Kugel, in der sich nach den Hoffnungen der Wissenschaftler der erste Fusionsprozeß der Welt abspielen soll, der mehr Energie liefert, als für das Experiment selbst erforderlich ist.

Was wird in der Kugel vor sich gehen?

Abbildung 24: Das abstrakte Gebilde ist das Modell der leistungsstärksten Lichtkanone der Welt. – Wird diese Super-Laseranlage schon 1977 den Beweis erbringen, daß Fusionsreaktoren technisch möglich sind und mit ihnen die Erzeugung unbegrenzter Energie aus Meerwasser?

Abbildung 25: Dieser reichlich 80 Meter lange unscheinbare Betonkubus ist eines der interessantesten Gebäude der Welt. Mit Spannung warten Wissenschaftler aller Nationen auf seine Fertigstellung. Hier könnte sich bereits 1977 die erste wirtschaftliche Kernfusion ereignen und damit die Geburtsstunde eines neuen Energiezeitalters schlagen.

In dem Moment, in dem die 12 Laser gleichzeitig zünden und 10000 Wattsekunden Energie in einem Blitz auf einem Fleck zusammentrifft, fällt ein stecknadelkopfgroßes Kügelchen genau durch den Brennpunkt aller Strahlen. Diese Kugel besteht aus gefrorenem schwerem und superschwerem Wasserstoff. In weniger als einer millionenstel Sekunde wird sie von den vereinigten Laserstrahlen auf die für die Fusion notwendige Temperatur aufgeheizt sein. Das geschieht so rasch, daß in der kurzen Zeit unmöglich die Kugel schmelzen und danach noch die Teilchen weit auseinanderfliegen können.

Die Forscher glauben, daß sich auf diese Weise Temperatur-, Dichte- und Zeitbedingungen miteinander verbinden lassen, die das bisher mehr als einmal für unmöglich Gehaltene wahrwerden lassen: den Fusionsreaktor. Wenn sich nämlich der Vorgang mit der fallenden und durch Laserlicht beschossenen Deuteriumkugel zehnmal in jeder Sekunde wiederholt, wird dabei die gleiche Energiemenge frei wie in den größten Heiz- und Kernkraftwerken unserer Zeit.

Wenn das aufregende Experiment in dem äußerlich unscheinbaren Betonbau, der die Superlaserkanone von Livermore in Kalifornien aufnehmen soll (vgl. Abb. 25), 1977 gelingt, dann rechnen die Wissenschaftler damit, daß schon im letzten Jahrzehnt unseres Jahrtausends die ersten kommerziellen Fusionsreaktoren arbeiten könnten.

Wasser für neue Turbinen

Baustellen der Superlative Im Winter 1969/70 begannen in Mozambique die Arbeiten am größten Staudamm Afrikas und zugleich an der viertgrößten Wasserkraftanlage der Welt. Der erste Bauabschnitt ist 1975 beendet, und bereits in diesem Jahr liefert das Werk mehr Strom als der weltbekannte Komplex am Assuanstausee. Aber erst 1979 wird die dritte und letzte Ausbaustufe der Zehnjahresbaustelle betriebsfertig sein: Das Kraftwerk Cabora Bassa, das mit einer Leistung von mehr als 2000 Millionen Watt in der Lage sein wird, den ganzen sogenannten australafrikanischen Länderblock zu einem Kilowattstundenpreis von anderthalb Pfennigen mit Strom zu versorgen. Cabora Bassa könnte Energie nach Mozambique, Rhodesien, Angola, Malawi, Bostwana, Lesotho, Swaziland und nach dem 1450 km fernen Südafrika liefern.

Cabora Bassa ist neben dem 1968 begonnenen Tarbeladammprojekt das zur Zeit größte Bauvorhaben der westlichen Welt. Für den Aushub an Felsgestein und Erdreich müssen mehr als vier Millionen Kubikmeter Massen bewegt werden, das ist eineinhalbmal soviel wie das gesamte Material der gigantischen Cheopspyramide. Über und unter Tage werden fast eine Million Kubikmeter Beton und Stahlbeton verbaut.

Das vollständig in den Fels gesprengte Maschinenhaus ist die größte je von Menschenhand geschaffene Höhle (vgl. Abb. 26). In ihr ließe sich 18mal der komplette Buckinghampalast unterbringen, je sechsmal in drei Etagen übereinander. Hinter der Staumauer, einer Präzisionsarbeit aus mehr als einer halben Million Kubikmetern Beton, wird sich das Wasser des Sambesi zu einem gewaltigen See sammeln, sechsmal so groß wie der europäische Bodensee, auf dem, dicht an dicht stehend, die gesamte Weltbevölkerung Platz fände (vgl. Abb. 27).

Bis die über 160 m hohe Riesenmauer fertig ist, wird der tosende Sambesi umgeleitet. Dafür mußten eigens zwei Stollen von zusammen fast einem Kilometer Länge durch den Fels gebrochen werden. Während der zwei- bis dreimonatigen Hochwasserperioden überflutet der reißende Gebirgsstrom trotzdem die Baugrube und macht jede Arbeit am Damm unmöglich.

Die 1450 km lange Stromübertragungsleitung nach Südafrika ist eine Weltspitzenleistung der Elektrotechnik. Durch zwei parallele Hochspannungskabelsysteme fließt nicht wie sonst üblich Wechselstrom, sondern Gleichstrom bei einer Spannung von 533 000 Volt. Selbst einzelne Bauelemente, wie die großen Thyristorventile (vgl. Abb. 28), die eine westdeutsche Firmengruppe speziell für Cabora Bassa entwickelt hat, feiern bei diesem Projekt eine in Fachkreisen aufsehenerregende Premiere.

Die Auftragssumme, für die das Riesenprojekt am Sambesi an eine Arbeitsgemeinschaft von 15 Großunternehmen aus fünf Ländern vergeben wurde, betrug Ende 1969 1,55 Milliarden DM. Kann sich ein Gebiet wie Mozambique solche Ausgaben leisten? Gewiß nicht. Doch hinter dem Territorium Mozambique stand das Mutterland Portugal. Cabora Bassa ist mehr als ein Kraftwerk; Cabora Bassa ist ein Politikum. Der kleine Staat am westlichen Rand der Stierhaut, der dringend jede Million für Investitionen in seinem

europäischen Gebiet brauchen könnte, hat mehr als die acht Milliarden Escudos internationale Kredite aufgenommen, um mit dem Kraftwerk im zentralen Ostafrika (vgl. Abb. 29) seine unsichere Stellung in einem Gebiet zu festigen, das er nicht verlieren möchte.

Wer kann sagen, ob auch die neuen Landesherren Portugals, die seit April 1974 eine gemäßigtere Kolonialpolitik betreiben, den Auftrag vergeben hätten? – Viele Fragen sind offen. Die Pläne des alten Regimes, eines Tages Millionen Portugiesen im Tetedistrikt südöstlich des großen Kraftwerkes anzusiedeln, gibt es nun nicht mehr. Es war schwer, sie von heute auf morgen zu den Akten zu legen, denn das Hinterland Cabora Bassas ist eine der Schatzkisten der Welt.

Wenn als Nebenwirkung der neuen Staumauer die jährlichen Überschwemmungskatastrophen am Unterlauf des Sambesi ausbleiben, läßt sich ein Areal, so groß wie ein Sechstel des portugiesischen Mutterlandes, in fruchtbarstes Siedlungsland verwandeln. Doch das ist bei weitem nicht alles. Cabora Bassa könnte den notwendigen Strom für die Gewinnung von Rohstoffen liefern, die der Tetedistrikt ganz offenbar im Überfluß birgt: Kohle, Eisen, Fluorit, Mangan, Korund, Graphit und die auf dem Weltmarkt knapp werdenden Elemente Beryllium, Chrom, Nickel und Titan.

Welche Zukunft wird Cabora Bassa dem Land Mozambique bescheren?

Es ist schwer zu sagen. Den schwarzafrikanischen Nachbarn in Sambia war das kolonialistische Projekt von Anfang an ein Dorn im Auge. Als der Auftrag vergeben wurde, drohte der sambesische Staatspräsident Dr. Kenneth Kaunda mit einem möglichen militärischen Nachspiel, und während der Bauarbeiten blieben Sabotageakte nicht aus. Ist das Milliardenprojekt ein vorgeplantes Mausoleum?

Etwas weiter stromaufwärts, am Mittellauf des Sambesi, steht wie das Denkmal einer gigantischen politischen Fehlkalkulation eine

Abbildung 26: Das vollständig in den Fels gesprengte Maschinenhaus des Wasserkraftwerks CABORA BASSA ist die größte künstliche Höhle der Welt. In ihr ließe sich in drei Etagen 18mal der komplette Buckinghampalast unterbringen.

Abbildung 27: Die zur Zeit zweitgrößte Baustelle der Welt: Eine 160 m hohe Riesenmauer soll den tosenden Sambesi zu einem 250 km langen See aufstauen, der 1979 das Wasser für ein 2-Milliarden-Watt-Kraftwerk liefern wird.

hochmoderne Petroleumraffinerie, die ganz Zentralafrika mit Benzin versorgen könnte, wenn nicht im November 1965 Rhodesien die Unabhängigkeit erklärt hätte und wenig später die lebenswichtige Schlagader der Raffinerie, die Ölpipeline von Beira, auf Beschluß der UNO versiegt wäre.

Abbildung 28: Eine Weltpremiere der Elektrotechnik wird die 1450 km lange HGÜ-Leitung (HGÜ = *H*ochspannungs-*G*leichstrom-*Ü*bertragung) vom Cabora-Bassa-Kraftwerk nach Südafrika sein. Eigens für sie entwickelt wurde dieses Thyristorventil, ein höchst modernes Halbleiterbauelement, das Wechselströme größter Leistung in Gleichstrom verwandelt.

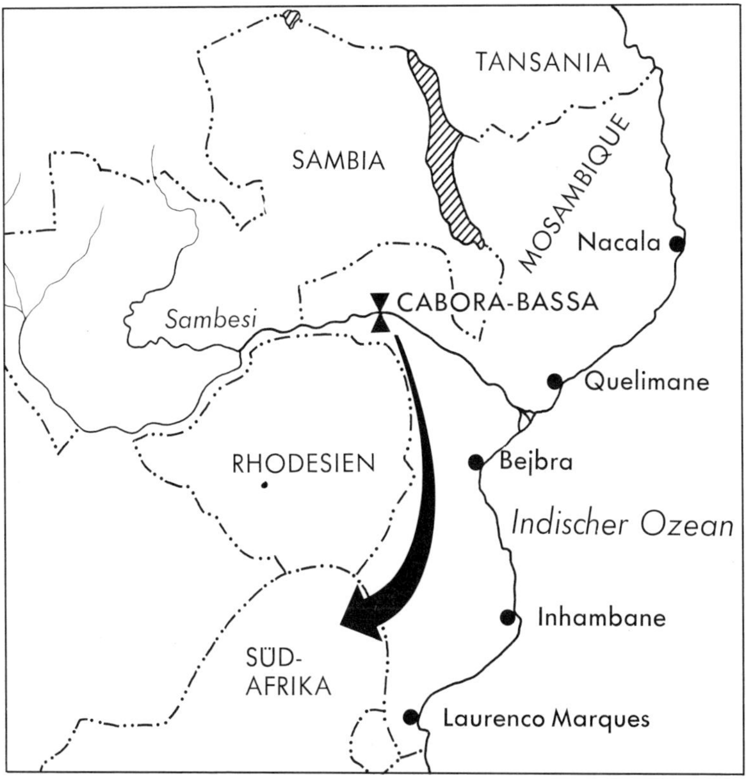

Abbildung 29: Das gigantische Kraftwerksprojekt CABORA BASSA im einstmals portugiesischen Mozambique ist ein Politikum: Durch die Versorgung ganz Australafrikas mit billigem Strom wollte die ehemalige portugiesische Regierung bei der Auftragsvergabe ihren Einfluß im afrikanischen Kolonialgebiet stärken.

Droht Cabora Bassa ein ähnliches Schicksal?

Die politische Weltgeschichte spart nicht an Ironie. Das zweitgrößte Bauprojekt der Gegenwart ist ein heißes Politikum. Das größte ist ebenfalls eins. Es heißt Tarbela und ist gleichfalls ein Staudamm.

Der Indus mit seinen Nebenflüssen ist der Lebensquell des indischen Subkontinents. *Sindhu* heißt er im Sanskrit, *der große Bewässerer.* 60000 km Kanäle verteilen sein Wasser. Er versorgte das größte künstlich bewässerte Gebiet der Erde, bis 1947 die Teilung der ehemals britischen Kolonie in Indien und Pakistan das Flußsystem zerschnitt, das Kanalnetz auseinanderriß (vgl. Abb. 30). Damit

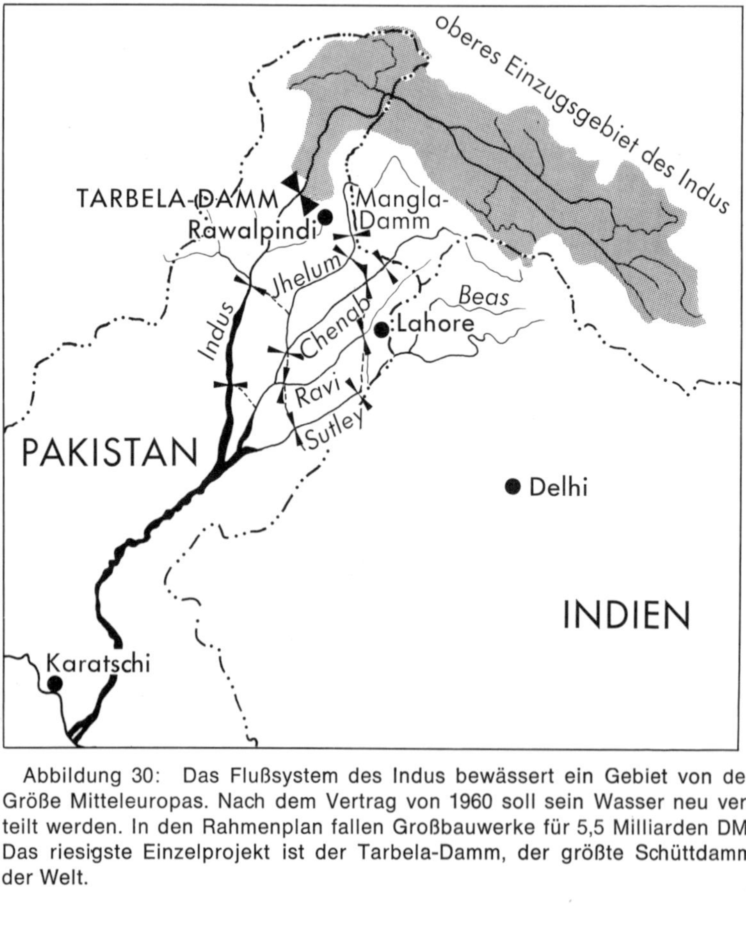

Abbildung 30: Das Flußsystem des Indus bewässert ein Gebiet von der Größe Mitteleuropas. Nach dem Vertrag von 1960 soll sein Wasser neu verteilt werden. In den Rahmenplan fallen Großbauwerke für 5,5 Milliarden DM. Das riesigste Einzelprojekt ist der Tarbela-Damm, der größte Schüttdamm der Welt.

war die Wasserversorgung für ein Gebiet von der Größe Mitteleuropas durcheinandergeraten und mußte neu geregelt werden. Das geschah im »Induswasser-Vertrag« von 1960. Danach erhielt Indien die alleinigen Nutzungsrechte für die drei östlichen Induszuflüsse Ravi, Beas und Sutlej, während es die Wasser des Jhelum, des Chenab und des Indus selbst ungehindert nach Pakistan fließen lassen muß.

Das neue Bewässerungssystem im pakistanischen Indusbecken zog ein Gesamtbauprojekt von nie dagewesene Ausmaßen nach sich. 5,5 Milliarden DM mußte der internationale Indusbecken-Entwicklungsfond für die ungewöhnlichen Bauwerke dieses Planes aufbringen. Dem Fond gehören neben Indien und Pakistan die Länder Australien, Kanada, Frankreich, die Bundesrepublik Deutschland, Italien, Neuseeland, Großbritannien und die USA sowie die Weltbank und die Internationale Entwicklungsgesellschaft (IDA) an. Der Mangladamm, der bisher größte Damm auf dem asiatischen Kontinent, eine Reihe von Stauwehren und acht Verbindungskanäle von 640 km Gesamtlänge sind fertig. Doch der Schlußstein des großen wasserwirtschaftlichen Entwicklungsprojekts und gleichzeitig das spektakulärste Einzelprojekt ist noch im Bau, der Tarbeladamm, der den »Vater aller Flüsse«, den Indus, selbst aufstauen wird (vgl. Abb. 31).

Doppelt so groß wie sein kleiner Bruder, der Mangladamm, wird er auf der Weltrangliste alle noch so großen Staudämme deklassieren. Er wird 60 Prozent größer sein als der bisher größte Damm der Erde, Fort Peck in den USA. Dabei ist er nicht einmal der höchste und auch nicht der längste Damm, aber als Schüttdamm wird er das gewaltigste Volumen haben, das Menschen seit dem Bau der fast 2,5 Tausend Kilometer langen Chinesischen Mauer je bewegt haben. Mit 142 Millionen Kubikmetern entspricht es der Masse von 55 Cheopspyramiden. 2,5 Millionen Kubikmeter Beton erfordert allein der Bau von Tunneln, Hochwasserentlastungsleitungen und einem Kraftwerkskomplex; denn selbstverständlich wird der aufgestaute Strom nicht nur Bewässerungskanäle versorgen, sondern in erster Linie auch elektrische Energie liefern. Zwölf Turbinensätze werden ab 1976 ebensoviel Strom erzeugen wie die afrikanische Riesenanlage Cabora Bassa.

Die Baustellen gleichen einem Ameisenhaufen. 16000 Arbeits-

kräfte halten seit 1968 für die Arbeiten an diesem einen Damm einen Gerätepark im Wert von mehr als einer Drittelmilliarde DM in Bewegung. Baumaschinen im Gesamtgewicht von fast 5000 Tonnen wurden über eine Strecke von einem Viertel des Erdumfangs in 330 Fahrten auf dem Landweg von Europa nach Tarbela gebracht.

Wie Cabora Bassa und Tarbela beweisen, verurteilen das Zeitalter des Atomstroms und die Aussicht auf zukünftige Sonnenkraftwerke die Wasserkraft nicht zum Tode. Tarbela ist zwar bis heute das umfangreichste Vorhaben seiner Art, aber auf den Reißbrettern der Ingenieure warten noch viele ähnliche auf die Verwirklichung. Vor allem die weiten Gebiete Asiens und Südamerikas mit ihren Bevölkerungsexplosionen fordern für ihre Energieversorgung und Industriealisierung solche Großprojekte, die zugleich auch wesentlich zur Verbesserung der Wasserwirtschaft und der Ernteergebnisse beitragen. Denn die Verdoppelung der Erdbevölkerung in unserer Generation findet fast ausschließlich in diesen Zonen statt.

Wie aber ist es um die Wasserkraft in den bereits heute dicht besiedelten Gebieten bestellt? Ist ihre Weiterentwicklung nicht auch hier als billigste und zugleich umweltfreundlichste aller heute genutzten Grundenergieformen lohnend? Im Prinzip gewiß, doch fast alle geeignete Wasserkraft ist bereits gebändigt. Eine Vielzahl von Laufkraftwerken verwertet die Strömungsenergie unserer Flüsse, Speicherkraftwerke nutzen das in Hunderten von künstlichen Seen aufgestaute Wasser.

Wo ließen sich zum Beispiel in den überbevölkerten Regionen Mitteleuropas neue große Stauseen errichten?

Das Institut für Wasserwirtschaft an der Stuttgarter Universität hat auf diese Frage eine verblüffende Antwort parat:
»Unter der Erde«. Aber gibt es denn überhaupt geeignete Kavernen von ausreichenden Dimensionen, etwa verlassene Salzbergwerke oder natürliche Höhlensysteme?

Abbildung 31: An der größten Baustelle der Welt entsteht zur Zeit aus 142 Millionen Kubikmetern Material der 2740 m lange und 145 m hohe Tarbela-Damm.

Die Studie der Stuttgarter Wissenschaftler zeigt, daß solche unterirdischen Hohlräume viel zu klein sind. Doch es gibt einen Ausweg. Der Kniff liegt darin, noch viel kleinere Hohlräume in Erwägung zu ziehen, diese allerdings in großen Mengen. Die Forscher haben nämlich herausgefunden, daß sich in bestimmten lockeren Bodenarten 200 bis 300 Liter Wasser in den winzigen Poren eines einzigen Kubikmeters Gestein speichern und – das ist sehr wichtig – daraus auch wieder gewinnen lassen.

Für Westdeutschland und für Österreich hat das Institut sogar schon zwei konkrete Vorschläge unterbreitet, wie und wo solche unterirdischen Speicher angelegt werden könnten. Eine 20 Kilometer ausgedehnte und bis zu 25 Meter mächtige Schotterablagerung zwischen der Donau und dem Neckar ist beispielsweise in der Lage, in feuchten Jahren 120 Millionen Kubikmeter Wasser aufzunehmen. In einer 45 Kilometer langen Leitung ließe sich das Wasser in regenarmen Zeiten zum Neckar leiten, und die bestehenden Kraftwerke an diesem Fluß könnten 16 Millionen Watt mehr leisten. Das entspricht einem jährlichen Gewinn von 1 bis 1,5 Millionen DM.

Auf solche Maßnahmen aber wird die Zukunft der Wasserkraft in den dichtbesiedelten Industriestaaten beschränkt bleiben. Die Zukunft der »Earth Shaper«, jener Ingenieure, die mit ihren Ideen und ihren Maschinen Ströme umleiten und Berge versetzen, um dahinter künstliche Seen anzustauen, liegt in Asien, Afrika und Südamerika.

Qattara oder das bodenlose Faß in der Wüste Sahara Am Nordostrand der Sahara, nur 80 km südlich von einem der herrlichsten Sandstrände des Mittelmeeres, liegt zwischen den ägyptischen Oasen Siwa und Maghra die Qattara, ein gewaltiges ovales Becken, 150 km breit und 300 km lang (vgl. Abb. 32). Die Ägypter, selbst die anspruchlosesten und zähesten Wüstennomaden, meiden die Qattara wie die Hölle. In der Tat ist diese von allem Leben verlassene Senke unwirtlicher als das Fegefeuer. Feuchte Winde vom Mittelmeer hält ein 230 m hoher Bergrücken fern, und die Sonne brät erbarmungslos auch den geringsten Wasserrest aus der flachen Pfanne. Den felsigen Boden bedeckt eine unpassierbare Salzkruste, die das grelle Himmelslicht gleißend zurückwirft. Den größten Teil des Jahres fegen heiße Stürme durch den weiten Kessel, die alles ausdörren würden, wenn nicht schon alles ausgedörrt wäre. Das erklärt, warum sich in der abflußlosen Qattara kein Wasser sammelt, obwohl der Boden dieses riesigen Loches, das so groß ist wie die halbe Schweiz, an seiner tiefsten Stelle 135 m unter dem Meeresspiegel liegt.

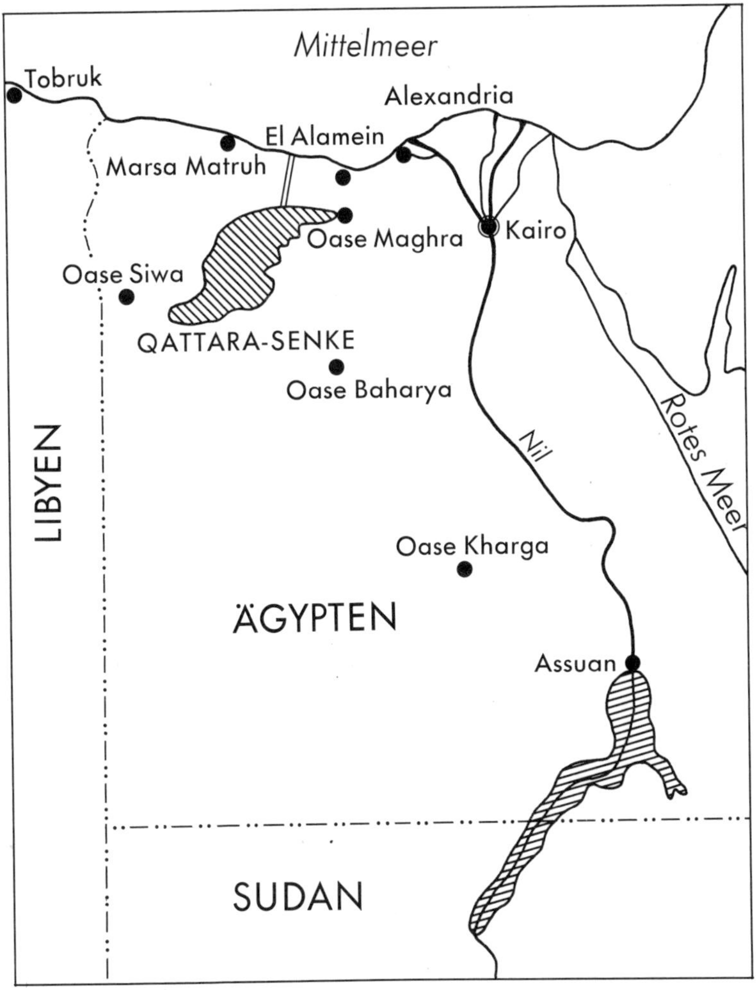

Abbildung 32: Im Norden Ägyptens dehnt sich in der unwirtlichen Libyschen Wüste trostlos und hitzeflimmernd eine 300 km lange Senke: die Qattara. Ihr salzverkrusteter Boden liegt an seiner tiefsten Stelle 135 m unter dem Meeresspiegel.

Die merkwürdige geographische Erscheinung zog schon vor mehr als einem halben Jahrhundert die Aufmerksamkeit der Geologen an, unter anderem auch die des Berliner Professors Dr. Penk. Er entwickelte 1912 den Plan, diese einmalige natürliche Gegebenheit wirtschaftlich zu nutzen. Gelänge es nämlich, durch einen Kanal oder durch einen Stollen Wasser vom Mittelmeer in das große Loch in der Wüste zu leiten, dann könnte die Strömung ein großes Wasserkraftwerk betreiben. Doch der Plan fand damals in Ägypten keine Gegenliebe, und auch entsprechende Anregungen des englischen Geodäten Dr. Ball wurden 1933 wieder verworfen. Doch 1964 beauftragte das Deutsche Wirtschaftsministerium im Rahmen seiner technischen Hilfe für die Vereinigte Arabische Republik den Darmstädter Wasserbauprofessor Dr. Bassler und andere Wissenschaftler mit einer neuen Qattarastudie.

Jahrelang scheiterten alle Überlegungen, wie sich das Mittelmeerwasser in die Senke leiten ließe, an der Kostenfrage, bis der weitsichtige Wasserbauer um 1970 auf ein Forschungsprojekt der Amerikanischen Atomenergiekommission aufmerksam wurde. US-Wissenschaftler machten seit mehreren Jahren Experimente zur friedlichen Nutzung der Kernkraft. Im Rahmen des »Plowshare«-Programms sprengten sie in der Wüste Neu-Mexikos riesige nukleare Krater und Gräben. Ließ sich diese neue Technik auch für den Bau der Wasserzuleitung zur Qattarasenke einsetzen? Professor Bassler fragte die amerikanischen Spezialisten. Die Antwort war positiv. Der Landstreifen zwischen der Senke und dem Mittelmeer bietet sich für das Plowshare-Verfahren geradezu an. Das Gestein ist dafür ideal, und die Region ist menschenleer, zumal sie noch seit dem letzten Weltkrieg vermint ist.

Heute kann der Darmstädter Professor mit einem fertig ausgearbeiteten Konzept für ein Projekt aufwarten, das auf der Welt einmalig ist. Von der Küste des Mittelmeeres, auf halbem Weg zwischen den Oasen Marsa Matruh und El Alamein, wird mit Atomkraft ein knapp 80 Kilometer langer Kanal bis zur Qattara ausgebrochen. Am Fuß des Höhenrückens, der am Nordrand des Beckens steil aufragt, plant Professor Bassler ein Kavernenkrafthaus. Dort treibt das in die Senke strömende Wasser große Turbinen. Wegen der extrem starken Verdunstung und der ungeheuren Größe der Qattara wird die riesige Mulde in der Wüste je nach der zugeleiteten Wassermenge erst nach

30 bis 70 Jahren »voll« sein. Hier steht »voll« in Anführungszeichen, weil die Oberfläche des 12100 km² großen Sees immer noch 60 m unter dem Meeresspiegel liegen wird. »Voll« hat hier also einen anderen Sinn; es bedeutet, daß der Wasserstand nicht weiter steigen wird, selbst dann nicht, wenn – wie geplant – jede Sekunde weitere 650 Kubikmeter Wasser zuströmen. Das ist halbsoviel Wasser wie der größte Strom Frankreichs, die Rhône, ins Mittelmeer führt.

Wo bleiben diese ungeheuren Flüssigkeitsmengen?

Versickern können sie nicht, denn das Gebiet liegt ja unter dem Meeresspiegel. – Sie verdunsten! 19 Milliarden Kubikmeter Wasser verdunsten Jahr für Jahr, genug um die geplanten Turbinen am Rande der Qattara für alle Zeiten betreiben zu können. Das Becken ist ein Faß ohne Boden. Oder sollte man besser sagen, »ohne Dekkel«?

Die erzielbare elektrische Leistung der Qattara-Turbinen würden der eines modernen großen Kernkraftwerkes entsprechen, wenn ... ja wenn das Team Professor Basslers nicht einer weiteren natürlichen Gegebenheit auf die Spur gekommen wäre, die es gestattet, die Leistung noch um ein Vielfaches zu steigern. Dicht neben dem nördlichen Senkenrand liegt, 215 m über dem Meeresspiegel, ein weiteres abflußloses Becken. Trotz seiner 50 Millionen Kubikmeter Fassungsvermögen war das ein reiner Zufallsfund, denn keine Landkarte verzeichnet es, und wahrscheinlich hat es bis vor kurzem kaum ein Mensch gesehen.

Das Forscherteam erkannte sofort die überragende Bedeutung dieser hochgelegenen Mulde. Der elektrische Strom, den das Qattarakraftwerk liefern wird, läßt sich nicht speichern. Andererseits brauchen Industrie und Haushalte aber tagsüber mehr Elektrizität als nachts. Das Wasser fließt aber 24 Stunden lang, und genauso lange können die Turbinen laufen. Mit dem ungenutzten Nachtstrom lassen sich deshalb beinahe kostenlos große elektrische Pumpen antreiben, die einen Teil des Wassers in das riesige natürliche Oberbekken befördern.

Tagsüber, zu den Zeiten des Spitzenbedarfs an elektrischer Energie, schießt das gespeicherte Wasser wieder zum 270 m tiefer gelegenen Qattarasee herab und treibt zusätzliche Turbinen an. Damit läßt sich die Höchstleistung der Anlage beinahe beliebig steigern. Professor Bassler spricht von acht bis neun Milliarden Watt. Das ist das

Vierfache von Cabora Bassa, das Vierfache von Tarbela und weit mehr als bisher je ein Großkraftwerk der Welt geleistet hat.

Sofern das Wüstenkraftwerk in Nordägypten verwirklicht wird – das könnte bei einer Bauzeit von rund sieben Jahren in der Mitte der achtziger Jahre der Fall sein –, dann gibt es auf der Welt einen neuen Kraftwerkstyp. Die Wasserbauer nennen ihn »hydrosolares Depressionskraftwerk«. Ein Projekt dieses Ausmaßes scheint einen solch langen Namen zu verdienen. Doch ist er wohl gegenüber anderen Wasserkraftwerken nicht so ganz gerechtfertigt.

Für eine Anlage, die als einzige der Welt mit einer natürlichen Senke, also einer Depression, arbeitet, ist die Bezeichnung »Depressionskraftwerk« vertretbar. »Hydrosolar« ist aber auf jeden Fall irreführend, denn »solar« bezieht sich auf die Verdunstungswirkung durch die Sonne, die hier ausgenutzt wird. Im Grunde ist jedoch ohne diesen Effekt außer Gezeitenkraftwerken kein einziges Wasserkraftwerk der Welt denkbar, denn ob das Wasser nach der Turbine verdunstet, wie im Fall Qattara oder vorher, um dann als Regen die Flüsse und Stauseen fortwährend wieder zu füllen, bleibt sich schließlich gleich.

Doch Namen sind Schall und Rauch. Fest steht, daß der Qattaraplan zu den ganz großen Ingenieurvorhaben der Welt zählt und vielleicht eines Tages einen Großteil des ägyptischen Energiebedarfs decken wird. In einer Hinsicht könnte sich das Projekt übrigens sogar als Kuriosum entpuppen. Wenn die Vermutungen führender Geologen richtig sind, ist es nicht ausgeschlossen, daß hier zum ersten Mal in der Geschichte der Energiewirtschaft durch den Bau einer Wasserkraftanlage auch fossile Energie gewonnen werden kann. Unter der Senke liegen nämlich sehr wahrscheinlich große Erdöllager, die sich aber erst von Bohrinseln im künstlichen See aus erschließen lassen; denn der salzige Boden der trockenen Pfanne ist heute ja unpassierbar.

Gezeitenstrom – Strom aus den Gezeiten Großprojekte, für die es kein Vorbild gibt, haben oft eine ähnliche Geschichte wie der Qattaraplan. Weitblickende Geister regen sie an, doch die Zeitgenossen verwerfen sie sogleich als zu teuer oder als unnötig groß. Jahrzehntelang liegen sie dann auf Eis. Zwar fehlt es nicht an Technikern oder auch Politikern, die sich ihrer von Zeit zu Zeit erinnern, doch will niemand allein die Verantwortung für derartig umfangreiche Vorhaben übernehmen. Gegenstimmen werden laut, und der Dornröschenschlaf dauert fort.

Besonders typisch für solche immer wieder aufgeschobene Mammutpläne sind die verschiedenen Ideen zur Nutzung der Gezeitenenergie. Schon vor Jahrhunderten beschäftigten sich findige Köpfe mit dem Gedanken, die gewaltigen Naturkräfte, die Ebbe und Flut treiben, in ihre Dienste zu zwingen. In kleinstem Umfang ist das einigen von ihnen sogar gelungen.

Ein unternehmungslustiger Müller in der englischen Kanalstadt Dover baute schon 1066 eine Gezeitenmühle. Hundert Jahre später entstanden ähnliche Privatkraftwerkchen auch an Frankreichs Nordküste, und 1640 nutzte der Kapitän William Traske zum ersten Mal in Amerika an der Mündung des North River die Gezeitenkraft ebenfalls zum Kornmahlen.

In der ersten Hälfte unseres Jahrhunderts reiften dann fast gleichzeitig in verschiedenen Staaten der Erde Pläne für den Bau von Riesenmeereskraftwerken heran. Einflußreiche Persönlichkeiten, unter ihnen die amerikanischen Präsidenten F. D. Roosevelt und später J.F. Kennedy setzten sich mit Nachdruck für ihre Verwirklichung ein; aber letzten Endes scheiterten die großen Ideen immer wieder. Kostengründe, die Angst vor unvorhersehbaren Schwierigkeiten an Baustellen tief unter strömendem Meerwasser und schließlich die Begeisterungswelle, die der zukunftsweisenden Kernenergie entgegenschlug, drängten sie in den Hintergrund.

Doch eine Energiequelle von über 100 Milliarden Kilowatt – so hoch schätzen Wissenschaftler die gesamte Gezeitenleistung der Weltmeere – ist eine zu große Herausforderung, um für immer ungenutzt zu bleiben. Zwar gibt es nicht viele Plätze auf der Welt, an denen sich diese enorme Quelle wirtschaftlich anzapfen läßt, doch wo es möglich ist, können Turbinen billige und saubere Energie in gewaltigen Mengen produzieren. So blieb der erste entscheidende Schritt auf dem Gebiet der neuen Kraftwerkstechnologie auf die Dauer nicht aus.

Seit dem 4. Dezember 1967 erzeugt die erste größere Gezeitenanlage elektrischen Strom. Mit einem Kapitalaufwand von einer halben Milliarde Francs hat sie die *Electricité de France* in der Nähe des Städtchens St. Malo an der französischen Ärmelkanalküste errichtet.

Die bei Flut in den Kanal einströmenden Wassermassen stauen sich dort vor der 150 Kilometer langen Halbinsel Cotentin wie in einem Trichter je nach Sonnen- und Mondstand zwischen 6,3 und 13,5 Meter hoch auf. Solche »Tidenhübe« sind für den Betrieb von Gezeitenkraftwerken notwendig.

Noch eine weitere natürliche Gegebenheit zeichnet den Ort an der französischen Nordküste aus: Das kleine Flüßchen Rance bildet dort an seiner Mündung einen zwei bis drei Kilometer breiten und rund 20 Kilometer langen See. Ihn haben die Franzosen mit einem Damm vom Meer abgesperrt (vgl. Abb. 33). Doch der Damm ist nicht dicht. 24 runde Löcher, jedes 5,35 m weit, durchbohren ihn. In diese Löcher sind sogenannte Rohrturbinen eingebaut. Das sind vierblättrige Schaufelräder, die fest mit einem großen Elektrizitätsgenerator verbunden sind (vgl. Abb. 34). Bei Flut strömt das Gezeitenwasser vom Meer her durch die 24 Löcher in das Staubecken und treibt die Turbinen an. Setzt die Ebbe wieder ein, werden die Schaufeln der großen Räder umgestellt. Dadurch kann das abfließende Wasser die Turbinen in derselben Richtung drehen wie das Flutwasser. Die Umstellung erfolgt automatisch. Ein Computer berechnet im voraus die Gezeiten und sorgt rechtzeitig für die richtige Schaufelradstellung.

Das Kraftwerk an der Rance ist, gemessen an den möglichen Dimensionen von Gezeitenkraftanlagen, mit seiner jährlichen Energieerzeugung von immerhin 560 Millionen Kilowattstunden, ein relativ kleines Versuchsprojekt. Aber es hat sich inzwischen sieben Jahre lang bewährt und dabei die Erwartungen seiner Erbauer sogar in mancher Hinsicht übertroffen. Und auch ein zweites, allerdings noch weit kleineres Ebbe- und Flut-Kraftwerk arbeitet seit Ende 1968 recht zufriedenstellend. Rußland baute es mit nur zwei Turbi-

Abbildung 33: Am französischen Ufer des Ärmelkanals arbeitet seit 1967 das erste Gezeitenkraftwerk der Welt. Das Bild zeigt einen Teil des Dammes. Die Wasserwirbel hinter den geöffneten Schleusen illustrieren eindrucksvoll die Kraft des bei Flut einströmenden Wassers. Die 24 Turbinen für die Stromerzeugung liegen unsichtbar in dem Teil des Dammes, der im Bild ganz links vorn beginnt.

Abbildung 34: Das Bild zeigt eine der 24 großen Gezeitenturbinen von La Rance. Der Monteur steht 10,5 m unter dem Meeresspiegel und schaut durch die Laufradschaufeln in Richtung zum offenen Meer. In der gewaltigen während des Betriebs wasserumtosten »Birne« befindet sich ein Generator für die Stromerzeugung.

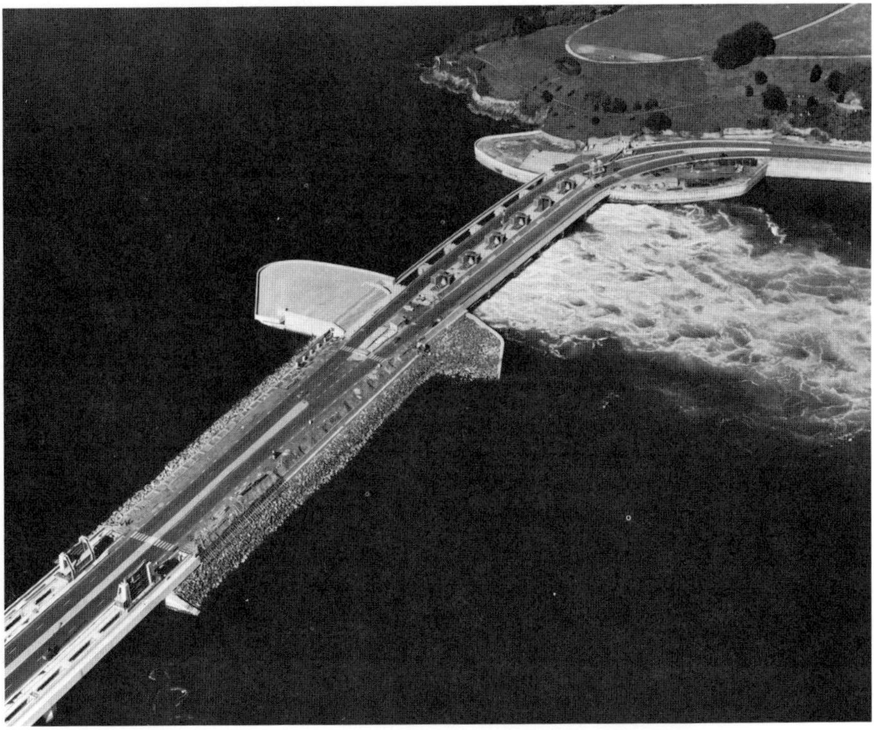

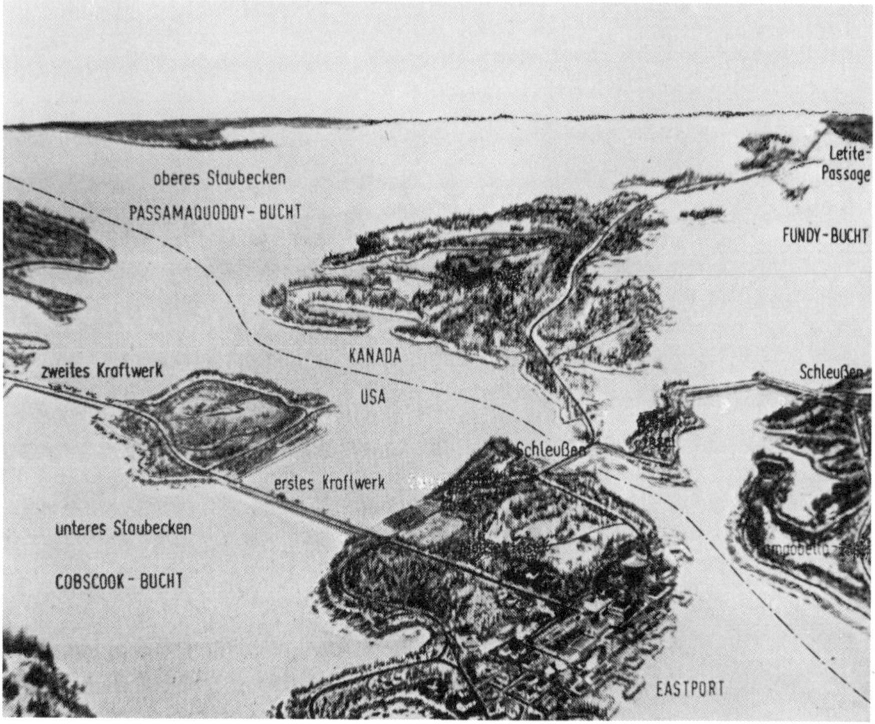
oberes Staubecken
PASSAMAQUODDY-BUCHT
Letite-
Passage
FUNDY-BUCHT
KANADA
USA
zweites Kraftwerk
Schleußen
Schleußen
erstes Kraftwerk
unteres Staubecken
COBSCOOK-BUCHT
EASTPORT

nen französischer Herkunft 100 Kilometer nördlich von Murmansk an den Ufern der Barents-See. Vielleicht werden die beiden Versuche als Schrittmacher einigen jener Größtprojekte zum Durchbruch verhelfen, deren Verwirklichung ohne diese Vorstufen weitaus geringere Chancen hätte.

Einer der am häufigsten diskutierten Pläne führt an die Bay of Fundy, einen Meeresarm von 300 Kilometern Länge an der Grenze zwischen den USA und Kanada. In einer Seitenbucht des Armes, der Passamaquoddy Bay, stauen sich bei Flut die Wasser des Atlantik zwischen 3,5 und 7,9 Meter hoch auf. Zwei Milliarden Kubikmeter Meerwasser durchströmen die Bucht bei jedem Gezeitenwechsel. Das ist gegenüber der Rancemündung mehr als das Zehnfache. Inmitten der »Quoddy«, wie die Projektplaner die Bay kurz nennen, gibt es mehrere Inseln, die dem Vorhaben als Endpunkte für ein raffiniertes Dammsystem sehr entgegenkommen (vgl. Abb. 35). Sie liegen so günstig, daß sich, anders als in Frankreich, zwei Becken anlegen lassen, ein oberes, das bei Flut durch ein Schleusensystem gefüllt wird und ein unteres, das seinen Inhalt bei Ebbe in die Fundybucht entleert. Auf diese Weise kann vom oberen zum unteren Becken fortwährend ein Ausgleichsstrom fließen und in zwei Kraftwerksanlagen insgesamt 100 Riesenturbinen antreiben (vgl. Abb. 36). Im Gegensatz zum Rancewerk, das nur jeweils während des Gezeitenwechsels Strom erzeugt, könnte Passamaquoddy durch dieses Zweibeckensystem rund um die Uhr arbeiten und sich mit einer Leistung von 1000 bis 2000 Millionen Watt würdig in die Reihe der Großkraftwerke der Welt einreihen.

Zwei weitaus bedeutendere Projekte lassen sich an der Kanalküste verwirklichen, eines in England, eines in Frankreich. Der britische Plan liegt seit Jahren baureif in der Schublade. Er sieht vor, die Severnflußmündung im Südwesten Englands, wo der Gezeitenhub bis zu 15 Meter beträgt, vom Meer abzusperren und durch ein System von Deichen in zwei Becken zu unterteilen, so daß ein Kraftwerk an

Abbildung 35: An der Grenze zwischen den USA und Kanada liegt die Passamaquoddy Bay, ein idealer Platz für die Anlage eines großen Gezeitenkraftwerks.

Abbildung 36: So könnte einer der beiden Kraftwerksdämme an der Passamaquoddy Bay aussehen. Unter 50 runden Glocken befinden sich riesige Turbinen.

dieser Stelle ebenfalls 24 Stunden am Tage Strom erzeugen könnte. Nicht weniger als 175 Turbinen soll das Gezeitenwasser durchströmen, von denen jeweils fünf zusammen leistungsstärker sind als die komplette Anlage an der Rance. Mit fast neun Milliarden Watt würde das Kraftwerk an der Severnmündung allein ebensoviel Energie liefern wie alle im Jahre 1975 arbeitenden englischen Kernreaktoren.

Das große französische Vorhaben im Ärmelkanal faßt die nur 40 Kilometer östlich von St. Malo gelegene Bucht von Mont St. Michel ins Auge. Mit einem 33 Kilometer langen Dammsystem läßt sich hier ein 500 km^2 großes Becken vom offenen Meer isolieren. Die Elektrizitätsausbeute von Mont St. Michel würde der des englischen Severn-Kraftwerkes gleichkommen und damit doppelt so groß sein wie die gesamte 1975 in Frankreich erzeugte Kernenergie.

Rußland plant gleich vier Ebbe- und Flut-Kraftwerke, drei mittelgroße und einen Giganten, hinter dem selbst die englischen und französischen Vorhaben zurückbleiben. Am Mezenskaya guba, dem Meerbusen von Mezen, 250 Kilometer nordöstlich von Archangelsk, sollen einmal in einer einzigen Anlage 14 Milliarden Watt elektrische Leistung aus dem Gezeitenstrom gewonnen werden, mehr als zehnmal soviel wie die größten zur Zeit geplanten Kernkraftwerke der Welt liefern werden.

Trotz der beeindruckenden Einzelzahlen wird die Gezeitenkraft niemals über etwa ein Prozent des menschlichen Energiebedarfs dekken können, denn es gibt nicht viel mehr als ein Dutzend geeigneter Plätze auf der Welt,wo sie sich wirtschaftlich in elektrischen Strom verwandeln läßt. Eine berechtigte Aussicht, diese billige und saubere Energieform eines Tages zu nutzen, haben neben Frankreich, England, den USA, Kanada und Rußland eigentlich nur Argentinien und Australien. Aber ob die großen Meereskraftwerke überhaupt jemals entstehen werden, steht in den Sternen. Prognosen sind unsicher, denn zu oft schon waren die verschiedenen Pläne in so handgreifliche Nähe gerückt, daß niemand mehr ihre Ausführung bezweifelte, und dennoch gerieten sie wieder und wieder auf den großen Aktenberg »Unerledigtes«.

Die Kraft der gefesselten Götter

In Japan haust seit alters her eine ungeheuerliche Riesenspinne unter der Erde. In der Mongolei und auf Celebes wüten unterirdische Schweine. In Südamerika rumoren ein Wal, in Nordamerika eine Riesenschildkröte, in Indien ein gewaltiger Maulwurf und in Malaysia die Hontobogo, die große Schlange, unter dem Erdboden herum. Anderenorts toben im Erdinneren gefesselte Götter: in Persien der angekettete Dahâk, in Polynesien der Riesengott Maui, der gelegentlich an einem unterirdischen Griff an der Erde rüttelt. Im antiken Griechenland waren es von Göttern besiegte Giganten, am Boden festgekettet und mit Gebirgen überhäuft.

Die Umtriebe der mythologischen Ungeheuer und Gottheiten setzen an vielen Stellen der Welt beachtliche Energien frei, in Vulkanausbrüchen, glutflüssigen Lavaseen, Erdbeben, Geysiren, brodelnden Schlammlöchern oder heißen Dampf- und Gasquellen. Freilich haben die modernen Geowissenschaftler eine ganz andere Erklärung für diese Naturerscheinungen parat. Sie haben herausgefunden, daß die nur einige Dutzend Kilometer dicke Erdkruste in eine Reihe großer Platten zerborsten ist, die auf dem glutflüssigen Erdmantel schwimmen und sich wie Eisschollen langsam gegeneinander verschieben. Bei dieser »Drift« entstehen immer wieder Spalten und Risse, durch die manchmal heiße Magma-Massen heraufquellen. Dringt die Gesteinsschmelze an die Erdoberfläche, kommt es zu Vulkanausbrüchen, bleibt sie in tieferen Regionen, dann äußert sich das innere Bersten der Erdkruste nur als Erdbeben. Solche Risse, hervorgerufen durch Spannungen in den Schollen, sind gelegentlich Zehntausende von Kilometern lang, und an diesen Nahtstellen der großen Platten ist der Wärmehaushalt der Erde gestört. Hier reicht der glühende Erdmantel viel näher an die Erdoberfläche heran als anderswo, und in Tiefen von wenigen Zentimetern bis zu einigen Tausend Metern herrschen Temperaturen von mehreren hundert Grad Celsius. Kommt in derartigen Regionen Grundwasser vor, dann ist auch dieses auf die Temperaturen des umgebenden Gesteins aufgeheizt. Es gibt in den vulkanisch ruhigen Zonen, inmitten der riesigen Erdkrustenplatten noch ausgedehntere unterirdische Heißwasservorkommen, in sieben bis zehn Kilometern Tiefe.

Die Gesamtvorräte an solchem *geothermischem Wasser* schätzen die Geologen auf 700 Millionen Kubikkilometer. Das ist halb soviel wie das Wasser aller Weltmeere zusammen. In diesem ungeheueren Wärmespeicher stecken Energien, die unser Vorstellungsvermögen bei weitem überfordern. Ließen sie sich nur zu 10 Prozent in elektri-

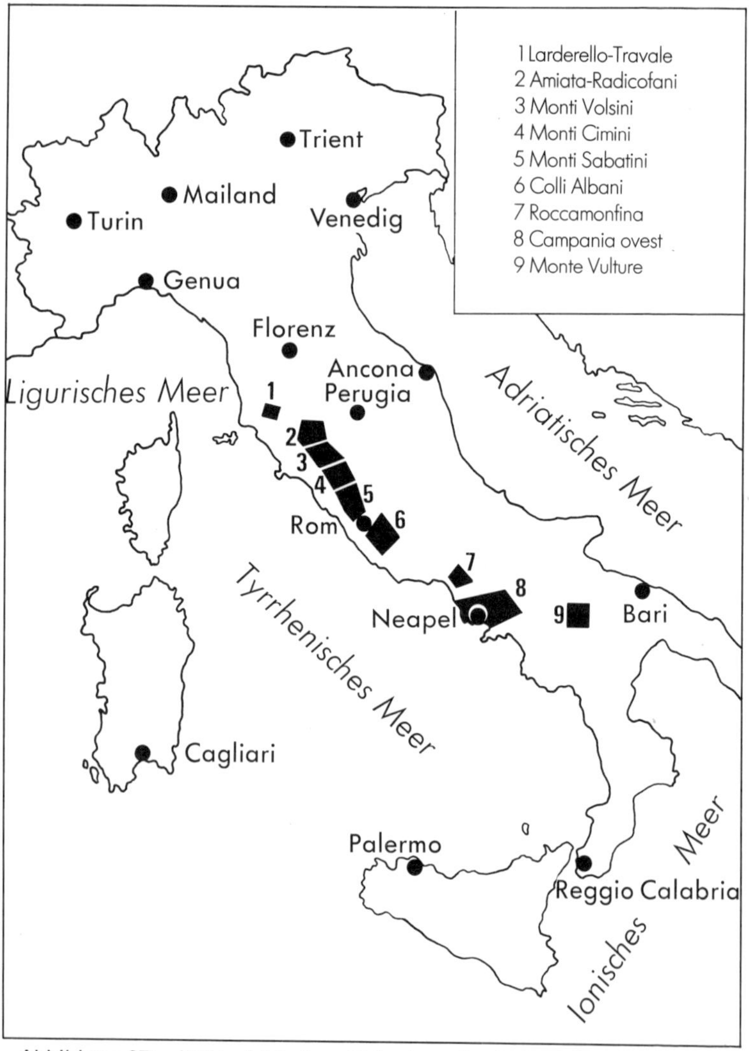

Abbildung 37: Italien ist bekanntlich ein vulkanisch aktives Land. Im Gegensatz zu den Touristen interessieren sich die Erdwärmefachleute aber nicht für den Ätna, den Stromboli und den Vesuv, sondern für die Gebiete mit unterirdischen Heißdampfvorkommen.

schen Strom verwandeln (einen höheren Wirkungsgrad haben unsere heute eingesetzten Erddampfturbinen nicht), so wäre das genug, um den Weltelektrizitätsbedarf nach dem Stand von 1975 mehr als vier Milliarden Jahre lang zu decken. Doch so weit ist unsere Technik noch lange nicht. Gegenwärtig müssen wir uns damit begnügen, Heißwasservorkommen in vulkanischen Zonen anzubohren, die nicht tiefer als 1000 bis 2000 Meter unter der Erdoberfläche liegen. Auch sie sind nicht gerade spärlich. Fast das Doppelte der heutigen Elektrizitätserzeugung der Vereinigten Staaten ließe sich allein mit den derzeit bekannten Verfahren aus ihnen gewinnen. Aber nur wenige Promille der verheißungsvollen Energiequelle Erdwärme beuten wir bis jetzt aus.

Die ältesten und bekanntesten Anlagen stehen in Italien im Gebiet von Larderello (vgl. Abb. 37 und 38). Hier hatte schon 1827 der französische Einwanderer F. Graf de Larderel begonnen, die billige Erdwärme für die von ihm aufgezogene chemische Industrie zu nutzen und zu diesem Zweck eine Reihe von Heißdampfquellen, sogenannten »Soffiones«, erbohrt (vgl. Abb. 39).

Bis heute ist das Prinzip das gleiche geblieben, doch die Bohrtechnik ist inzwischen wesentlich ausgereifter, und die erschlossenen Soffiones sind größer und leistungsfähiger (vgl. Abb. 40). Jetzt strömen stündlich Zehntausende von Kubikmetern über 200 Grad Celsius heißen Dampfes unter fünf bis zehn Atmosphären Druck aus Larderellos Bohrungen und treiben über Turbinen Generatoren zur Stromerzeugung an. 1970 leisteten 36 Maschinensätze zusammen fast 400 Millionen Watt. Das ist nicht überwältigend viel, es entspricht etwa der Hälfte eines modernen Kernkraftwerkes, doch es ist ein guter Anfang.

Auch die italienische Erdwärmenutzung steckt noch in ihren Kinderschuhen. Die Anlagen von Larderello sollen in den nächsten Jahren zwar nur um rund 15 Prozent ausgebaut werden. Aber seit 1967 plant die Staatliche Italienische Elektrizitätsgesellschaft ENEL in acht weiteren großen geothermischen Zonen umfangreiche Erddampfkraftwerke und stellt deswegen zur Zeit gründliche Untersuchungen an (vgl. Abb. 37). Die unterirdische Energie hat nämlich gegenüber der aus Kohle, Öl und Uran gewonnenen einen ganz erheblichen Vorteil: sie ist wesentlich billiger.

Eine Anzahl kleinerer Anlagen arbeiten heute bereits in vielen

Ländern der Erde, in Neuseeland bei Wairakei und Kawerau, in Rußland bei Paratunka und bei Pauzhetka auf der Halbinsel Kamtschatka, in Japan bei Matsukawa und Otake, in Island bei Akureyri und in Mexiko bei Pathé und Cerro Prieto und schließlich im US-Staat Kalifornien. Alle sind sie gegenüber den riesigen Reserven ausgesprochen unbedeutend. Doch dieses Buch befaßt sich mit Großprojekten, dazu noch mit solchen, die uns erst die Zukunft bescheren wird. Auf geothermischem Sektor ist da besonders in Kalifornien und Rußland Interessantes zu erwarten.

Kalifornien verdankt seiner Lage an einem der großen Risse in der Erdrinde, dem sogenannten Pazifischen Rift, ungewöhnliche unterirdische Heißwasservorkommen. An mindestens drei Stellen kommen sie der Erdoberfläche besonders nahe: im Geysers-Gebiet im Nordwesten des US-Staates, im Imperial Valley, unweit der Grenze zum mexikanischen Niederkalifornien, und schließlich in Niederkalifornien selbst, wenig nördlich des großen Golfes. In allen drei Gebieten arbeiten schon kleine Elektrizitätswerke, die umfangreichsten in der Geyserzone. Dort nämlich entströmt dem angebohrten Boden wie in Larderello heißer trockener und deshalb sauberer Dampf, der sich ohne große Probleme nutzen läßt.

1973 haben die Geyserkraftwerke ihr italienisches Vorbild an Leistungsfähigkeit knapp überrundet, und seitdem entstehen Jahr für Jahr weitere Dampfbohrungen, weitere Turbinenhäuser und weitere Stromleitungen. 1979 sollen die Gesamtanlagen mit einer Milliarde Watt ebensoviel leisten wie ein großes Kernkraftwerk. Die Investitionskosten bis zu diesem Zeitpunkt betragen aber nur ein Drittel von denen für den Atomreaktor, und die laufenden Kosten sind ebenfalls wesentlich geringer, denn aus jeder einmal angelegten Bohrung strömt der Dampf für acht Millionen Watt elektrischer Leistung praktisch gratis. Wahrscheinlich läßt das Geysersdampffeld ge-

Abbildung 38: Erdwärmenutzung in Italien: Die Heißdampfanlagen in Larderello lieferten bereits 1970 fast 400 Millionen Watt. Das Bild zeigt ein Turbinenhaus, eine Freiluftschaltanlage und die großen Kühltürme, die die Landschaft prägen.

Abbildung 39: Das Erbohren von Heißdampfquellen, sogenannten »Soffiones«, ist eine Kunst, die beherrscht sein will. Nicht immer gelangen zur Zeit des Grafen von Larderel um 1850 die Arbeiten so reibungslos wie auf diesem historischen Bild. Oft flog der Bohrturm in die Luft, und die neue Dampfquelle geriet außer Kontrolle.

genüber der für 1979 geplanten Leistung insgesamt sogar das Vierfache zu. Doch die Kraftwerksgesellschaft ist vorsichtig. Niemand weiß heute nämlich, wie lange die Quellen fließen werden, und einige von ihnen haben vor kurzem bereits in ihrer Ergiebigkeit etwas nachgelassen. Also will man vorerst über den relativ gesicherten Plan nicht hinausgehen.

Absolutes Vertrauen verdienen auch auf lange Sicht dagegen die Heißwasservorräte im Imperial Valley südlich des Salton Sees im Norden Kaliforniens. Ihr Wärmeinhalt erlaubt nach vorsichtigen Schätzungen gegenüber der Geyserszone mindestens die hundertfache Stromausbeute, und das für wenigstens zwanzig Jahre. Die hundertfache Ausbeute, nämlich 100 Milliarden Watt, das ist fast doppelt soviel wie die Leistung aller 79 Anfang 1975 in den USA arbeitenden Kernreaktoren zusammen. Und der Atomstrom ist zudem wesentlich teurer als der geothermische.

Warum hat also bis heute keine der stets so kommerziell denkenden amerikanischen Gesellschaften das verlockende Projekt im Imperial Valley verwirklicht? Die Antwort ist einfach: Es ging nicht. Wer die Erde südlich des Salton-Sees anbohrt, dem strömt nämlich kein sauberer trockener Dampf entgegen, sondern eine faulig stinkende kochende Brühe, die alle bisher gebauten Turbinen in kurzer Zeit zerfressen und zerätzen würde.

Bevor die Techniker sich mit dem extrem mineralhaltigen Wasser abgeben können, müssen sie erst Rohrleitungen und Kraftwerksmaschinen aus völlig neuartigem Material entwickeln und erproben. Aber selbst wenn das gelingt, bleiben noch zwei Probleme ungelöst. Die eine Frage heißt: Läßt sich mit dem heißen Naßdampfwassergemisch ebenso günstig Strom erzeugen wie mit dem reinen trockenen Heißdampf von Larderello oder The Geysers? Die andere Frage ist: Wohin mit dem Abwasser, das nach Millionen Kubikmetern zählt? Die Salzkonzentration der Flüssigkeit aus dem Erdinneren ist zehnmal so hoch wie die des Meerwassers. Darunter sind Salze von so gif-

Abbildung 40: Auch mit modernen technischen Mitteln ist das Bohren nach Erddampf nicht ganz ohne Risiko. Wird eine Bohrung fündig, wie hier in Larderello, ist das weithin durch eine Explosionswolke zu erkennen. Manchmal geht das nicht ohne Schaden ab. Bei Versuchsbohrungen auf der Insel Vulkano beispielsweise zerriß 1959 der plötzlich expandierende Dampf das Bohrgestänge und jagte es in die Luft.

tigen Substanzen wie Schwefel, Blei oder Bor. Selbst in den immerhin 100 Meilen entfernten Ozean läßt sich diese Brühe nicht einleiten, ohne größere Schäden an der Meeresflora und -fauna anzurichten.

Wird die geothermische Energie im Imperial Valley also für alle Zeiten ungenutzt bleiben? – Kaum! Professor Robert Rex und seine Mitarbeiter von der kalifornischen Universität haben nämlich kürzlich im selben Tal ein zweites, etwas höher gelegenes Heißwasservorkommen mit einem weitaus geringeren Salzgehalt von nur zwei bis drei Prozent entdeckt. Zwar ist das Wasser nicht ganz so heiß wie die dreißigprozentige Sole in größerer Tiefe, doch genügt die Temperatur von gut 300 Grad Celsius zur wirtschaftlichen Nutzung.

Zwei Verfahren kommen dafür in Frage. Entweder wird das Heißwasserreservoir angebohrt und die Bohrung bleibt oben offen; dann fällt der hohe unterirdische Druck schlagartig ab, und das Wasser verdampft teilweise. Der Dampf schießt nach oben und reißt große Wassermassen mit. Wasser und Dampf müssen dann in Zentrifugen getrennt werden, und nur der Dampf läßt sich, ähnlich wie in Larderello, nutzen. Die Wärme im Wasser geht verloren.

Die zweite Möglichkeit besteht darin, die Bohrung oben dicht abzuschließen und das Loch unter Druck zu halten. Eine Elektropumpe, die bis in die Heißwasserzone versenkt wird, pumpt dann das unter hohem Druck stehende Wasser an die Erdoberfläche und anschließend durch einen Wärmetauscher. Der arbeitet ähnlich wie ein Tauchsieder. Innen durch das geothermische Wasser aufgeheizt, bringt er an seiner Außenseite salzfreies Wasser aus einer anderen Quelle zum Kochen und damit zum Verdampfen. Der entstehende »Sekundärdampf« treibt seinerseits Turbinen an. Welches der beiden Verfahren die Techniker im Imperial Valley anwenden werden, ist noch ungewiß. Viel spricht für das erste, das sich in Neuseeland schon praktisch bewährt hat.

Die Stromausbeute ist bei jedem Verfahren etwa die gleiche. Es ist deshalb wahrscheinlich nur eine Zeitfrage, bis im »Königlichen Tal« ein Feld von Bohrtürmen entsteht und ein-, zwei- oder dreitausend Erdbohrer bis zu der heißen, zweiprozentigen Sole vordringen. Jedes einzelne Loch bedeutet zehn Millionen Watt Elektrizität. Zusammen sind das 30 Milliarden Watt!

Während Professor Martin Goldsmith vom Kalifornischen Institute of Technology, der sich jahrelang intensiv mit den Erdwärmespeichern seines Landes beschäftigt hat, noch im Dezember 1971 sagte, bestenfalls das niederprozentige Salzwasser im Salton-See-Gebiet sei verwertbar, liegt bereits seit April 1973 ein Konzept vor, das es gestattet, auch die weitaus heißere und damit energiereichere dreißigprozentige Sole zu nutzen. Empfindliche Dampfturbinen und auch Wärmetauscher würde sie ruinieren, doch robuste Impulsturbinen, die nicht viel anders arbeiten als ein großes Wasserrad, lassen sich gewiß aus korrosionsfestem Material herstellen. Aber für sie reicht die natürliche Dampfströmung am oberen Ende der Bohrungen nicht aus.

Der Kerngedanke des neuentwickelten Systems ist nun, Flüssigkeit und Dampf nicht zu trennen, sondern gemeinsam durch eine Düse zu leiten, deren Querschnitt erst sehr eng ist, sich dann aber plötzlich erweitert. Dadurch entspannt sich das Gemisch spontan. Der Druck sinkt, aber die Strömungsgeschwindigkeit steigt zugleich stark an. Auf diese Weise kann die robuste Turbine nicht nur angetrieben werden, sie verwertet außerdem sogar den Wärmegehalt des Wassers, was bei den herkömmlichen Verfahren nicht der Fall ist.

Nach dem »Gesamtflußkonzept«, wie die geistigen Väter die neue Methode nennen, läßt sich deshalb aus der gleichen Wasserdampfmenge schätzungsweise 60 Prozent mehr elektrische Energie gewinnen als bisher möglich war. Mit diesem Konzept hofft die Universität von Kalifornien ein Verfahren gefunden zu haben, das es gestattet, eines Tages die gesamten 100 Milliarden Watt des Imperial Valley zu erschließen. – Und das salzhaltige Abwasser? Das wird einfach wieder in den unterirdischen See zurückgepumpt (vgl. Abb. 41). Damit ist es schadlos beseitigt, und die Rückführung verhindert zugleich, daß sich der Boden senkt, was sicher der Fall wäre, wenn ihm nur einseitig große Wassermassen entzogen würden.

Dennoch ist die Erdwärmenutzung nicht immer ganz ohne Folgen für die Umwelt. Freiwerdende Schwefelgase und andere schädliche Verbindungen lassen sich zwar ebenfalls wieder in die Erde einleiten; doch wie jedes Wärmekraftwerk erzeugen auch geothermische Anlagen Schadwärme, wegen ihres schlechten Wirkungsgrades weit mehr als andere Betriebe. Sie bereitet den Planern noch einige Kopfschmerzen. Denn ihre Ausmaße könnten so groß sein, daß sie im Lokalbereich zu Klimaänderungen führen.

Weit tiefgreifender ist aber eine andere Sorge, von der sich heute noch nicht sagen läßt, ob sie berechtigt ist oder nicht. Kann die Entnahme großer Wassermengen (auch dann, wenn das Wasser anschließend wieder zurückgeführt wird) zu örtlichen Erdstößen führen? Kann sie vielleicht sogar vorhandene größere Spannungen in den seismisch so empfindlichen Bruchzonen zur Entladung bringen und damit Erdbeben von unvorhersehbaren Ausmaßen hervorrufen? Diese Fragen lassen sich gewiß nicht pauschal beantworten, denn in den verschiedenen Gebieten sind die geologischen Verhältnisse oft grundlegend anders. Doch sehr sorgsame Versuche müssen vor der bedenkenlosen Ausbeutung der Erdwärme klären, ob das jeweilige Projekt ungefährlich ist oder nicht.

Über ähnliche, wenn auch vorerst nicht ganz so umfangreiche Vorhaben wie in Kalifornien berichtet Professor Wadim Kriwostschokow von der Universität in Kiew. Das geothermisch aussichtsreichste Gebiet ist Kamtschatka mit Dampftemperaturen von 700 bis 800 Grad Celsius. Zwanzig Versuchsbohrungen auf der Halbinsel ergaben bereits 50 Prozent der Wärmevorräte, die für den Bau eines ersten kleinen 25-Millionen-Watt-Kraftwerkes erforderlich sind. Insgesamt rechnet Professor Kriwostschokow in diesem Gebiet mit einer verfügbaren elektrischen Leistung von 300 Millionen Watt. Zugleich entstehen zur Zeit auf Kamtschatka wie schon früher in Island warmwasserbeheizte Gewächshäuser von 60000 Quadratmetern Fläche, in denen auch im Winter Tomaten reifen.

Im Krimer Becken fanden die Russen Heißwasservorräte, deren Wärmeinhalt dem Heizwert von 100000 Tonnen Steinkohle pro Jahr gleichkommt, genug, um damit eine halbe Million Wohnungen zu beheizen, natürlich ohne das heiße Wasser vorher umständlich

Abbildung 41: Erdwärmenutzung nach dem Gesamtfluß-Konzept. Der geniale Plan gestattet es, neben der bisher nutzbaren Heißdampfenergie auch die Heißwasserenergie zur Elektrizitätserzeugung zu verwerten. Außerdem lassen sich mit ihm erstmals heiße unterirdische Flüssigkeiten mit sehr hohem Salzgehalt verarbeiten. – In der Originalabbildung aus der Veröffentlichungsschrift dieses Verfahrens bedeuten:
Total flow turbines = Gesamtflußturbinen; Condensers = Kondensatoren; Cooling tower = Kühlturm; Production wells = Förderbohrungen; Hot brine and steam = heiße Sole und Dampf; Reinjection wells = Bohrungen für die Rückführung; die Tiefenmaße sind in Fuß angegeben (ein Fuß = 30,48 cm).

Abbildung 42: Der Kilauea-Krater auf Hawaii ist für amerikanische Erdwärmeforscher ein ideales Freilandlabor. In ihm brodelt ein See glutflüssiger Lava.

TOTAL FLOW GEOTHERMAL ENERGY CONCEPT-100 MW

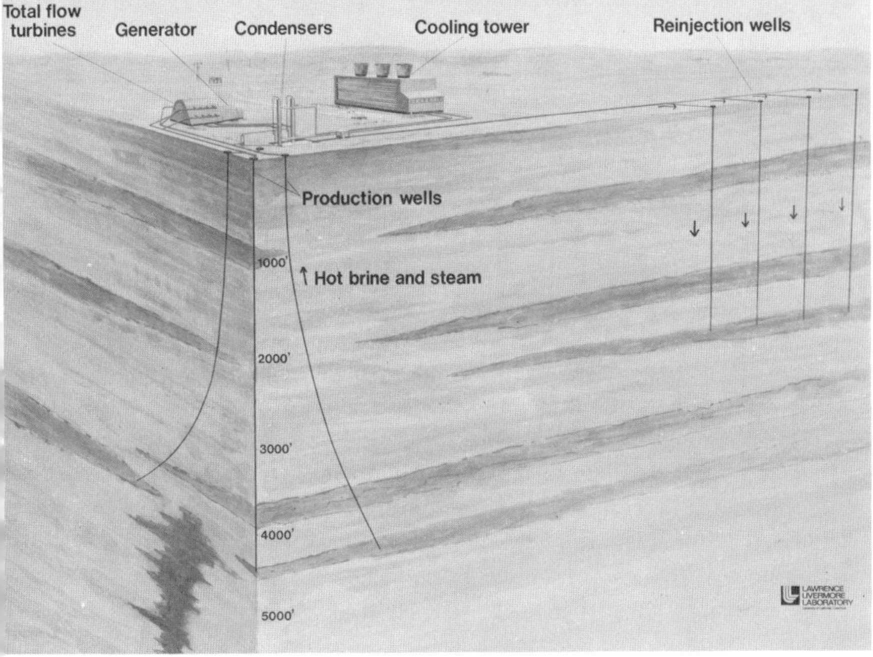

GEOTHERMAL POWER
KILAUEA CRATER

ATA 73-1274
REV. 5-73

und mit schlechtem Wirkungsgrad in elektrischen Strom zu verwandeln.

Seit 1968 existiert in der UdSSR eine staatliche Stelle, die sich systematisch mit der Auswertung der Tiefenwärme befaßt. Bisher hat sie rund 50 große Thermalwasserbecken erkundet, einige davon Hunderttausende von Quadratkilometern groß. Solche Becken liegen in Westsibirien, im Kaukasus, im hohen Norden und in Mittelasien. Das sogenannte Tjumen-Meer mit unterirdischem Heißwasser in Sibirien übertrifft flächenmäßig das Schwarze Meer. Die Temperaturen seines Wassers schwanken zwischen 60 und 300 Grad Celsius. Die unterirdischen Wärmevorräte sind auch in Rußland gewaltig, und die Regierung hat begonnen, an ihre Auswertung zu denken.

Heißwasservorkommen speichern nur einen Teil der oberflächennahen Erdwärme. Mehr noch ist in trockenem heißem Gestein gebunden. Doch trotz so mancher freudiger Pressemeldungen über sensationelle Verfahren zur Gewinnung dieser Energien gibt es bis heute keinen einzigen wirtschaftlichen Weg, der es gestattet. Allererste Vorversuche sind indes in der Nähe des Kilauea-Kraters auf Hawaii im Gange (vgl. Abb. 42). Im RANN-Programm prüft dort die amerikanische National Science Foundation zur Zeit die Möglichkeit, ob sich in ferner Zukunft vielleicht irgendwie auch diese geothermische Quelle erschließen läßt.

Die Sonne: ein leuchtender Stern am Energiehimmel

Alle 2,5 Kilometer ein Großkraftwerk Wenn Energiepolitiker Prognosen für die Zukunft stellen, wenn sie vom Weltbedarf für die kommenden Jahre und Jahrzehnte sprechen, beschleicht ihre Zuhörer je nach Veranlagung oft stille Beklemmung oder offenes Grauen. Müssen wir wirklich bald, umgerechnet, 10600000000000 kg Steinkohle pro Jahr verbrennen, um den Energiehunger der Welt zu befriedigen? Diese Zahlen nennen jedenfalls Experten für das Jahr 1980. Ist das nicht wahnwitzige Verschwendung? – Gewiß nicht!

Wir brauchen den Lebensstandard in den Industrienationen nicht einmal zu steigern, um Jahr für Jahr mehr Energie zu konsumieren. In den Ländern der Dritten Welt herrscht ein gewaltiger Nachholbedarf, und gerade dort steht die Bevölkerungsexplosion bekanntlich vor der Tür. Mehr Menschen brauchen nicht nur mehr Energie für ihren persönlichen Bedarf, auch die immer aufwendigere Rohstofferzeugung für die wachsende Menschheit und die immer schwieriger werdende Lebensmittelversorgung lassen sich nur durch wesentlich erhöhten Energieeinsatz sichern.

Aber ist die vierzehnstellige Zahl wirklich so gigantisch? Gemessen an den Vorräten begrenzter Energiereserven wie Öl, Gas, Kohle und Wasserkraft wohl, aber ganz und gar nicht im Vergleich zu Quellen wie der Erdwärme, der Kernfusion oder der Sonnenenergie. Ein Vergleich zeigt das am deutlichsten: Die Pflanzen verbrauchen jährlich viermal soviel Energie wie wir Menschen im Jahre 1980, und das nicht erst seit gestern, sondern seit über 200 Jahrmillionen. Ihre Quelle heißt Sonnenlicht. Sie ist unerschöpflich.

Auf nur wenige Hundertstel der Saharafläche strahlt beispielsweise jährlich eine Sonnenenergiemenge herab, die den gesamten menschlichen Konsum des Jahres 1980 noch um 45 Prozent übertrifft (vgl. Abb. 43). Selbst in weniger sonnenscheinreichen Zonen als der großen nordafrikanischen Wüste ist die Strahlung noch ganz beachtlich. Im Durchschnitt ließe sich auf sämtlichen Kontinenten der Welt dicht an dicht alle 2,5 Kilometer ein Sonnenkraftwerk errichten, das ebensoviel leistet wie ein moderner großer Kernreaktor.

Die Sonne ist nicht unsere einzige unerschöpfliche Energiequelle. Die Fusionsreaktoren und die alle Vorstellung übersteigenden Erdwärmevorräte könnten jeweils für sich allein ebenfalls sämtliche Energiesorgen der Menschheit bis zum möglichen Weltuntergang in einigen Milliarden Jahren beheben.

Das Energieloch der nahen Zukunft kann sinnvoll vor allem die Sonnenenergie stopfen; denn kleine, mittlere und große Anlagen zu ihrer Nutzung lassen sich sofort bauen. Technische Schwierigkeiten gibt es nicht, Gefahren für die Umwelt sind ebenfalls nicht zu erwarten. Das einzige Problem sind die größeren Investitionen, die jedoch der Wegfall des Brennstoffverbrauchs kompensiert. Die Regierungen der Industriestaaten haben das erkannt und beginnen, wenn auch viel zu spät, die Sonnenforschung heute ernst zu nehmen. Die Vereinigten Staaten gaben 1974 mit 13 Millionen Dollar dreimal soviel öffentliche Gelder dafür aus wie im Vorjahr. Die private Industrie steuerte ein Vielfaches bei. Die Summen, die Japan dafür investiert, vergleichen Finanzexperten mit dem Gesamtaufwand für das amerikanische Apollo-Mondlande-Programm.

Die Vorstöße zur Sonnenenergienutzung verfolgen im wesentlichen sechs verschiedene Wege. Ich will Sie Ihnen jetzt im einzelnen vorstellen. Dabei kann ich jedoch jeweils nur die wichtigsten und interessantesten Großprojekte streifen; denn allein über wirklich ausgereifte Pläne dieser Art ließe sich ein dickes und hochinteressantes Buch schreiben.

Sonnenhäuser – Sonnenstädte In den USA liefert die Sonne im Durchschnitt täglich so viel Energie, daß sich damit, in mechanische Arbeit umgesetzt, alle Städte, Seen und Wälder des Landes einen Meter hoch in die Luft heben ließen und nicht nur sie allein, sondern dazu noch eine kilometerdicke Lage der Erdkruste darunter. Zwei Punkte machen die Nutzung dieser Energie schwierig. Einmal ist sie flüchtig und zeitlich inkonstant. Zum anderen kommt sie nicht konzentriert an einem Ort vor, sondern gleichmäßig verteilt auf größte Gebiete. Dem ersten Problem begegnet nur die Entwicklung geeigneter Speicherverfahren, denn wir brauchen ja die Sonnenwärme gerade dann am meisten, wenn für uns das große Tagesgestirn nicht scheint, also nachts oder an kalten regnerischen Wintertagen. Das zweite Problem ist eigentlich nur schwierig zu lösen, solange wir uns nicht von dem herkömmlichen Gedanken der Energieversorgung aus zentralgelegenen Kraftwerken trennen.

Im Grunde widerspricht dieser Gedanke sogar der Art des Verbrauchs; denn die Verbraucher verteilen sich ja ihrerseits mehr oder weniger gleichmäßig über große Flächen, genau wie die Sonneneinstrahlung. Dazu kommt, daß zumindest den privaten Verbrauchern, den einzelnen Haushalten, ohnehin schon sonnenbeschienene Flächen zur Verfügung stehen, die bisher völlig ungenutzt sind: die Dächer. Was liegt näher, als Dachplatten zu entwickeln, die das Licht nicht zum großen Teil wieder reflektieren, sondern es einfangen? Technisch ist das nicht einmal besonders schwierig, denn die Weltraumforschung kennt schon lange geeignete Verfahren.

Die Wissenschaft hat ihre Chance wahrgenommen. 1973 baute die Universität von Delaware nach den Plänen von Professor Dr. K. W.

Abbildung 43: Sonnenbeschienen wie auf diesem Foto sieht ein Astronaut unseren blauen Planeten vom All aus. Mit dem Licht gelangen unvorstellbare Energiemengen zur Erde. Allein auf eine Fläche von weniger als einem Hundertstel der Wüste Sahara (weißes Quadrat rechts unten) strahlt jedes Jahr so viel Energie ein, wie die Weltbevölkerung 1980 verbrauchen wird.

Boer und seinen Mitarbeitern das erste Sonnenhaus der Welt (vgl. Abb. 44). Die beiden großen Dachfenster des Gebäudes lassen durch Plexiglasscheiben Sonnenlicht herein, aber keins wieder heraus. Fotozellen wie in den Sonnenbatterien der Raumschiffe verwandeln das Licht in elektrischen Strom, der im Keller in einer Reihe von Akkumulatoren gespeichert wird. Doch die Fotozellen können nur etwa zehn Prozent des Lichtes verarbeiten. Der Rest der Strahlung erwärmt sie stark. Deshalb leitet Professor Boer auf der Rückseite der flachen Zellen und auch auf der Rückseite zusätzlicher dünner schwarzer Flächen, die eigens dafür entwickelt wurden, bei Sonnenschein recht heiß zu werden, einen Luftstrom vorbei, der die Wärme aufnimmt und dann ebenfalls in den Keller des Hauses geführt wird. Dort entlädt er seine Energie in Wärmespeicher.

Während eines sonnigen Tages sammeln sich in den elektrischen und thermischen Batterien des Hauses Vorräte für die kommende Nacht und für regnerische Zeiten. Die Klimaanlage und alle Elektrogeräte des 130-Quadratmeter-Einfamilienhauses SOLAR ONE der Universität von Delaware arbeiten mit Sonnenenergie. Nur in langanhaltenden Schlechtwetterperioden muß gelegentlich das E-Werk einspringen. Aber es braucht bloß noch ein Fünftel der bisherigen Elektrizitätsmenge zu liefern. Der Preis für das Versuchshaus war noch relativ hoch. Die neuartige Heizungs- und Stromversorgungsanlage kostete rund 3 000 Dollar mehr als beispielsweise eine der üblichen Ölzentralheizungen. Das machen aber die Brennstoffersparnisse wieder wett. Die spätere Serienfertigung wird die besonderen Bauelemente für das Sonnenhaus natürlich viel billiger liefern, und das dürfte schon vor 1980 der Fall sein. Vorläufig gibt es erst wenige vergleichbare Gebäude auf der Welt.

»Das weißeste Weiß meines Lebens«, »weiß, wie es nicht weißer geht«, das sind die bekannten Werbeslogans der Waschmittelindustrie. Der deutsche Physiker und Energieforscher Nikolaus Laing (vgl. Abb. 45) ist den Saubermachern der Nation um Jahre voraus. Er arbeitet bei seinen Projekten seit geraumer Zeit mit »superweißen« Flächen, um ein Vielfaches »weißer« als das weißeste Weiß der

Abbildung 44: Die beiden großen Dachfenster im ersten »Sonnenhaus« der Welt lassen Lichtenergie herein, aber keine hinaus. Das erspart den Bewohnern 80 Prozent der Stromrechnung.

Waschpulverfabrikanten. Wie das amerikanische Forscherehepaar Marjorie und Aden B. Meinel kennt er aber auch »superschwarze« Körper. – Was hat es mit diesen Superflächen auf sich?

Ein ideal weißer Körper, das wissen wir aus der Schule, wirft alles auf ihn fallende Licht zurück, während ein ideal schwarzer Körper die Lichtstrahlung vollständig schluckt. Schwarze Oberflächen erhitzen sich deshalb im Sonnenschein stärker als weiße. Dafür strahlen sie aber auch mehr Wärme ab. Das Ergebnis ist, daß ein »physikalisch schwarzer« Gegenstand einen Großteil der auf ihn treffenden Lichtenergie, umgewandelt in Wärmeenergie, doch wieder verliert, und zwar umso mehr, je wärmer er wird. Bei 115 Grad Celsius kann er schließlich nur etwa fünf Prozent der Sonnenleistung aufnehmen.

Ein »superschwarzer« Körper hingegen gibt von der eingefangenen Lichtstrahlung nur einen sehr geringen Teil wieder als Wärmestrahlung ab und hält bei derselben Temperatur 95 Prozent der Lichtleistung fest. Er ist also fast 20mal so wirkungsvoll wie das schwärzeste Schwarz. Genau entgegengesetzt wirken superweiße Flächen. Sie reflektieren nicht nur alle einfallenden Lichtstrahlen, sie können zusätzlich noch Wärme abstrahlen, die ihnen auf anderem Wege zugeführt wird. Das kann auch das weißeste Weiß der Waschmittelindustrie nicht.

Superweiße und superschwarze Oberflächen lassen sich mit geeigneten Mehrschichtlackierungen, vergleichbar mit eingebrannten Farbschichten, technisch herstellen. Solche Flächen, kombiniert mit raffiniert aufgebauten »Wärmegleichrichterplatten«, die nur in einer Richtung Wärme durchlassen, verwendet Laing als Flachdächer für Bungalows (vgl. Abb. 46 und 47).

Die Funktion der Platten läßt sich über ein Flüssigkeitssystem durch Ventile regeln und damit der Grad der Aufheizung durch die Sonne oder auch die Gebäudekühlung durch nächtliche Temperatur-

Abbildung 45: Ein Newton unserer Zeit ist der deutsche Physiker und Energieforscher Nikolaus Laing. Den Namen des 1921 in Oldenburg geborenen Mannes, der geniale Ideen nur so aus dem Ärmel schüttelt und in 20 Jahren mehr als 1000 Patente anmeldete (darunter so faszinierende Erfindungen wie die Nachtspeicherheizung, wellenlose Motoren, lagerlose Pumpen, verschleißfreie Hochleistungslager mit Wasserschmierung, eine Sonnenpumpe für die Wasserförderung, Lagerwerkstoffe, härter als Korund und zugleich extrem leicht, sowie Automotoren und Bahnen mit Wärmeenergiespeichern), wird man sich merken müssen.

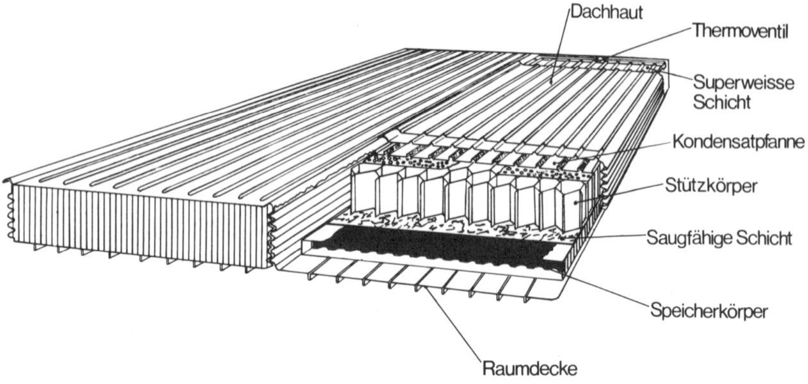
Dachhaut
Thermoventil
Superweisse
Schicht
Kondensatpfanne
Stützkörper
Saugfähige Schicht
Speicherkörper
Raumdecke

abstrahlung steuern. Die Ergebnisse der Experimente verblüffen. Selbst in extremen Klimazonen wie im Herzen der Sahara oder in den Polarregionen Grönlands genügen die Laingschen Platten, um, wieder in Verbindung mit Wärmespeichern, Wohnräume optimal zu klimatisieren. »Nach diesen erstaunlichen Ergebnissen ist eine fremdenergielose Heizung und Kühlung praktisch in allen bewohnten Klimazonen der Erde möglich«, heißt es dazu im Gutachten des Meteorologischen Instituts der Universität München.

Doch Nikolaus Laing gibt sich mit der Dachplattenanwendung seiner Wärmegleichrichter allein nicht zufrieden. Kaum war die Wirksamkeit des neuen Systems erwiesen, als Laing auch schon weitsichtig an die Klimatisierung größerer und größter Räume dachte. Ihm schwebte zum Beispiel die Überdachung und Kühlung kompletter orientalischer Basarstraßen vor. Doch dazu sind seine für Massivbauten entwickelten Platten einerseits zu teuer, andererseits lassen sie ja kein Tageslicht durch. Also hieß es, Neues zu entwickeln, noch bevor die Wunderplatten einen Markt gefunden haben.

Das Ergebnis ist eine Folie, die alle Eigenschaften der Wärmegleichrichter, der superschwarzen und der superweißen Flächen besitzt, dabei extrem leicht und, das ist das Entscheidende, tagsüber sogar lichtdurchlässig ist. Alle wärmetechnisch wesentlichen Eigenschaften der Folie lassen sich noch dazu pneumatisch stufenlos steuern. In einem Versuchsgebäude in der Nähe seines privaten Forschungsinstituts kann der Erfinder allein durch verschiedene Steuerzustände der Folie die Innentemperatur um rund 50 Grad ändern. Damit hat Laing den Weg für die brennstoff- und stromlose Klimatisierung von Traglufthallen jeder Größe geebnet (vgl. Abb. 48). Ideale Anwendungsbeispiele sind Hallenschwimmbäder, Lager- und Kühlhäuser, Sporthallen, Schulen, Ladenstraßen und ... ganze überdachte Städte (vg. Abb. 49). Vielleicht war der Geburtsmoment dieser Idee zugleich die Geburtsstunde des Wunschklimas für die großen Wohnzentren von morgen.

Abbildung 46: Wärmegleichrichterplatten wie diese ersetzen eine Klimaanlage. Als Dachplatten strahlen sie entweder nur Wärme ab (wie das abgebildete Modell), oder sie nehmen nur Sonnenenergie auf. Allein durch diesen Effekt lassen sich Wohnräume in jeder bewohnten Zone der Erde klimatisieren ...

Abbildung 47: ... wie dieses Versuchsgebäude.

Sonnenfallen in der Wüste Der Schritt vom Sonnenhaus zum Sonnenkraftwerk ist nicht weit. Er ist nur eine Maßstabsfrage. Wer eine jener sonnenzellenbestückten Dachplatten des Versuchshauses SOLAR ONE oder eine Wärmegleichrichterplatte des Laing-Bungalows ohne das zugehörige Gebäude für sich betrachtet, wird das verstehen. Der Strom oder die Wärmeenergie, die diese Flächen abgeben, lassen sich vielfältig verwenden. Zur Schwimmbadheizung (vgl. Abb. 50) beispielsweise, oder zum Kochen. Die gesammelte und konzentrierte Wärme kann Wasser ebensogut verdampfen wie die Ölverbrennung in Heizkraftwerken. Je größer die Platten sind, desto mehr leisten sie natürlich. Eine quadratische Riesenfläche von rund 2,5 mal 2,5 Kilometern irgendwo in einer gemäßigten Klimazone aufgestellt, genügt als Energiesammler für ein komplettes Großkraftwerk. In sonnenreichen Wüstenzonen ist die Ausbeute natürlich noch vorteilhafter.

Wieder sind es in erster Linie die Amerikaner Aden B. Meinel und seine Frau sowie der deutsche Physiker Laing, die Pionierarbeit auf dem Gebiet der »Sonnenfarmen« geleistet haben. Am 5. Juni 1973 erläuterte Meinel seine Pläne dem amerikanischen Repräsentantenhaus: »Sonnenenergiefarmen sind ein Traum, der in viel kürzerer Zeit Wirklichkeit werden könnte als die meisten Menschen glauben.

Die Figur (in diesem Buch ist sie als Abbildung 51 wiedergegeben) zeigt das Modell einer frühen Sonnenfarm in einer Wüstenregion. Vier Felder mit Reihen von Energiesammlern wandeln das einfallende Sonnen- und Himmelslicht in Hitze um, die Wärmesammeltanks im Zentrum der Farm zugeführt wird. Ein Dampfturbinenkraftwerk verwendet diese Hitze zur Erzeugung elektrischer Leistung. Das lange Gebilde im Mittelkorridor ist ein Wasservorratstank, der den von den Sammlern abfließenden Regen auffängt. Er wird in den Naßkühltürmen des Kraftwerks als Kühlwasser verwendet.

Abbildung 48: Die durchsichtige Wandung dieser Traglufthalle (im Bild ein Modell) hat ungewöhnliche Eigenschaften: Ihre Wärmedurchlaßrichtung läßt sich pneumatisch stufenlos steuern. Allein dadurch gelingt es, die Innentemperatur um fast 50 Grad Celsius zu ändern. Solche Überdachungen eignen sich zur Klimatisierung von Lagerhäusern, Sporthallen, Ladenstraßen . . .

Abbildung 49: . . . oder sogar kompletten Großstädten und Ballungszentren. Je größer der Folienballon ist, um so billiger wird der Quadratmeter klimatisierter Fläche.

»Weil die Verlustwärme in den Kühltürmen gerade ebenso groß ist wie die Wärmerückstrahlung im Wüstengebiet vor dem Bau des Kraftwerks« erklärte Meinel weiter, »bleibt das natürliche Wärmegleichgewicht der Region absolut ungestört, es wird also keine zusätzliche Schadwärme frei wie in allen anderen Heizkraftwerken.«

Auch die Funktion der Energiesammlerreihen erklärte Meinel den amerikanischen Kongreßmitgliedern: »Der Sammler arbeitet mit zwei zylindrischen Spiegeln, die das Sonnenlicht auf ein Rohr mit selektiver Oberflächenbeschichtung (das ist eine superschwarze Fläche) konzentrieren. Das Rohr ist in einer versilberten »Thermosflasche« angebracht. Der Apparat muß die tägliche Bewegung der Sonne verfolgen, damit die Energieeinstrahlung immer auf die Röhre fällt. Durch das Rohr gepumpte Preßluft führt die Wärme ab und sorgt zugleich dafür, daß die günstigste Betriebstemperatur aufrechterhalten wird. Ähnliche Anordnungen entwickeln heute verschiedene Gesellschaften.« Dazu gehören Firmengruppen wie Honeywell.

Natürlich nutzt Meinels Sonnenfarm nur einen Teil des gesamten Himmelslichtes. Schon bei leichter Bewölkung sinkt die Leistung stark, weil das Spiegelsystem dann nicht mehr die punktförmige Lichtquelle, die die unbedeckte Sonne darstellt, auf die Preßluftröhren lenken kann. Und das angeschlossene Heizkraftwerk arbeitet ebenfalls nicht verlustlos. Dennoch ist die Ausbeute frappierend. Sie läßt sich wiederum gut anhand der Abbildung 43 verdeutlichen.

Die Sonnenenergie, die auf das kleine Quadrat rechts unten im Bild einstrahlt, entspricht, wie ich sagte, dem gesamten Weltenergiebedarf von 1980. Die Ausbeute an elektrischer Leistung, die sich aus dieser Fläche mit einer Meinel-Farm gewinnen ließe, würde reichen, um die Welt noch im Jahre 2000 mit Strom zu beliefern, da der Verbrauch an elektrischer Energie ja hinter dem Gesamtenergieverbrauch weit zurückbleibt.

Ein ganz konkretes Sonnenfarmprojekt zur Versorgung Europas plant Nikolaus Laing. Im Prinzip arbeiten seine Strahlungsfallen

Abbildung 50: Schon eine relativ kleine Fläche reicht aus, um genügend Sonnenenergie für eine Swimmingpoolheizung aufzufangen ...

Abbildung 51: ... Größere Sonnenfarmen (hier das Modell einer für Arizona geplanten Anlage) gestatten bei unbewölktem Himmel sogar den Betrieb eines riesigen Heizkraftwerks.

ähnlich wie die von den Meinels vorgeschlagenen, doch sind sie etwas robuster, denn sie kommen ohne bewegliche Spiegel aus, die der Sonne nachgeführt werden müssen. Die Abbildung 52 erklärt das. Statt der Spiegel konzentrieren sogenannte Fresnel-Planlinsen das Sonnenlicht und werfen es auf ein Wärmesammelrohr. An die Stelle von nur einem Rohr treten vier Röhren (in der Abbildung sehen sie im Querschnitt wie Streichholzköpfe aus) und je nach dem jahreszeitlich bedingten Einstrahlwinkel der Sonne treffen die Strahlen ein anderes Rohr, durch das dann statt der wärmeabführenden Preßluft eine Flüssigkeit strömt. Zunächst fließt die aufgeheizte Flüssigkeit in ein unterirdisches Leitungssystem und gibt einen Teil seiner Wärme an den in Wüsten reichlichen Dünensand ab. Der Sand ist ein ausgezeichneter Wärmespeicher, der seinerseits das Wasser heizen kann, wenn nachts oder an bewölkten Tagen die Sonne nicht scheint. Als Standort für seine Farm plant Laing Südspanien, Portugal und die nördliche Sahara. Das erforderliche Wasser wird den unterseeischen Süßwasserströmen oder dem riesigen Urwasservorrat längs der nordafrikanischen Mittelmeerküste entnommen. Im Gegensatz zum Meinelvorhaben will der deutsche Physiker aber an Ort und Stelle kein Dampfkraftwerk bauen. Die Stromübertragungskosten für die Leitung nach Europa wären zu hoch, und dieser Strom würde nur ein Viertel der aufgefangenen Energie repräsentieren. Statt dessen schlägt er eine Heißwasserpipeline vor. Ist eine solche Leitung von einigen Tausend Kilometern Länge wirtschaftlich? Wer bedenkt, daß 18 Kilogramm 350 Grad Celsius heißes Wasser ebensoviel Energie beinhalten wie ein Liter Benzin, wird die Idee keineswegs utopisch finden, denn Gas- und Ölpipelines haben sich in Zehntausenden von Kilometern vielfach bewährt.

Abbildung 52: Schnitt durch das »Beet« einer Sonnenfarm: Flache Linsen sammeln die einfallende Lichtstrahlung und werfen sie auf flüssigkeitsdurchströmte Rohre (in diesem Querschnitt sehen sie wie Streichholzköpfe aus). Die Flüssigkeit erhitzt sich, strömt in mehrere Etagen eines Dünenspeichers und lädt dort seine Wärmeenergie ab.

Abbildung 53: Künstliche, an ihrer Oberfläche durch schwimmenden Schaumstoff gegen Wärmeverlust isolierte Seen eignen sich als Langzeitspeicher für die Verlustwärme von Kraftwerken. Das warme Wasser läßt sich nach Bedarf für die Raumheizung und Hauswasserversorgung ganzer Städte fortleiten.

Am günstigsten für das anschließende innereuropäische Energieversorgungsnetz beurteilt das Laing-Forschungsteam heißen Hochdruckdampf. Er läßt sich in einem Zweistufenprogramm gewinnen. Die große Sonnenfalle heizt das Süßwasser auf 350 Grad Celsius auf, und anschließend fließt es durch eine gut isolierte Leitung nach Europa.

Der Schutz vor Wärmeverlusten bereitete zunächst Kopfzerbrechen, doch heute erreicht Laing nach einem absolut neuartigen Prinzip mit einer nur 37 Millimeter dicken Rohrwand das gleiche wie andere Wärmefachleute mit einer zehnmal so dicken Isolationsschicht. Mehr als fünf Prozent der Energie gehen auf dem 2700 Kilometer langen Weg durch das 5,5 Meter dicke Rohr deshalb nicht verloren. In abgelegenen Regionen Europas, zum Beispiel in fast menschenleeren Alpentälern, ließe sich das Wasser mit Hochtemperatur-Kernreaktoren, die dann keinen »Wärmemüll« erzeugen, in 650 Grad Celsius heißen Druckdampf verwandeln. Über ein Verteilernetz gelangt der Dampf in die europäischen Ballungszentren und versorgt dort Höchstenergieverbraucher, zum Beispiel mit besonderen Wärmespeichern ausgerüstete Kraftfahrzeuge oder Bahnen, über die ich im Abschnitt Verkehr noch berichten werde, und spezielle Industriezweige. Dabei kühlt sich der Dampf um 100 Grad Celsius ab. Jetzt hat er genau die richtige Temperatur für elektrische Turbinenkraftwerke.

Die Energie aus der Wüste und den »Alpenreaktoren« reicht, um allein mit solchen Anlagen den gesamten europäischen Elektrizitätsbedarf von 1985 zu decken. Dazu eignen sich, statt riesiger Kraftwerkskomplexe, besonders preiswerte, in Serie hergestellte Turbogeneratoren, wodurch außerdem die elektrischen Verteilerleitungen kurz und billig sein können und die Überlandleitungen aus dem Landschaftsbild verschwinden.

Nach der Stromerzeugung ist der Dampf zu warmem Wasser »abgenutzt«. Auch dieses will der Vater der Energiekaskade, wie Laing sein Gesamtprojekt nennt, nicht einfach fortschütten. Er greift einen Vorschlag von Professor Schöll auf, wonach sich die Kondensationswärme von Kraftwerken (übrigens auch die von herkömmlichen Heizkraftwerken) in künstlichen, an der Oberfläche durch schwimmenden Schaumstoff isolierten Seen über Monate speichern läßt (vgl. Abb. 53). Von dort kann das 70 bis 90 Grad Celsius heiße Wasser je nach Bedarf zur Raumheizung oder Warmwasserversorgung in Wohngebiete fortgeleitet werden. Und der Rücklauf aus den wärmeverbrauchenden Anlagen erfolgt durch Rohre, die unter den Straßen verlegt sind. Glatteis und Nebel braucht der Autofahrer dann nicht mehr zu fürchten. Wasser, das nicht in die Speicherseen zurückfließt, versorgt anschließend am Rande der Großstädte noch 100000 Hektar landwirtschaftliche Warmwasserkulturen, die ganzjährig tropische Ernten zulassen.

Ist das Utopie oder sinnvolle Planung für die nächste Zukunft? Alles, was Meinel und Laing vorschlagen, läßt sich nach dem heutigen Stand der Technik jederzeit verwirklichen. Es ist deshalb weniger utopisch als die in-situ-Erdölgewinnung aus Ölschiefer, als die unterirdische Kohlevergasung, die Erdwärmegewinnung im großen Umfang, als der Bau wirtschaftlicher Brutreaktoren oder gar die Fusionskraftwerke. Mit der Verwirklichung all dieser Vorhaben rechnen aber die Energieexperten fest. So erstaunlich die Pläne von den Sonnenfallen in der Wüste auch klingen mögen, ich bin überzeugt, daß sie schon bald zur Realität werden, in der hier beschriebenen oder einer sehr ähnlichen Form. Wer hätte schließlich vor zwei Jahrzehnten eine Mondlandung vorausgesagt?

Lichtfarmen im Weltall Noch etwas ungewöhnlicher als der Gedanke an Sonnenfarmen in der Wüste mutet die Idee an, ähnliche Anlagen von riesigen Ausmaßen im Weltall zu installieren. Wie läßt sich das erforderliche Material dorthinschaffen und wie die eingefangene Energie zur Erde schicken? – Aber auch dieser Plan ist kein Hirngespinst eines Genies, das die Schwelle zum Wahnsinn überschritten hat, sondern der technisch durchaus realisierbare Vorschlag Dr. Peter E. Glasers, eines Mannes an der Spitze des amerikanischen Industrieunternehmens Arthur D. Little Incorporation. Nicht genug damit, drei weitere US-Industrieunternehmen, die Firmen Grumman, Textron und Raytheon beschäftigen sich zur Zeit fieberhaft mit der noch erforderlichen Grundlagenarbeit zu diesem Mammutprojekt, und auch die amerikanische Weltraumbehörde NASA sowie das Komitee für Wissenschaft und Astronautik im Repräsentantenhaus der USA ziehen kräftig mit.

Was hat Glaser vor? Abbildung 54 zeigt ihn bei der Erklärung seiner Idee. Vor den amerikanischen Rotariern sagte er: »Alle irdischen

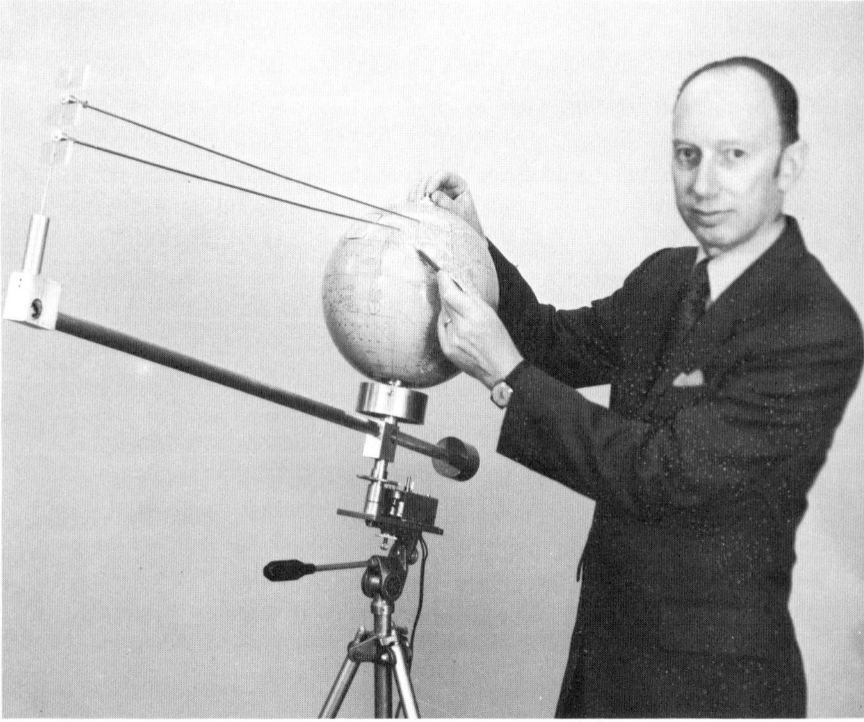

Sonnenenergieanwendungen stoßen auf grundsätzliche Grenzen. Sie sind an so unabänderliche und ewige Gegebenheiten gebunden wie den Wechsel zwischen Tag und Nacht, die Wolken, die am Himmel herumziehen und die Sonne verdecken und die Witterungsschäden an den Spiegeln. Finden Sie einen Ort, wo die Sonne immer scheint und wo es keine Wolken und keinen Wetterwechsel gibt, und Sie haben die Endlösung gefunden.

So einen Ort gibt es. Er liegt in einer Umlaufbahn, 36000 Kilometer über der Erdoberfläche. Für Nachrichtensatelliten hat er sich schon als der wirkungsvollste ›Nistplatz‹ erwiesen; und wie die irdische Kommunikation dadurch einfacher geworden ist, daß sie den Weg ins All fand, so scheint es auch vorteilhaft, Energie für den irdischen Gebrauch im All zu erzeugen. Denn dort brauchen wir nur etwa ein Zehntel * der Fläche zum Einfangen der Sonnenstrahlen wie im sonnigen Arizona.

Kleine Fotozellen verwendet zur Zeit die unbemannte Raumfahrt, um einen endlosen Fluß wichtiger Informationen zur Erde zu schikken. 1973 beförderten die Vereinigten Staaten das große Raumschiff *Skylab* in seine Umlaufbahn. Es war mit Sonnenzellen ausgerüstet, die 25 Kilowatt erzeugten.

Diese Methode läßt sich grundsätzlich auch bei einem weitaus größeren Satelliten anwenden, auf dem Sonnenzellen Licht in Elektrizität verwandeln (vgl. Abb. 55). Der Strom fließt dann in Mikrowellenerzeuger, die Bestandteile einer Übertragungsantenne sind (vgl. Abb. 56). Sie richtet einen Mikrowellenstrahl zur Erde. Dort verwandelt eine Empfangsantenne schließlich den Strahl sicher in nutzbare Leistung zurück (vgl. Abb. 57.)

* Anmerkung des Autors: Hier verschätzt sich Glaser. Ein Drittel trifft zu.

Abbildung 54: Dr. Peter E. Glaser erklärt an einem Modell seinen Sonnenenergiesatelliten, der im Weltall Lichtleistung in elektrische Leistung verwandeln und von dort zur Erde strahlen soll.

Abbildung 55: So könnte ein »SSPS« aussehen. Die Abkürzung steht für »Satellite Solar Power Station«, also Sonnenenergie-Satellitenstation. Das 4,3 mal 11,7 km große und 193 m dicke »Sonnensegel« ist dicht mit Fotozellen besetzt. In der Mitte strahlt eine runde Antenne von 1 km Durchmesser Mikrowellenenergie zur Erde.

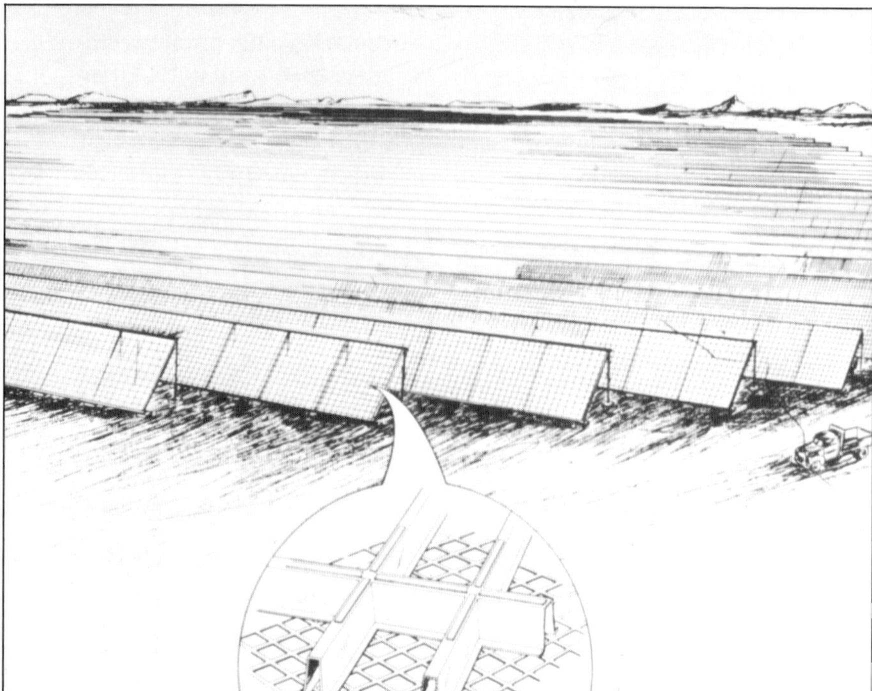

Typische Satelliten dieser Art könnten 5000 bis 15000 Millionen Watt liefern, genug, um eine Stadt von der Größe New Yorks zu versorgen. Ein modernes Großkraftwerk produziert vergleichsweise nur etwa 1000 Millionen Watt. Obwohl so ein Satellit größer und schwerer als jedes andere künstliche Objekt ist, das heute die Erde umkreist, könnte ein Raumtransportsystem wie das ›Space shuttle‹, das als nächster Schritt im US-Raumfahrtprogramm entwickelt wird, die verschiedenen Teile des Satelliten in die Umlaufbahn bringen. Dort würden sie montiert.

Ein Netz gleichartiger Satelliten könnte einen Großteil des künftigen Weltenergiebedarfs decken, ohne die Energiespeicher oder die großen Landflächen für irdische Sonnenkraftwerke zu beanspruchen.«

Soweit Peter E. Glaser. Bleibt noch zu sagen, daß die Unternehmen, die an der Entwicklung des Projektes arbeiten, mit dem möglichen Start eines Versuchssatelliten schon Anfang der neunziger Jahre rechnen und daran glauben, daß gegen 1997 der erste kommerzielle Strom aus den Sonnenkraftwerken im Weltall auf die Erde fließen könnte.

Sonnenspeicher Ozean Ganz unbeschattet fristen selbst Sonnenenergiesatelliten ihr Dasein nicht. Insgesamt etwa vier Tage im Jahr, zu den Zeiten der Tag- und Nachtgleiche im Frühjahr und Herbst, fällt der Erdschatten auf sie. Doch das ist unbedeutend, zumal davon in einem Netz von Satelliten nur jeweils einer betroffen ist.

Im Gegensatz zum Satelliten, der im großen und ganzen pausenlos Elektrizität erzeugen kann, kommt kein irdisches Verfahren zur Sonnenenergienutzung ohne irgendwelche Speicher für die Überbrückung dunkler Zeiten aus. Künstliche Speicher sind teuer. Aber es gibt auch natürliche. Einen davon zapfen wir schon lange an: die

Abbildung 56: Für die Umwandlung des Gleichstroms aus den Fotozellen in Mikrowellenenergie lassen sich im luftleeren Weltall besonders kleine Elemente konstruieren. Das Bild zeigt eindrucksvoll den Größenunterschied zwischen den herkömmlichen »irdischen« (rechts) und den »kosmischen« (links) Bauteilen gleicher Leistungsfähigkeit.

Abbildung 57: Die irdische Empfangsantenne für die Energie aus dem All besteht aus zahlreichen einzelnen Gitternetzen, die auf einer kreisförmigen Fläche von etwa 7 km Durchmesser angeordnet sind.

Wasserkraft. Nur die Sonnenwärme hält ja den Verdunstungs-Regen-Gewässer-Kreislauf beständig aufrecht.

Ein zweiter großer natürlicher Speicher ist bis heute jedoch ungenutzt. Er heißt Meer und hält die Sonnenenergie in Form von Wasserwärme fest. Der amerikanische Professor Zener will ihn jetzt erschließen. Er nutzt dabei die Tatsache aus, daß nur die oberen Wasserschichten von der Sonne aufgewärmt werden, und daß das warme Wasser auch nicht absinkt, weil es leichter ist als kaltes. Während in tropischen Meeren wenige Meter unter der Oberfläche Temperaturen von 25 Grad Celsius herrschen, ist das Wasser in knapp einem Kilometer Tiefe 5 Grad kalt. Dieser Temperaturunterschied ist für das Zener-Projekt wichtig.

Das geplante Kraftwerk wird eine ungewöhnliche Form haben, denn es muß ja beide Temperaturzonen miteinander verbinden. Der Professor denkt daher an ein fast 1000 Meter langes Rohr, das senkrecht im Wasser schwimmt. In 100 Metern Tiefe umklammert ein Maschinenraum das Rohr wie ein modernes Aussichtsrestaurant einen Fernsehturm. Das obere Ende des Rohrs liegt rund 25 Meter unter dem Meeresspiegel. Hier saugen große Flügelräder Wasser an, das warm genug ist, um im Inneren des Kraftwerkes flüssiges Ammoniak zu verdampfen. Der entstehende Dampfdruck reicht zur Elektrizitätserzeugung in geeigneten Turbinensätzen. Vom unteren Ende des langen Rohrs herbeigeführtes Tiefenwasser kühlt das Ammoniak anschließend wieder soweit ab, daß es sich verflüssigt. Dann beginnt der Kreislauf von neuem. Statt nun den gewonnenen Strom in teuren Leitungen zum Festland zu befördern, will Professor Zener ihn an Ort und Stelle weiter verarbeiten.

Mit dem Strom läßt sich nämlich Wasser in Sauerstoff und Wasserstoff aufspalten. Und Wasser gibt es im Meer genug. Der freigesetzte Wasserstoff gelangt in Druckleitungen zur Küste. Er ist ein hochwertiges Heizgas, das sauber und ohne gefährliche Rückstände verbrennt. Mit ihm läßt sich Prozeßwärme für die chemische Industrie erzeugen, mit ihm lassen sich umweltfreundliche Kraftfahrzeuge antreiben, mit ihm kann man heizen und kochen. Als willkommenes Nebenprodukt verwandelt die Zener-Anlage noch erhebliche Mengen Meerwasser in Süßwasser.

Die National Science Foundation unterstützt den Wissenschaftler von der Carnegie-Mellon Universität nach Kräften. 1973 hat sie ihm

190000 Dollar für die erforderlichen Grundlagenstudien und ein kleines Versuchskraftwerk zur Verfügung gestellt.

Geradezu wie eine schlecht erfundene Science-fiction-Geschichte liest sich die unglaubliche Beschreibung eines Motors, der unmittelbar von kaltem und warmem Wasser betrieben wird und die Temperaturunterschiede im Meerwasser ideal einfach nutzt. Wie viele große wissenschaftliche Ideen unserer Zeit, ist auch diese sensationelle Erfindung in Kalifornien zu Hause. Banks, ein Mitarbeiter der weltbekannten Berkeley-Universität, ist ihr geistiger Vater. Bis heute ist noch nicht viel über den Banks-Motor bekanntgeworden, nur sein Grundprinzip spricht sich in Fachkreisen wie ein Lauffeuer herum. Es beruht auf den sensationellen Eigenschaften von Nitiol, einer neu entwickelten Metallegierung aus Nickel und Titan. Ein warmer Nitioldraht läßt sich leicht in beliebige Formen biegen. Aber er hat ein »Erinnerungsvermögen«. Kühlt er nur um wenige Grad ab, dann springt er augenblicklich wie von Geisterhand getrieben wieder in seine ursprüngliche Form zurück.

Genauso verhalten sich Nitiolbleche oder Formteile aus diesem eigenartigen Material. Im Banks-Motor stehen solche Nitiolteile unter Spannung. Kommen sie mit warmem Wasser in Berührung, dann werden sie elastisch, geben der Spannung nach und verbiegen sich; kühlt sie sodann kaltes Wasser wieder ab, schnellen sie auch gegen große äußere Kräfte zurück und treiben durch diese Bewegung den Motor an. Schon ein Temperaturunterschied von sechs Grad reicht dafür. Seine volle Leistungsfähigkeit erreicht der Banks-Motor bei einer Differenz von 23 Grad Celsius, also etwa dem Temperaturgefälle, das Zener für sein Meerwasserkraftwerk nutzt. Ein Modellmotörchen von etwas mehr als 200 Watt Leistung beeindruckte Wissenschaftler der obersten amerikanischen Atomenergiebehörde derart, daß sie spontan den Bau größerer Anlagen nach dem Banks-Prinzip vorschlugen.

Sonnentreibstoff Nicht nur auf dem Umweg über elektrischen Strom läßt sich mit Sonnenenergie Wasser in Sauerstoff und Wasserstoff zerlegen. Daß es auch direkt geht, beweisen die Pflanzen. Sie spalten mit Hilfe des Sonnenlichtes Wasser und bauen die gewonnenen Wasserstoffatome in ihr Gewebe ein. Etwas ähnliches ist technisch bis heute unmöglich. Doch warum sollten wir nicht auf die pflanzlichen Fähigkeiten zurückgreifen? Diese Frage stellte sich Professor A. San Pietro von der Indian Universität in Bloomington. Er arbeitet an einem Verfahren, den pflanzlichen Umwandlungsprozeß genau zu dem Zeitpunkt zu unterbrechen, an dem der Wasserstoff bereits gewonnen aber noch nicht weiterverarbeitet ist. Wenn das gelingt, könnten eines Tages zum Beispiel schnellwachsende Algenarten für uns mit Hilfe der Sonnenenergie fortwährend Wasserstoff produzieren.

Ähnliche Vorhaben, die ebenfalls pflanzliche Organismen und Mikroorganismen in die Energieerzeugung einschalten wollen, zählen heute auf der Welt nach Dutzenden. Alle stecken noch mehr oder weniger in den Kinderschuhen, doch eine Reihe davon ist recht erfolgversprechend und wird möglicherweise schon Anfang der achtziger Jahre praktisch arbeiten. Meist sind das Verfahren, bei denen Pflanzen mit Hilfe von Sonnenenergie (manche Bakterien sogar ohne diese) organischen Müll zersetzen und daraus Methangas liefern sollen. Andere Vorschläge zielen auf den Massenanbau kohlehydratreicher Algen oder Gräser, die sich direkt als Brennstoff verheizen oder ihrerseits durch Mikroorganismen in Methangas oder Alkohol umwandeln lassen. Diese hochwertigen Brennmaterialien eignen sich unter anderem als saubere Kraftfahrzeugtreibstoffe.

Wind – der Sohn der Sonne Wind ist eine besondere Form der Sonnenenergie, denn die Luftbewegung geht ja ausschließlich auf Wärmeunterschiede in der Atmosphäre zurück, und diese sind eine Folge der Sonneneinstrahlung. Die Leistung allein der Winde, die ständig über die USA und ihre Küstengewässer streichen, schätzen Forscher auf durchschnittlich 100 Millionen Megawatt. Das erklärt, warum bis zum Aufkommen des elektrischen Stroms gegen Anfang unseres Jahrhunderts Windmühlen beliebte und verbreitete Einrichtungen zur Krafterzeugung waren. Als dann aber der zuverlässigere Strom zu fließen begann, der auch in Flautenzeiten verfügbar war, starben die Windmühlen in den meisten Ländern langsam aus. Heute, angesichts der Möglichkeit, mit dem billigen, aber unsteten Strom, den Windkraftwerke liefern können, Wasser zu spalten, erinnern sich bedeutende Forschungsstätten in aller Welt wieder an den luftigen Energielieferanten. Über 200000 Dollar investieren zum Beispiel die US-Forschungsbehörden zur Zeit jährlich in verschiedene Windenergieprojekte.

Elektrizitätspipelines

Die Kraftwerksgesellschaften in den Industrieländern haben heute sehr viel mit dem Mann gemeinsam, der von seinem Bauchladen aus bei einem internationalen Fußballspiel das dicht gedrängte Publikum mit Traubenzuckerbonbons versorgt. Beide stehen vor dem Problem, Energie in Ballungsgebiete zu transportieren, beide kämpfen mit einer Hauptschwierigkeit: mit dem Durchkommen. Bei dem Händler auf dem Sportplatz fällt das deutlich in die Augen, bei unserem Stromlieferanten kaum. Wir nehmen es als selbstverständlich hin, so viel elektrische Energie frei Haus geliefert zu bekommen, wie wir haben möchten. Doch auch Strom braucht Transportwege, und sie werden knapp. Deutschen Großstädten wie Berlin, Hamburg oder München müssen schon heute pro Quadratkilometer Fläche rund 2,5 Millionen Watt zugeführt werden. Das entspricht dem gleichzeitigen Betrieb von 25 000 Hundertwattglühbirnen. London verbraucht auf der gleichen Fläche mehr als das Doppelte, New York mehr als das Dreifache und Paris sogar mehr als das Fünfeinhalbfache, nämlich 14 Millionen Watt pro Quadratkilometer.

Bis zum Jahre 2000 erwarten die Fachleute in den Ballungsräumen der westlichen Welt Werte, die selbst die Rekordzahl von Paris noch um das Zehnfache übertreffen. Über die heute üblichen Freileitungen ist dieser Leistungshunger nicht zu stillen. Höchstspannungsfreileitungen für 700 000 Volt und mehr, wie sie zur Zeit in einer Reihe von Industrieländern erprobt werden, lösen Energietransportaufgaben dieser Größenordnung zwar auf Überlandstrecken, lassen sich aber unmöglich in dicht bewohnte Gebiete führen, denn sie benötigen eine Trassenbreite von rund 100 Metern.

Auch die konventionellen Hochspannungserdkabel versagen. Durch die unvermeidlichen Übertragungsverluste erwärmen nämlich bei höheren Energiedichten selbst die dicksten Kabel den umgebenden Boden so stark, daß er austrocknet. Zusammengefaßt heißt das: Kein heute übliches Elektrizitätsleitungssystem kann die Energiemengen befördern, die wir morgen in Ballungsgebieten verbrauchen. Selbst bei verstärktem Ausbau der Netze ist das nicht möglich, weil sich zu dicht verlegte Erdkabel durch ihre Wärmeabgabe gegenseitig beeinflussen. Was nützen also die modernsten Kraftwerke, wenn sich der von ihnen erzeugte Strom nicht zum Verbraucher schaffen läßt?

Fieberhaft suchen deshalb die E-Werke, die Elektroindustrie und auch nationale und internationale Forschungsgesellschaften seit Jahren nach neuen Möglichkeiten, die es gestatten, Schritt für Schritt höhere Leistungen zu übertragen.

Ein naheliegender Gedanke ist, zu kühlen, wo es zu warm wird. In der Praxis bieten sich dafür verschiedene Wege an. Einmal lassen sich parallel zu den Erdkabeln wasserdurchströmte Kühlrohre verlegen. Es ist auch möglich, die Kühlrohre gleich in die Kabel einzuarbeiten oder andererseits die Kabel in größeren Wasserrohren zu verlegen. Auf diese Weise bewältigen Erdkabel die drei- bis vierfache Energiemenge wie ungekühlte Leitungen. Doch auch sie werden den ständig steigenden Anforderungen nur für rund zwei Jahrzehnte gewachsen sein.

Und dann? Läßt sich das Kühlsystem verbessern?

Grundsätzlich ist das möglich. An der Entwicklung von tiefgekühlten Drehstromkabeln aus Kupfer und Aluminium für Spannungen bis 500000 Volt arbeiten heute vor allem amerikanische und englische Firmengruppen. Solche sogenannten Kryokabel sind zehnmal so leistungsfähig wie die heute üblichen Ölkabel. Doch sie sind extrem teuer. Ihr Kühlmittel ist kein Wasser, sondern flüssiger Stickstoff mit einer Temperatur von −196 Grad Celsius. Entsprechend aufwendig müssen die Wärmeisolierung und der Schutz gegen Kühlmittelverlust sein. Zudem werden auch solche Kabel vermutlich nicht allen zu erwartenden Anforderungen gerecht.

Gibt es noch andere Möglichkeiten? Flüssiges Heliumgas ist −268,8 Grad Celsius kalt. Das ist nur 4,2 Grad wärmer als die Temperatur des Weltraumes. Natürlich sind Kabel mit einer derart ungewöhnlichen Tiefkühlung noch wesentlich aufwendiger als Kryokabel. Dennoch haben sie ungleich größere Chancen. Wenige Grad über dem absoluten Temperaturnullpunkt (−273 Grad Celsius) geschieht

Abbildung 58: Gigantische »Strom-Pipelines« sollen die in Zukunft erforderlichen großen Elektrizitätsmengen in Ballungsräume leiten. Rohrschienen, wie sie das Bild zeigt, enthalten Schwefelhexafluorid, ein geruchloses, nicht brennbares und ungiftiges Gas mit ungewöhnlich hoher Isolierfestigkeit.

Abbildung 59: Auch Hochspannungs-Schaltanlagen lassen sich mit dem gasförmigen Schwefelhexafluorid ideal isolieren. Die abgebildete voll gekapselte Einheit kann Spannungen von 110000 Volt schalten. Im Gegensatz zu ihrer kleinen Grundfläche von nur 2,5 mal 8 Metern ...

66 B 994 B

nämlich in vielen metallischen Leitern etwas Merkwürdiges: Sie verlieren plötzlich jeglichen elektrischen Widerstand. Dieser Effekt heißt Supraleitung.

Durch ein supraleitendes Kabel kann Gleichstrom ganz ohne, Drehstrom fast ohne Verlust fließen. Ohne Energieverluste gibt es aber auch keine Verlustwärme, die das flüssige Helium von innen her erhitzen würde. Diese erstaunlichen Erscheinungen lassen die extrem kalten Supraleitkabel gegenüber den um rund 70 Grad wärmeren Kryokabeln trotz höherer Installationskosten plötzlich ausgesprochen wirtschaftlich werden. Hinsichtlich ihrer Energieübertragungseigenschaften sind sie mehr als 15 mal so leistungsfähig wie heute übliche Erdleitungen. Zwar setzt der komplizierte Aufbau heliumdurchströmter und vakuumisolierter Kabel heute noch der Betriebsspannung eine Grenze (eine deutsche Firmengruppe experimentiert mit 200 000 Volt), aber selbst innerhalb des technisch Möglichen genügt eine einzige derartige Erdleitung, um die gesamte Energieproduktion zweier moderner Großkraftwerke von zusammen 2,5 Milliarden Watt abzuleiten.

Eine wahre Zauberformel in der Hochspannungstechnik von morgen heißt SF_6. SF_6 ist die chemische Abkürzung für Schwefelhexafluorid, ein Gas, das bei gleichem Druck zwei- bis dreimal so gut isoliert wie Luft. Schon bei geringem Überdruck erreicht es aber eine elektrische Festigkeit, die sonst nur massive Isolatoren wie Prozellan und manche Kunststoffe besitzen. Erdkabel in SF_6-gefüllten Rohren lassen sich deshalb mit ungewöhnlich hohen Spannungen betreiben. An Versuchen mit solchen Rohrkabeln, die sich wie eine Ölpipeline verlegen lassen, fehlt es auf der ganzen Welt nicht. Die ausgereiftesten Entwicklungen stammen aus Japan, den USA und aus Westdeutschland, wo 1973 das erste europäische und mit vier Kilometern Länge zugleich das bis heute längste SF_6-Rohr der Welt in Betrieb ging (vgl. Abb. 58). Bei zusätzlicher Wasserkühlung wollen japanische Techniker mit einem einzigen Kabel dieser Art elf Milliarden Watt übertragen, mehr als genug, um beispielsweise ganz New York mit Strom zu versorgen.

Die sensationelle SF_6-Technik soll später auch einmal die immer größer werdenden Freiluftschaltanlagen aus unserem Landschafts-

Abbildung 60: ... bedeckt eine vergleichbare moderne Freiluftschaltanlage in der bis jetzt üblichen Bauweise ein Terrain von 10 mal 30 Meter.

bild verbannen. Schon heute ist es nämlich möglich, auf diese Weise in einer gekapselten Innenraumeinheit mit der Grundfläche eines Wohnzimmers technisch dasselbe zu erreichen wie bisher mit einem Wald von Freiluftschaltern und Isolatoren, die einen ganzen 300 m^2 großen Garten ausfüllen könnten. (vgl. Abb. 59 und 60).

Im Abschnitt über den Sonnenenergiesatelliten des amerikanischen Erfinders Peter E. Glaser war von einer besonderen Form der Energieübertragung die Rede. Der Raumforscher will Mikrowellen als Strahlenbündel zur Erde schicken. Ähnliches planen Elektrotechniker auch für die rein irdische Energieleitung. Ein etwa 1,5 m dickes Eisen- oder Kunststoffrohr soll nach ihrem Vorschlag einen Mikrowellenzug »kanalisieren«. Dabei fließen große Mengen elektrischer Energie wie durch eine Pipeline im lufterfüllten Inneren des Rohres. Einen elektrischen Leiter gibt es hierbei nicht, und die Begriffe Strom und Spannung verlieren ihren Sinn. In absehbarer Zukunft dürfte dieses Verfahren aber keine Chancen haben, denn bei ihm überwiegen die Nachteile. Einmal lassen sich solche Hohlleiter ohne besonderen Aufwand nur geradlinig verlegen, zum anderen sind die Sende- und Empfangsstationen unwirtschaftlich teuer und zeichnen sich noch dazu durch hohe elektrische Leistungsverluste aus.

Rohstoffe für Heute und Morgen

Bekannte Rohstoffe aus neuen Quellen – neue Rohstoffe aus bekannten Quellen

Gegen Ende unseres Jahrhunderts wird ein Buch wie dieses wesentlich teurer sein als heute; nicht allein wegen der weltweit wuchernden Inflation, sondern weil es dann kaum noch Zellulosepapier geben dürfte. Etwa zur selben Zeit werden Silber, Aluminium, Quecksilber, Blei, Platin, Zink und Zinn knapp. Wenige Jahrzehnte später gehen auch die Vorräte an Chrom, Nickel und Eisen zur Neige. Kies- und Sandvorkommen in Europa werden etwa um das Jahr 2020 erschöpft sein, in manchen Ländern, zum Beispiel den Niederlanden sogar schon zwei Jahrzehnte eher.

Die Kunststoffindustrie fürchtet das mögliche Versiegen der als Brennstofflieferanten überstrapazierten Ölquellen innerhalb der nächsten Generation. Um die letzten Reserven an Seefischen gibt es bereits heute in manchen Gebieten diplomatische Auseinandersetzungen. Daß das pflanzliche und tierische Eiweiß schon jetzt kaum zur Deckung des Weltbedarfs ausreicht, beweisen unter anderem die sprunghaft steigenden Preise für Sojabohnen, sofern zwei Milliarden hungernde Menschen nicht beredt genug Zeugnis davon ablegen.

Ein amerikanischer Computer, von Wissenschaftlern gefüttert, sagt voraus, daß es 1980 kein natürliches Trinkwasser mehr geben wird. Das sind nicht gerade besonders rosige Aussichten. Doch auch heute schon steht die Rohstoffversorgung der Industrienationen auf recht wackligen Beinen. Dem Ölboykott von 1973 kann jederzeit ein Nickelboykott, ein Kobalt- oder ein Manganboykott folgen; denn die Naturvorkommen vieler wichtiger Rohstoffe liegen fast ausschließlich in den politisch instabilen Ländern der Dritten Welt. Die USA müssen 90 Prozent ihrer Nichteisenmetalle oder der entsprechenden Erze importieren, die Länder Mitteleuropas mehr als 99 Prozent.

Gibt es Auswege aus dieser fatalen Situation? – Selbstverständlich. Dieses Buch befaßt sich schließlich mit Großprojekten, die von Natur aus meist eine Art Schlüssel zur Hintertür, die den Ausweg sichert, sind. Ohne zwingende Notwendigkeit würde sie schließlich niemand finanzieren. Der Optimismus in diesem Buch liegt also in der Natur seiner Thematik.

Mit solch pessimistisch stimmenden Zukunftsfragen wie der Bevölkerungsexplosion und ihren soziologischen Folgen, den Rassenproblemen oder dem zunehmenden Verfall aller ideellen Werte und der damit wachsenden inneren und äußeren Haltlosigkeit des Menschen in allen Industrienationen des Westens und des Ostens können wir uns nicht befassen, denn zu ihrer Abwendung gibt es bis heute keine realistischen Großprojekte.

Menschliches Leben und Zusammenleben ist etwas sehr Komplexes. Es hängt von vielen Faktoren ab. Doch wie wirtschaftliche Unabhängigkeit im kleinen keine schlechte Basis für eine glückliche Ehe ist, so läßt sich gewiß auch im großen sagen, daß eine gesicherte Energie- und Rohstoffversorgung internationalen Konflikten entgegenwirkt. Optimismus auf den hier behandelten rein materiellen Gebieten ist deshalb auch in weltpolitischer und soziologischer Hinsicht zumindest beruhigend.

Ich sagte, daß wir auf dem Rohstoffsektor trotz des soeben geschilderten düsteren Bildes hoffen dürfen. Welche konkreten Auswege aus der allgemeinen Verknappung gibt es also? – Grundsätzlich denkbar sind nur drei:

1. Die Gewinnung bekannter Rohstoffe aus neuen, bisher unbekannten oder nichterschlossenen Quellen,
2. die Erzeugung neuer Rohstoffe aus bekannten Grundstoffen als Ersatz für zur Neige gehende Materialien,
3. die Entwicklung neuartiger Technologien, die auf knappwerdende Rohstoffe verzichten und sich dafür völlig neuartiger oder reichlich vorhandener Substanzen bedienen.

Beispiele für die drei Kategorien sind:

Zu 1: Abbau von Tiefsee-Erzen, die Wiederaufbereitung von Müll;

zu 2: Kunststoffpapier statt Zellulosepapier, Eiweiß aus Mikroalgen, Synthetics aus Stärke;

zu 3: Wohnungs- und Industriebau aus Müllprodukten anstelle von Kies und Beton, Lichttelefonie durch Glasfasern statt elektrischer Nachrichtenübertragung in Bündeln aus Kupferleitern.

Nicht immer müssen neue Rohstoffe altbekannte Materialien ersetzen oder neue Technologien möglich machen, die ihrerseits einen Teil zur Einsparung knapper Stoffe beitragen. Sehr häufig werden in Zukunft neue Substanzen auch bisher vollkommen unbekannte

Anwendungsgebiete erschließen, zum Beispiel in der Elektronik, in der Medizin und Pharmazie oder in der Raumforschung.

Schatzkammer Ozean

Seit Jahrtausenden kein technischer Fortschritt Die Weltmeere bedecken etwas mehr als Zweidrittel der Erdoberfläche. Sie enthalten beinahe unerschöpfliche Reserven fast aller Rohstoffe. Aber seit über 4000 Jahren, als die Chinesen zum erstenmal Kochsalz durch Verdampfen von Meerwasser gewannen, haben die Menschen keinen nennenswerten Fortschritt im Umgang mit dem größten natürlichen Materialspeicher gemacht. Zwar gewinnen wir seit 1926 Brom aus dem Meerwasser, seit 1941 Magnesium und in geringen Mengen auch Jod und Bor, doch alles in allem nutzen wir die Lagerstätte Ozean denkbar schlecht.

Nur ein Prozent unserer Nahrung und zwei Prozent der Weltmineralerzeugung decken wir heute aus dem Meer. Die Vorräte allein der im Wasser gelösten Stoffe sind demgegenüber unermeßlich. 1900000 Milliarden Tonnen Magnesium, 500000 Milliarden Tonnen Kalium, 90000 Milliarden Tonnen Brom, 10900 Milliarden Tonnen Strontium, 6400 Milliarden Tonnen Bor, 1900 Milliarden Tonnen Fluor, 100 Milliarden Tonnen Phosphor, 84 Milliarden Tonnen Jod; das sind in etwa die Mengen einiger der im Wasser der Weltmeere enthaltenen Elemente. Die eigentlichen Schätze birgt jedoch der Meeresboden in Form von Erzen.

Was Meeresforscher unter »Seifen« verstehen Wie die Ölexperten in der Nordsee und anderen Flachmeeren gelernt haben, wo sich die Suche lohnt und wo nicht, so sammelten in den letzten Jahren auch die Erzsucher ihre ersten wertvollen Erfahrungen. Zwar lagern auf dem Meeresboden wenigstens 5000 mal so viel Kobalt-, 1500 mal so viel Nickel- und 150 mal soviel Kupfererze wie auf den Kontinenten, doch die Ozeane sind weit, und ein willkürliches Absuchen der Tiefsee ist weder zeitlich noch wirtschaftlich vernünftig. Um die Frage, wo die Lagerstättenforschung sinnvoll ist, zu beantworten, müssen die Forscher entweder wissen, wie Erzanreicherungen im Meer überhaupt zustande kommen, oder sie müssen Zusammenhänge zwischen der Art eines Vorkommens und seiner meeresgeologischen Umgebung entdecken. Beides ist ihnen teilweise gelungen, und sie wissen heute, wo sich welche Rohstoffe vermuten lassen (vgl. Abb. 61).

Leicht zu erklären sind die Vorkommen von Schwermetallerzen. Das Metall Titan, das die Stahl-, die Farbstoff- und die Elektroindustrie in größeren Mengen brauchen, ist besonders im Rutilerz enthalten. Ein anderes Schwermetall, Zirkonium, das bei der Turbinenfabrikation, im Kernreaktorbau und bei der Herstellung von Elektronenröhren von Bedeutung ist, kommt im Mineral Zirkon vor. Rutil und Zirkon gibt es in kleinen Mengen in vielen natürlichen Gesteinen. Wegen der äußerst geringen Konzentration lohnt sich jedoch die Gewinnung daraus nicht.

Glücklicherweise hilft hier die Natur dem Menschen. Wind, Sonne und Regen zersetzen ganze Gebirge, und die Flüsse spülen das verwitterte Material ins Meer. Dabei kommt es ganz von selbst zu einer Auslese. Die schweren Teilchen sinken rascher ab und bleiben in Küstennähe liegen, die leichteren Partikel werden weiter hinausgeschwemmt. Meeresströmungen und Gezeiten sortieren dann die Sedimente noch feiner. Die Folge sind schwermetallreiche Sandlager in der Nähe von Flußmündungen (vgl. Abb. 61). Die Meeresforscher nennen sie Seifen oder Seifenerze.

In Afrika, Indien und Australien ist die Situation besonders günstig. Hier hat schon das Gestein auf dem Festland einen beachtlichen Schwermetallgehalt. Deshalb sind die Seifen vor den Küsten dieser alten Erdteile besonders wertvoll. In Afrika bringen die großen Ströme Nil, Oranje, Niger und Sambesi die Minerale ins Meer. Vor der Sambesimündung untersuchten in den vergangenen Jahren 42 Wissenschaftler in zwei Kampagnen mit dem deutschen Forschungs-

Abbildung 61: Der Boden der Weltmeere ist alles andere als gleichförförmig. Doch seine Vielgestalt folgt einem festen geologischen Schema. Vor den Küsten liegt eine breite Flachwasserzone, das Schelf. Unvermittelt fällt an seinem Rand der Grund steil ab; die Tiefsee beginnt. In ihrem Zentrum erheben sich Tausende Kilometer lange Faltengebirgsketten. Zum anderen Ufer hin wiederholt sich die Reihenfolge umgekehrt. – Die Rohstoff-Forscher unter den Ozeanographen wissen, wo sie in der Meereslandschaft ihre Schätze suchen müssen: Erdölvorkommen (1) lagern unter den Schelfgebieten, in den Tiefseebecken und -gräben finden sich ausgedehnte Manganknollenfelder (2), vor den Flußmündungen (3) und in den vulkanischen Auffaltungen und Gräben (4) reichern sich Schwermetallerze an, und an den Schelfrändern kommen Phosphate vor (5).

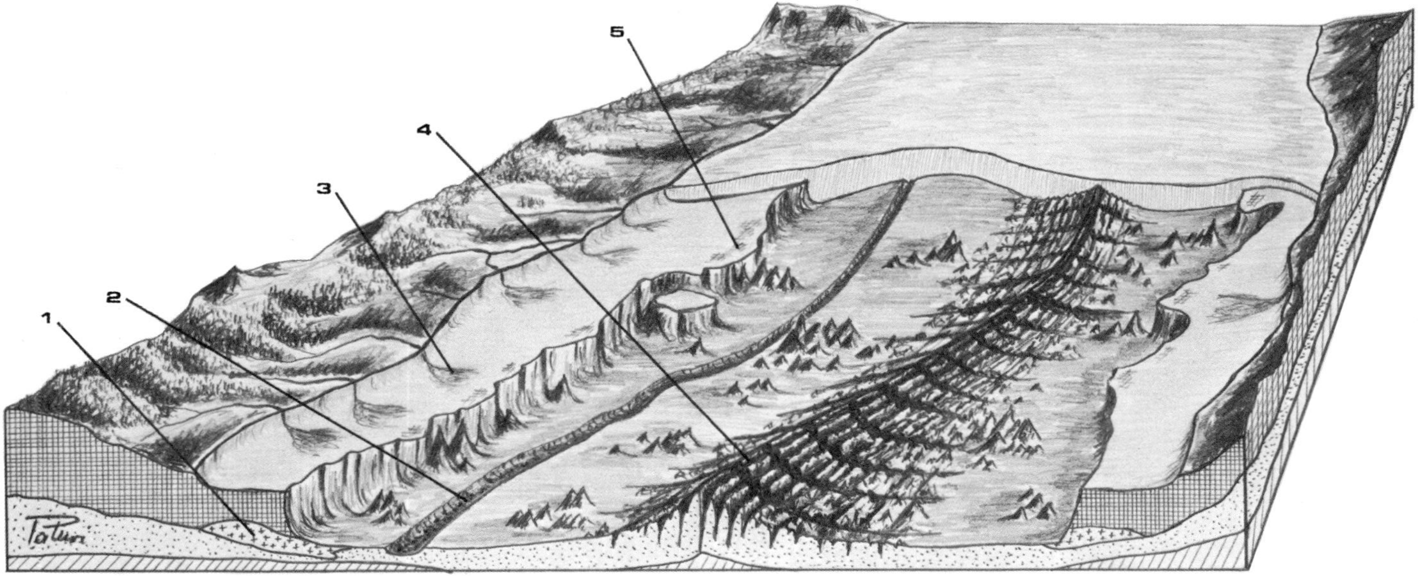
1
2
3
4
5

schiff Valdivia 31 000 km² Meeresboden und fanden dabei in ausgedehnten Seifenfeldern neben Rutil und Zirkon auch noch andere wirtschaftlich interessante schwere Mineralien.

Weitaus am häufigsten ist vor der Küste von Mozambique das für die Herstellung von Flugzeugmetallen wichtige Titaneisenerz Ilmenit. Aber auch das für rostfreie Legierungen bedeutende Chromit und schließlich noch Monazit, das sich bei der Heliumgewinnung und der Erzeugung radioaktiver Präparate bewährt hat, kommen in den ostafrikanischen Seifen vor. Schon jetzt lohnt sich das Abbauen, denn die Wissenschaftler haben bei ihrer Suche über 800 Quadratkilometer Sande mit einem Schwermetallmineraliengehalt von mehr als drei Prozent gefunden. Das reicht für die wirtschaftliche Verhüttung der Erze. Und wie es scheint, ist das Gebiet nur der nördlichste Teil eines noch unerforschten Riesenfeldes vor der Sambesimündung. Ein neues großes Rohstofflager ist erschlossen.

Die ersten recht ermutigenden Suchergebnisse liegen auch aus den Küstengebieten der Halbinsel Alaska vor. Die Sande des südöstlichen Beringmeeres enthalten dort stellenweise bis zu 67 Prozent Schwerminerale.

Schwermetallkonzentrationen finden sich aber nicht nur in küstennahen Gewässern. Auch dort, wo am Meeresgrund Vulkane tätig sind, kommen sie vor. Das ist ganz besonders in den ausgedehnten Bruchzonen der Erdrinde der Fall (vgl. Abb. 61). Wo sie aufreißt, ergießt sich flüssiges Magma auf den Meeresboden. Seewasser dringt tief in die Erdspalten ein und laugt, stark erhitzt, das glühende Gestein aus. Als mineralhaltige Erzlösung tritt es wieder zutage und mischt sich mit dem Meerwasser. Dabei kühlt es sich stark ab, und die aufgenommenen Stoffe fallen wieder aus. So entstehen Erz-Solen und Erz-Schlämme, die als zukünftige Rohstoffquellen bedeutend sind.

In einer Spaltzone des Roten Meeres entdeckten Forscher 1965 große Eisen-, Mangan-, Zink- und Kupfervorräte in solchen Ablagerungen. Das war eine kleine Sensation; denn Zink und Kupfer werden auf der Welt langsam knapp. 1971 und 1972 untersuchten die Forscher deshalb das Gebiet zwischen dem 20. und dem 25. Breitengrad gründlicher. Dabei fanden sie noch 13 weitere »untermeerische Salzseen« und viele Stellen mit Erzschlämmen. Anhand von 40 Tonnen mitgebrachter Schlammproben sollen jetzt der genaue Erzgehalt bestimmt und geeignete Verfahren zur Verhüttung herausgefunden werden. Erst danach zeigt sich endgültig, ob die Förderung der Schlämme wirtschaftlich interessant ist. Im Gegensatz zu den Erzseifen der küstennahen Gewässer liegen die Metallmineralien des Roten Meeres immerhin in 1000 bis 3000 Metern Wassertiefe, und es wird nicht ganz einfach sein, sie von dort heraufzuholen.

Die geheimnisvollen schwarzen Knollen aus der Tiefsee Vor etwas mehr als 100 Jahren, im Dezember 1872, lief ein Schiff Ihrer Königlichen Majestät Victoria I. von England, die Korvette Challenger, aus, um im Auftrag der britischen Regierung die Weltmeere zu erkunden. Kapitän zur See George S. Nares und der wissenschaftliche Leiter der Expedition, Sir C. Wyville Thompson, nahmen ihren Auftrag sehr ernst. 42 Monate lang segelten sie über die Weltmeere und legten dabei rund 96 000 Seemeilen zurück. Sie erforschten den Atlantik, den Pazifik und den Indischen Ozean, sie kreuzten in den Gewässern des Mittelmeeres und der Antarktis; und sie brachten neue Erkenntnisse auf den verschiedensten Wissensgebieten mit. Tiefseegräben hatten sie entdeckt und vermessen, die Spuren des Mittelmeerwassers im Atlantischen Ozean verfolgt, Tausende seltsamer, bisher unbekannter Meerestiere und -pflanzen aus dem Wasser gefischt. Sir John Murray, einer der Naturwissenschaftler an Bord der Challenger, veröffentlichte die Ergebnisse der Expedition. Die Berichte umfassen nicht weniger als 50 dicke Folianten. Sie sind das Fundament der neuen Wissenschaft Ozeanographie.

Im Südpazifik machte die Besatzung des britischen Forschungsschiffes einen äußerst merkwürdigen Fund. Mit Bodenproben vom Tiefseegrund kamen eigenartige schwarze Knollen an die Oberfläche, wie sie nie zuvor ein Mensch gesehen hatte. Die rätselhaften Gebilde galten als eine ausgesprochene Kuriosität. Doch weil mit ihnen nichts anzufangen war, gerieten sie bald wieder in Vergessenheit.

Als 1898 das erste deutsche Forschungsschiff über die Weltmeere kreuzte, fischten die Expeditionsteilnehmer solche schwarzen Knollen auch aus dem Atlantik. Zwei Jahre später berichtet C. Chun darüber: »... merkwürdiger Fund, nämlich gegen 30 faustgroße schwarze Manganknollen, die riesigen Brombeeren gleichen. Es waren ungewöhnlich schöne Stücke, wie sie bisher noch nicht im Atlantischen Ocean zur Beobachtung gelangten. Die Challengerexpedition hat sie häufig im Centrum des südpacifischen Oceans gedredscht, aber auch keine größeren Stücke, als die von uns erbeuteten (das größte Exemplar besitzt einen Durchmesser von 8 Zentimeter) erlangt. Auf dem Durchschnitt weisen sie eine konzentrische Schichtung auf und die chemische Analyse ergiebt einen hohen Prozentsatz von Manganeisen. Es wird die Aufgabe des Chemikers sein, ihre bisher noch nicht befriedigend aufgeklärte Entstehung aus Zersetzungsprodukten des Tiefenschlammes klarzulegen.«

Dieses Rätsels Lösung haben die Chemiker allerdings bis heute noch nicht gefunden. Der schalige Aufbau (vgl. Abb. 62) deutet auf schichtenweise Anlagerungen um ein Kristallisationszentrum hin. Das heißt, die Knollen haben sich nicht plötzlich gebildet, sie sind langsam gewachsen. Das ist aber auch alles, was wir heute von ihrer Entstehung wissen. Warum sie sich überhaupt bilden, ist äußerst rätselhaft.

Ausgesprochen merkwürdig ist auch die Art ihres Vorkommens. Dicht an dicht liegen sie auf dem schlammigen Grund der Tiefseebekken. An manchen Stellen ist der Boden von den Knollen geradezu übersät, wenige Kilometer weiter findet sich bei sonst anscheinend gleichen Bedingungen keine einzige. In Form und Größe sind die schwarzen Gebilde unterschiedlich. Es gibt Felder von erbsengroßen Kügelchen und solche mit fast faustgroßen Stücken. Auch geschlossene Krusten kommen vor. Aber stets liegen die Knollen in *einer* Schicht auf dem Grund. Niemals lagern sie übereinander (vgl. Abb. 63).

Obwohl sie schwer sind, sinken sie nicht in den Schlamm ein, auf den sie gebettet sind. Das alles sind Erscheinungen, an denen sich Mineralogen ihre Köpfe zerbrechen., Ein Phänomen ist jedoch noch

Abbildung 62: Der schalenförmige Aufbau der Manganknollen zeigt, daß diese merkwürdigen Tiefsee-Erze langsam gewachsen sind.

Abbildung 63: Dicht an dicht liegen Millionen nickel-, kupfer- und kobalthaltiger Manganknollen in 5100 Metern Tiefe auf dem Grund des Pazifischen Ozeans. Die Fernsehkamera hat sie fotografiert. Der vergrößerte Ausschnitt rechts oben im Bild stammt aus einer sogenannten Kastengreiferprobe und wurde erst an Bord des Forschungsschiffes Valdivia auf die Platte gebannt.

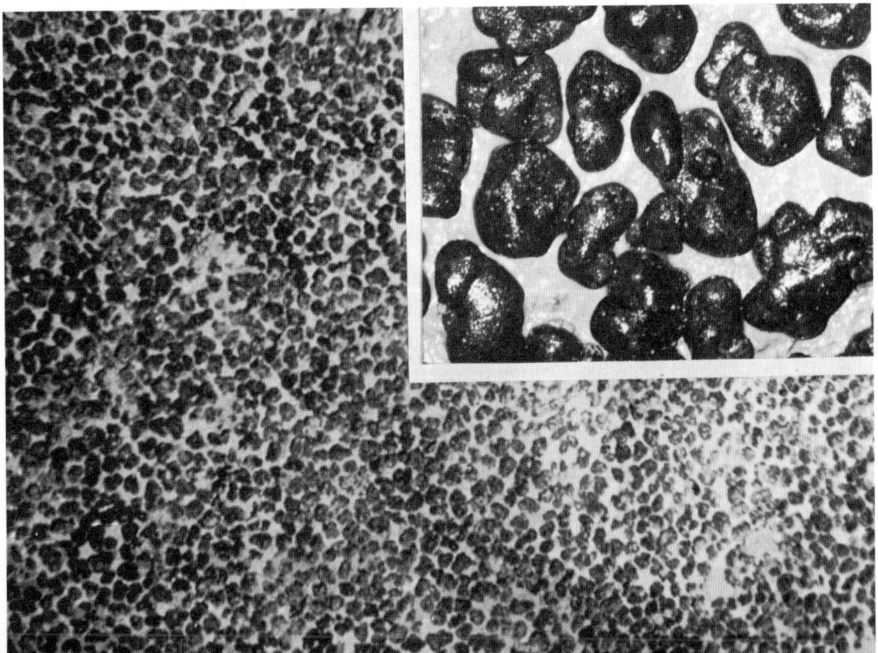

mysteriöser als alle anderen: Die schwarzen Knollen bewegen sich! Das ist vollkommen unerklärlich; denn am Boden der Tiefseebecken gibt es keine Meeresströmungen. Trotzdem drehen sich die Kugeln zuweilen um, manchmal sehr langsam, manchmal schneller.

An der Art des schalenförmigen Aufbaus läßt sich das eindeutig feststellen. Noch etwas wissen wir nicht. Kein Mensch kann sagen, ob die Entstehung der eigentümlichen Gebilde abgeschlossen ist, oder ob sie noch wachsen und ob sich auch heute noch ständig neue bilden. Warum sind die pazifischen Knollen immer wesentlich kleiner als die atlantischen? Was bedingt die Oberflächenform? Bei völlig gleicher chemischer Zusammensetzung sehen die Knollen nämlich äußerlich oft verschieden aus, während solche mit unterschiedlichen Stoffgehalten sich gelegentlich gleichen wie ein Ei dem anderen. Rätsel über Rätsel!

Vieles ist geheimnisvoll an den Manganknollen. Anderes aber ist geklärt, und dazu gehört ihr chemischer Aufbau. Typische Pazifikknollen enthalten durchschnittlich 27 Prozent Mangan (daher der Name), 8 Prozent Eisen, 1,4 Prozent Nickel, 1,3 Prozent Kupfer und 0,2 Prozent Kobalt.

Die kontinentalen Vorkommen zumindest der drei letzten Metalle sind bald erschöpft, die Kupferlager sehr wahrscheinlich schon vor 1990. Können die Manganknollen diese Lücke schließen, noch bevor sie sich wirklich öffnet? Die Frage beantwortet sich beinahe von selbst, wenn ich sage, welch ungeheure Mengen der schwarzen Kugeln auf dem Meeresboden lagern. Allein die pazifischen Vorkommen haben einen Roherzgehalt von schätzungsweise 1700 Milliarden Tonnen. Sie enthalten 150 mal soviel Kupfer, 1500 mal soviel Nickel, 5000 mal soviel Kobalt und 4000 mal soviel Mangan wie sämtliche kontinentalen Vorkommen der Welt zusammen.

Zwar sind nicht alle Knollenfelder nach heutigen Maßstäben abbauwürdig. Wirtschaftlich sind nur Lagerdichten von mehr als 5 Kilogramm Erz pro Quadratmeter Meeresboden. Aber schon die Suchergebnisse der letzten Jahre zeigen viele Felder, wo das der Fall ist. Südlich und südöstlich von Hawaii, von 20° nördlicher Breite bis zum Äquator und von der amerikanischen Westküste bis 170° westlicher Länge birgt an manchen Stellen jeder Quadratmeter des Meeresgrundes in rund 5000 Metern Tiefe 15 bis 25 Kilogramm Erze. Das deutsche Forschungsschiff Valdivia hat diese Gebiete genau erkundet. Im Südostpazifik fanden die Sowjets Vorkommen mit einer Erzdichte von 40 bis 45 Kilogramm pro Quadratmeter und an anderer Stelle sogar zwischen 50 und 75 Kilogramm.

Die genauen Fundstellen sind streng geheim, und über die Erkundungsfahrten der Amerikaner, Japaner und Franzosen läßt sich kaum etwas in Erfahrung bringen. Das ist verständlich; denn das Meer gehört allen, und kein Seerecht verbietet den Zugang zu Gebieten außerhalb der Hoheitsgewässer. Natürlich ist jede Nation bestrebt, selbstentdeckte Manganknollenfelder später auch allein zu nutzen. Weil das zu politischen Schwierigkeiten führen kann, fand im Frühjahr 1974 in Santiago de Chile die erste Seerechtskonferenz statt, die sich mit der Verteilung der Nutzung des Tiefseebodens befaßte. Nach ihren Ergebnissen soll die zukünftige Aufteilung dieser riesigen Erzreserven für die einzelnen Staaten entscheidend davon abhängen, welche Leistungen sie bisher bei der Erforschung der Lagerstätten vorweisen können.

Inzwischen bemühen sich Meeresforscher, Metallurgen, Chemiker, Bergbauexperten und Techniker in aller Welt eifrig weiter um die so begehrten Knollen. Noch ist vieles offen. Wie lassen sich die Erze technisch aus der Tiefsee fördern, wie wirtschaftlich zum Festland transportieren? Auf welche Weise können sie aufgearbeitet werden, welche Märkte sind für das dabei im Überfluß anfallende Mangan zu erschließen?

Die Lösung der verschiedenen Probleme ist nicht zuletzt eine Kostenfrage. Eine der Firmengruppen, die sich damit befassen, die amerikanische »Deepsea Ventures«, hat allein bis Mitte 1973 20 Millionen Dollar in die Voruntersuchungen investiert. Bis 1976 rechnet sie mit zehnfachen Ausgaben. Davon sollen etwa 80 Prozent auf den Bau einer Verarbeitungsanlage entfallen. Die meisten der am internationalen Wettrennen um die Manganknollen beteiligten Unternehmensgruppen hüllen sich in Schweigen. Jede möchte zuerst mit der Förderung beginnen, jede so zeitig wie möglich über ein Verfahren und natürlich auch eine größere Anlage zur Aufbereitung der Erze verfügen.

Die geheimnisvollen Knollen haben einen geheimnisumwitterten Mann auf den Plan gerufen, den amerikanischen Multimilliardär Howard Hughes. Auch die Tätigkeit seiner Gesellschaft, der Summa Corporation, bei der Manganknollenerkundung war bisher mit

Geheimnis umgeben. Erst 1974 ließ sich der offenbar überlegene Fortschritt des finanzstarken Unternehmens gegenüber allen Konkurrenten nicht länger verheimlichen.

Die Summa hat in aller Stille eine ausgefeilte Fördertechnik entwickelt und ab August 1974 im Pazifik südlich von Hawaii erprobt. Einzelheiten des Systems sind noch nicht bekannt, aber im Prinzip soll es sich um die Kombination eines Förderschiffes von 36 000 Tonnen mit einem riesigen versenkbaren Schleppkahn handeln. Der Kahn wird auf den Meeresgrund herabgelassen und über Röhren mit dem Mutterschiff verbunden. Ein fahrbares Sammelgerät befördert die Manganknollen vom Meeresboden in den Kahn. Von dort bringt sie ein Preßluftstrom zum Förderschiff. Die Anlage soll täglich rund 5000 Tonnen Knollen aus einer Tiefe von 5000 Metern an die Meeresoberfläche bringen. Wahrscheinlich will die Gesellschaft schon 1975 mit der großtechnischen Förderung beginnen. Freilich wird sie die Knollen zunächst vermutlich nur sammeln aber nicht verarbeiten können. Denn allem Anschein nach verfügt die Summa Corporation noch über keine geeignete Aufbereitungsanlage.

Die größten Konkurrenten hat der amerikanische Milliardär im eigenen Lande. Das ist einmal die »Deepsea Ventures Inc.«, die gerade ein ähnliches pneumatisches Fördersystem entwickelt, das aber technisch noch nicht so ausgereift sein soll wie das der Summa. Dafür verfügt die Deepsea-Ventures-Gruppe offenbar über ein erprobtes Erschließungsverfahren. Am Golf von Mexiko will sie jetzt eine große Anlage für diese Technik bauen, und 1977 möchte auch diese Gesellschaft Manganknollen fördern. Vielleicht wird sie das Rennen insgesamt gewinnen und zu diesem Zeitpunkt auch schon wie beabsichtigt eine Million Tonnen Erze pro Jahr verarbeiten können.

Der zweite Summa-Konkurrent ist das CLB-Konsortium, an dem neun US-Firmen, drei japanische, und außerdem australische, französische und ein deutsches Unternehmen beteiligt sind. Die Gruppe ist eine Schöpfung des Vaters der modernen Manganknollenfor-

Abbildung 64: So stellt sich die AMR (Arbeitsgemeinschaft meerestechnisch gewinnbarer Rohstoffe) ihr zukünftiges »Tiefseebergwerk« vor. Von der Abbaustation (1) aus strömt Preßluft (2) durch ein rund 5000 Meter langes doppelwandiges Rohr nach unten. Im untersten Teil des Rohres lenken Mischdüsen (3) den Preßluftstrom wieder nach oben und saugen zugleich durch das kurze Förderrohr (4) einen Strom von Meerwasser, Schlamm und Manganknollen an, den ein Sammler (5) vom Meeresgrund aufnimmt.

①
②
③
④
⑤

schung, Dr. John Mero. Sie hat ein Baggersystem entwickelt und bereits 1972 im Pazifik erprobt. Damit lassen sich die Knollen in offenen Behältern an einem Stahlseil vom Meeresboden fördern. Angeblich ist dieses Verfahren das einfachste und zugleich billigste. Auch das CLB-Konsortium will ab 1977 jährlich eine Million Tonnen Erze gewinnen, und auch sie hat Chancen, bis dahin über eine Verarbeitungsanlage zu verfügen, der ein von der Universität von Kalifornien entwickeltes Verfahren zugrundeliegt.

Etwas weiter zurück im Rennen liegen die europäischen Gesellschaften. 1972 schlossen sich vier deutsche Großunternehmen zur »Arbeitsgemeinschaft für meerestechnisch gewinnbare Rohstoffe« (AMR) zusammen. Sie hat zwar ebenfalls bereits ein Fördersystem und ein Aufarbeitungsverfahren in petto (vgl. Abb. 64), doch bevor sie wirtschaftlich arbeiten kann, sind weitere Forschungsergebnisse unerläßlich; und die Größe des Projektes läßt erkennen, daß die deutsche Industrie allein langfristig nicht in der Lage ist, ein so teures und zugleich risikoreiches Projekt zu finanzieren. Leider fehlt es bis jetzt an der ausreichenden staatlichen Unterstützung. Deswegen denkt die Gruppe an eine internationale industrielle Zusammenarbeit.

Schließlich arbeiten noch die Russen und die Franzosen an Projekten zur Manganknollennutzung, und auch drei weitere US-Firmen entwickeln Pläne hierfür; doch sie alle hüllen sich in tiefes Schweigen.

Baumaterial Meeresboden Wer von Rohstoffgewinnung spricht, denkt in erster Linie an Metalle und Mineralien und vielleicht auch an das Ausgangsmaterial für Kunststoffe. Von Steinen und Erden ist in diesem Zusammenhang kaum die Rede. Das ist verwunderlich, wenn man weiß, daß in europäischen Industrieländern die Produktion von Steinen und Erden an der Gesamtrohstofferzeugung wertmäßig einen Anteil von mehr als 60 Prozent hat. Weltweit beträgt der Produktionswert zwar nur 25 Prozent, doch auch das ist nicht gerade wenig. Mengenmäßig gesehen liegt auch im Weltdurchschnitt der Anteil der Steine und Erden bei 60 Prozent aller mineralischen Rohstoffe.

Diese Zahlen wären bestenfalls für ein statistisches Jahrbuch interessant, wenn sie nicht andeuten würden, wie rapide sich auch auf diesem Gebiet die Vorräte erschöpfen. Freilich, in den großen Wüsten gibt es genug Baustoff für alle Zeiten, doch was helfen die reichsten Materiallager in einigen tausend Kilometern Entfernung bei Rohstoffen, deren Marktpreis weitgehend durch den Transportkostenanteil bestimmt ist? Die einheimischen Sand- und Kiesgruben beispielsweise in Deutschland werden spätestens in 50 Jahren erschöpft sein, die der Niederlande schon vor dem Jahre 2000. Durch den notwendigen Import schnellen die Preise für diese Rohstoffe dann sprunghaft in die Höhe, und die Baukosteninflation setzt sich als Investitionskostenwelle in alle Wirtschaftszweige fort.

Es ist höchste Zeit, neue billige Sand- und Kieslager in der Nähe der großen europäischen Ballungsgebiete aufzuspüren. Die einzige Nation, die das erkannt hat, ist bis heute Großbritannien. Die Engländer haben begonnen, Steine aus küstennahen Gewässern zu baggern, und schon jetzt bieten sie den britischen Kies in Norddeutschland billiger an als den in der Bundesrepublik selbst gewonnenen.

Akute Fragen wie die des in Mitteleuropa knapp werdenden Baumaterials zeigen, wie rasch es umdenken heißt, um die veränderte Situation nicht nur zu erkennen, sondern ihr auch mit sinnvollen Maßnahmen zu begegnen. Noch 1970 schrieb der Geologe Albrecht Wilke in einer Arbeit über nutzbare Lagerstätten im Meer: »Leider bieten die deutschen Küstengewässer aus geologischen Gründen wenig Hoffnung auf nutzbare Lagerstätten (außer Erdgas, Erdöl und Kalisalz) . . .«

Inzwischen aber ist es höchste Zeit, so rasch wie möglich alle verfügbaren Sand- und Kiesböden in den deutschen Küstengewässern zu ergründen, wenn in wenig mehr als zwei Jahrzehnten das Meer für manche europäische Länder die einzige wirtschaftliche Baustoffquelle sein wird. Das ist beileibe keine nationale Frage, denn viele der interessanten Vorkommen vermuten die nicht gerade zahlreichen Pioniere auf diesem Gebiet außerhalb der Hoheitsgewässer, ja, sogar noch in Entfernungen von 200 bis 300 Seemeilen von den Küsten und in Meerestiefen bis zu 50 Metern.

Es gibt heute noch kein einziges Großprojekt, das sich mit den unterseeischen Baustofflagern ernsthaft beschäftigt. Wenn aber die großen Verbraucher Europas auf diesem Gebiet noch lange inaktiv bleiben sollten, wird es die gesamte Wirtschaft eines Tages teuer bezahlen müssen.

Wasser, der besondere Saft

Sauberes, gesundes Trink- und Gebrauchswasser ist durchaus nicht selbstverständlich.

In unserem Sonnensystem ist nur in einem äußerst dünnen Streifen, der wie eine Kugelschale in etwa 150 Millionen Kilometern Entfernung das zentrale Gestirn umgibt, Leben möglich. Nur diese Zone, die nicht mehr als vier Prozent vom Durchmesser des Sonnensystems dick ist, liegt nämlich so günstig, daß in ihr Wasser in allen drei Formen, fest, flüssig und als Gas, vorkommen kann. Inmitten des derart ausgezeichneten schmalen Gürtels liegt unsere Erde mit ihrem Wasservorrat von 1,3 Milliarden Kubik*kilometern*. Doch nur 2,8 Prozent davon sind Süßwasser, von dem wiederum der größte Teil als Eis an die beiden Pole und die Hochgebirge gebunden ist. Lediglich etwas mehr als ein halbes Prozent der ganzen irdischen Wassermenge ist flüssiges oder verdampftes Süßwasser. Und nur der hundertste Teil davon füllt die Flüsse und Seen oder kommt als Wasserdampf in der Atmosphäre vor; der Rest ist Grundwasser, zur Hälfte mehr als 800 Meter tief unter der Erde.

Die Luftfeuchtigkeit wiederum ist nur ein verschwindender Teil im Vergleich zum Fluß- und Seewasser und macht nur ein Zehntausendstel der gesamten irdischen Wassermasse aus. Aber dieses Zehntausendstel sind immerhin noch 15000 Kubik*kilometer*! Fast zwanzigmal soviel Wasser wie der riesige russische Aralsee enthält schwebt ständig in der Wetterschicht der Atmosphäre über uns. Eine einzige Gewitterwolke enthält etwa 100000 Tonnen Wasser.

Die gewaltigen Wasservorräte in der Luft erneuern sich im Durchschnitt alle zehn Tage. Sie fallen als Regen herab und werden durch die Verdunstung wieder aufgefüllt. Das erfordert unvorstellbare Energiemengen. Um die jährliche Weltniederschlagsmenge von einer halben Million Kubikkilometern künstlich wieder zu verdunsten, müßten 450 Millionen Großkraftwerke fortwährend ihre gesamte Energieproduktion zur Verfügung stellen. Ein Sechstel aller Niederschläge fällt auf das Festland. Etwas mehr als die Hälfte davon strömt in den Flüssen wieder zum Meer. Der Rest, 40000 Kubikkilometer Süßwasser, steht den Kontinenten zur Verfügung. Das ist gewiß nicht wenig. Aber wir müssen sorgsam damit umgehen, denn die gerade aufgestellte Energiebilanz im Zusammenhang mit der

Süßwasserversorgung durch Niederschläge zeigt eindeutig, daß wir das Kontingent mit eigenen Mitteln niemals nennenswert vermehren können. Es ist absurd, derartige Frischwassermassen durch Abwässer komplett zu verseuchen, um dann mit unerhörtem technischen Aufwand weniger als ein Prozent davon wieder genießbar zu machen oder – mit großem Stolz auf die beachtliche industrielle Leistung – im Vergleich zu den überreichen kontinentalen Niederschlagsmengen 1975 ein halbes Promille aus aufwendigen Meerwasserentsalzungsanlagen zu gewinnen. Daran sollten Sie denken, wenn ich Ihnen jetzt drei von den wichtigsten Zukunftsplänen der Wasserwirtschaft vorstelle.

Trinkwasser aus Ozeanen Anläßlich einer der größten Wasser-Fachausstellungen der Welt veröffentlichte der Verein Deutscher Gas- und Wasserfachmänner neben anderem Zahlenmaterial eine kleine Statistik, die ernst und heiter zugleich ist. Gegenstand ist die Entwicklung des Wasserverbrauchs der Bundesbürger für die WC-Benutzung. Während der durchschnittliche Deutsche 1950 täglich 15,7 Liter Trinkwasser in seine Toilette spülte, spülte er 1970 bereits 37,8 Liter. 1980 sollen es nach den Schätzungen der Wasserfachleute 48,9 und 1990 55,1 Liter sein. Ich kann nicht sagen, wodurch die Zunahme dieses speziellen Wasserkonsums bedingt ist, aber ich weiß, daß das so verbrauchte kostbare Naß beinahe ein Drittel des gesamten privaten Wasserverbrauchs ausmacht. In anderen Wohlstandsländern ist das ebenso. Solange wir auf diese Weise Jahr für Jahr mehr Trinkwasser direkt in die Kanalisation entlassen und andererseits die natürlichen Süßwasservorräte ständig stärker verschmutzen, brauchen wir uns nicht zu wundern, wenn wir Riesensummen für die Erschließung neuer Frischwasserquellen ausgeben müssen.

In einer stolzen Broschüre berichtete im März 1973 die französische Firmengruppe Gédes über den Bau der bisher größten Meerwasserentsalzungsanlage der Welt. Die finanzkräftigen Ölscheichs von Kuwait haben sie bestellt und in Shuaiba errichten lassen. Das ist verständlich, denn der Wüstenstaat ist in der Tat ein süßwasserarmes Land. Das Monstrum aus 4000 Tonnen Kupfer am Persischen Golf leistet sechsmal soviel wie die vorherige Weltrekordanlage. In der Hauptsache besteht es aus zweieinhalbtausend Kilometern verschlungener Rohre, durch die gewaltige Pumpen täglich mehr als anderthalb Millionen Kubikmeter Wasser treiben. Weit weniger als ein Zehntel davon spucken die Röhren als Süßwasser aus. Der Rest fließt zurück ins Meer, um zehn Grad Celsius wärmer und mit einem höheren Salzgehalt als zuvor.

Trotz des Wärmeenergieverlustes, der dem Elektrizitätsverbrauch von Westberlin entspricht, arbeitet das Verfahren wirtschaftlich. Ein Kubikmeter Süßwasser kostet rund 40 Pfennig. Sechs Jahre zuvor war der Preis für das Trinkwasser aus dem Meer noch doppelt so hoch. Und die Kosten werden weiter fallen. Prognosen sprechen von weniger als 15 Pfennigen, wenn 1990 Riesenanlagen arbeiten, von denen jede täglich fast vier Millionen Kubikmeter frisches Wasser liefern soll. Das ist soviel wie die Weltproduktion von 1975.

Die Prozeßwärme wird aus Hochtemperaturkernreaktoren stammen und deshalb billig sein. Denn die Atommeiler liefern nebenbei noch große Mengen elektrischer Energie. Die erste nukleare Entsalzungsanlage versorgt bereits in diesem Jahrzehnt Niederkalifornien mit Frischwasser und Strom. Im Vergleich zu den Giganten in der letzten Dekade unseres Jahrtausends ist sie klein. Dennoch produziert sie weit mehr Elektrizität als jedes einzelne bis 1977 in den USA geplante Kernkraftwerk und mehr Süßwasser als eine Zweimillionenstadt heute verbraucht.

Doch die unbegrenzten Möglichkeiten, die der US-Präsident L.B. Johnson anläßlich der dritten internationalen Konferenz zur friedlichen Nutzung der Atomenergie schon 1964 mit hoffnungsvollen Worten umriß, bringen auch unbegrenzte Probleme mit sich. »Die Zeit kommt«, sagte das Staatsoberhaupt, »wenn eine einzige nukleare Entsalzungsanlage tagtäglich Hunderte Millionen Gallonen Frischwasser und gewaltige Elektrizitätsmengen liefern wird.«

Heute steht dieser Tag unmittelbar vor der Tür, und bald erzeugen Johnsons Traumfabriken neben den Hunderten von Millionen Gallonen von künstlichem frischem Naß Tausende von Millionen Gallonen Abwasser, das zehn Grad wärmer ist als der Ozean, aus dem es ursprünglich stammt, und wesentlich salziger. Niemand weiß heute, welche Auswirkungen die ungeheuren Fluten warmer Solebrühe auf die Meere haben werden. Bekannt ist nur, daß gerade in küstennahen Zonen die Meeresfauna und -flora äußerst empfindlich selbst auf die geringsten Temperaturunterschiede und die kleinsten Änderungen der Salzkonzentration reagiert. Vielleicht sind die allzugroßen Hoffnungen deshalb verfrüht, und ein notwendiges teures Abwasserverteilsystem macht einen Strich durch die optimistischen Wirtschaftlichkeitsrechnungen.

Trinkwasser aus der Erde Die größte Meerwasserentsalzungsanlage der siebziger Jahre wird, von zwei Kernreaktoren mit Wärme versorgt, täglich über eine halbe Million Kubikmeter Trinkwasser erzeugen, den Kubikmeter für zwölf Cents. Zu weniger als dem halben Preis könnte ebensoviel Süßwasser aus einer anderen Quelle fließen, die nur wenige hundert Kilometer weiter nördlich liegt, aus dem Erdwärmegebiet im Imperial Valley, von dem ich schon im Zusammenhang mit der dort möglichen Energieausbeute berichtet habe. Die heißen unterirdischen Gewässer sind zwar ebenfalls salzig, sogar noch salzhaltiger als Meerwasser, sie haben aber zwei entscheidende Pluspunkte. Einmal liefern sie die Prozeßwärme für die Verdampfung gleich mit, was ein Heizkraftwerk oder einen Kernreaktor überflüssig macht; zum anderen lassen sich die Abwässer einer Entsalzungsanlage in diesem Gebiet problemlos wieder im großen unterirdischen Reservoir beseitigen. Damit ist sogar noch ein Energiegewinn verbunden, denn die Abwasserwärme wird ja dem geothermischen Speicher wieder zugeführt und geht nicht verloren.

Für einen typischen Entsalzungskomplex in einem kalifornischen Erdwärmegebiet rechnen Experten mit Frischwasserausbeuten von 80 Prozent des geförderten Dampf-Wasser-Gemisches. Das sind täglich eine halbe Million Kubikmeter oder mehr; und als willkommenes Nebenprodukt fallen dabei Tag für Tag noch 25 Millionen Kilowattstunden elektrischer Energie an. Die Rechnung geht also auf, selbst wenn es sich erweisen sollte, daß der unterirdische Wasserverlust aus einer anderen Quelle, zum Beispiel mit Brackwasser, Abwässern der Landwirtschaft oder Meerwasser wieder nachgefüllt werden muß, um größere Bodensenkungen zu vermeiden.

Von welcher Seite man auch die Dinge betrachtet, die Nutzung der geothermischen Quellen ist rentabel. Steht bei den Erwägungen die Elektrizitätsproduktion im Vordergrund, drängt sich das gleichzeitig billig gewinnbare Trinkwasser förmlich auf. Sollten Kraftwerke im Imperial Valley in 25 Jahren tatsächlich 20 Milliarden Watt erzeugen, dann ließe sich damit zugleich eine künstliche Süßwasserquelle von täglich zehn Millionen Kubikmetern erschließen, genug, um auch im Jahre 2000 den gestiegenen Bedarf von 30 Millionen Menschen und der zugehörigen Industrie zu decken.

Trinkwasser aus der Antarktis Dreiviertel von allem Süßwasser der Welt sind gefroren. 90 Prozent des Eises lagern in der Antarktis. Jahrzehntausende hat das 240-Billiarden-Tonnen-Eislager zu seiner Bildung gebraucht, und auch heute nimmt diese ungeheure Masse Winter für Winter noch um 2400 Milliarden Tonnen zu. Die Hälfte des jährlichen Zuwachses geht allerdings wieder verloren. Die antarktischen Riesengletscher fließen langsam ins Meer, zerbrechen in gewaltige Eisberge, die abtreiben und im Laufe einiger Jahre schmelzen. In jedem Polarsommer schickt die Antarktis 1200 Milliarden Tonnen Eisberge auf Reisen, mit einem Süßwassergehalt, der für die Versorgung von vier bis sechs Milliarden Menschen ausreichen würde, selbst bei den verwöhnten Ansprüchen der Industriebevölkerung im Jahr 2000. Die Antarktis ist das größte Trinkwasserreservoir der Welt.

Diese Erkenntnis ist nicht gerade neu. Schon vor mehr als zwei Jahrzehnten schlug der Amerikaner John Isaacs vor, Eisberge zu importieren. Seine Idee blieb jahrelang unbeachtet, bis der ausgefallene Gedanke 1961 die Phantasie der Herausgeber des *Life*-Magazins ansprach, und sie in einer ihrer populär-wissenschaftlichen Schriftenreihen eine Abhandlung darüber veröffentlichten. Die Leser staunten kurz und vergaßen schnell. Auch als in späteren Jahren zwei andere Amerikaner, Weeks und Campbell, den Gedanken noch einmal aufgriffen und sogar darauf hinwiesen, daß vor langer Zeit schon einmal Eisberge bis vor die Küste Perus geschleppt worden waren, weckten sie mehr Neugier als ernsthaftes Interesse. Erst die drohende Realität der letzten Jahre, das Wissen darum, daß große Gebiete im Südwesten der Vereinigten Staaten vor akuten Versorgungsschwierigkeiten stehen, veranlaßten die Regierung, einen Forschungsauftrag zum Studium der Eisberge zu vergeben.

Heute liegt eine dicke wissenschaftliche Arbeit der Rand Corporation über den möglichen Import von antarktischem Eis vor. Die beiden Autoren, J. L. Hult und N. C. Ostrander, haben bei ihren Recherchen nichts vergessen, weder die Transporttechnik noch das spätere Auftauen der Berge, weder die Erforschung geeigneter Tiefwasserwege noch die Klärung der Seerechtssituation in den polaren Küstengewässern, und auch nicht die Untersuchung möglicher Auswirkungen auf die Umwelt. Sie stellten sich Frage um Frage und fanden Antwort um Antwort. »Je gründlicher wir die Sache betrachten«, sagen sie, »umso interessanter und aussichtsreicher scheint das Projekt zu werden.« Hier sind die wesentlichsten Antworten, die die beiden Forscher auf ihre Fragen gefunden haben:

1. *Für welche Gebiete ist ein Eisbergimport überhaupt sinnvoll?* – Für alle Länder mit akutem Frischwasserbedarf. Das sind vor allem die großen Trockengebiete wie der Südwesten der Vereinigten Staaten, Mexiko, Chile, Teile Nordafrikas und Israels sowie Australien; ferner sehr dicht bevölkerte Regionen wie Japan. Wesentlich ist außerdem, daß die eisbergimportierenden Staaten am Meer liegen, und daß bis vor ihre Küsten Wasserwege von mindestens 200 Metern, besser 300 Metern Tiefe führen.

2. *Wie lassen sich Eisberge transportieren?* – Eisberge schwimmen. Deshalb können sie ohne weiteres in Schlepp genommen und brauchen nicht verladen zu werden. Um die Schleppfahrzeuge und die Transportmannschaften rationell einzusetzen, empfiehlt es sich, mehrere Eisberge zu einem längeren Zug zusammenzukoppeln.

3. *Wie sieht der günstigste Schleppzug aus?* – Wirtschaftlichkeitsberechnungen haben gezeigt, daß die Kosten je Kubikmeter beförderten Eises um so geringer werden, je länger der Zug ist. Das gilt allerdings nur bis zu einer Gesamtlänge von 20 Kilometern. Noch ausgedehntere Schleppzüge bringen keine zusätzlichen Ersparnisse.

Die günstigsten Abmessungen hat eine Eisbergkette von 300 bis 600 Metern Breite und 300 Metern Tiefgang bei einer Länge zwischen 20 und etwa 90 Kilometern. So ein Zug ragt etwa 50 Meter aus dem Wasser. Die einzelnen Eisberge müssen breiter und länger sein, als sie hoch sind, damit sie während des Transports nicht umkippen. Berge, die dünner als etwa 200 Meter sind, eignen sich kaum, weil sie bei starkem Seegang zu Bruch gehen und die Teilstücke sich dann umwälzen könnten.

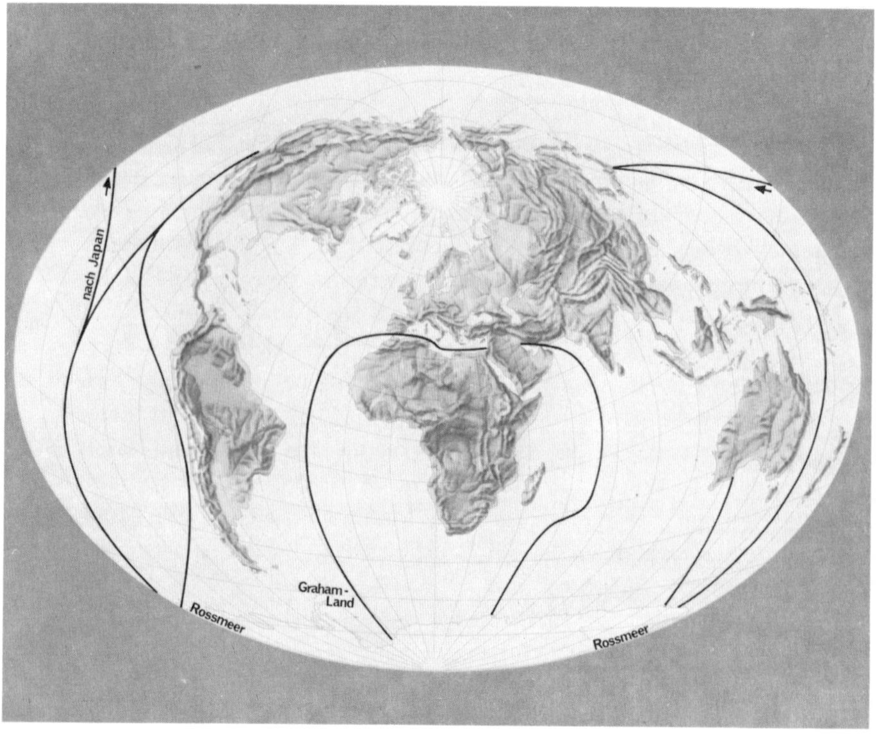
nach Japan
Graham-
Land
Rossmeer
Rossmeer

Bizarre Eistürme, wie sie in den Nordmeeren vorkommen, bedingen durch ihren hohen Wasserwiderstand zu große Transportkosten. Nur die tafelförmigen Rieseneisschollen der Antarktis kommen also für den Import in Frage (vgl. Abb. 65).

4. *Welcher Anrieb eignet sich für die Schleppfahrzeuge?* – Der Transport der gewaltigen Massen über mehr als ein Viertel des Erdumfangs ist nicht zuletzt eine Energiefrage. Die benötigte Schleppleistung liegt bei einer Million Kilowatt (1,35 Millionen PS). Das ist so viel, wie ein modernes Großkraftwerk liefert. Fossile Brennstoffe sind knapp. Also bietet sich die Kernkraft an. Sie kann ein großer schwimmender Atomreaktor liefern, der hinten an den Zug angekoppelt wird. Der von ihm erzeugte Strom treibt Schiffsschrauben, die paarweise an den Seiten verschiedener Eisberge des Zugs befestigt sind.

In den Ruhezeiten, also beim Sammeln der Eisberge oder während der Zug später an der Bestimmungsküste zerlegt wird, liefert das Atomkraftwerk weiterhin Strom, der nicht ungenutzt bleiben darf. Hier bietet sich die elektrische Spaltung von Meerwasser in Sauerstoff und das hochwertige Heizgas Wasserstoff an.

5. *Wie lassen sich für den Transport geeignete Eisberge finden?* – Mächtige Eistafeln mit transportgünstigen Abmessungen kommen oft felderweise vor. Erdbeobachtungssatelliten haben gezeigt, daß sich solche Gebiete am zweckmäßigsten vom All aus orten lassen. Besonders geeignet ist dabei die Suche mit infrarotempfindlichem Filmmaterial, das auch bei schlechtesten Lichtverhältnissen, ja sogar in der Polarnacht, gute Ergebnisse liefert.

6. *In welchen Gebieten sind solche geeigneten Eisberge zu erwarten?* – Für den Transport im Pazifischen Ozean zur amerikanischen Westküste oder nach Japan lassen sich Eisberge westlich der antark-

Abbildung 65: Für den Transport eignen sich nur die flachen, tafelförmigen Eisberge aus der Antarktis.

Abbildung 66: Trinkwasser aus der Antarktis: Auf diesen Routen lassen sich mit Atomtriebwerken fast 100 Kilometer lange Eisbergzüge aus den polaren Gewässern vor die Küste von Bedarfsgebieten in aller Welt schleppen.

tischen Halbinsel (Grahamland) bis zum sogenannten Rossmeer »ernten«. Das Rossmeer selbst dürfte besonders ergiebig sein. – Für den Export nach Afrika, Mittelost und Australien über den Atlantik und den Indischen Ozean kommen Quellen in der östlichen Antarktis in Frage (vgl. Abb. 66). – See- oder landrechtliche Schwierigkeiten im Polargebiet sind nicht zu erwarten.

7. *Wann ist die beste »Erntezeit« für Eisberge?* – Die antarktischen Gletscher kalben bevorzugt im Polarsommer. Zur gleichen Zeit, etwa in den Monaten November bis März, schmilzt das Packeis und gibt die eingeschlossenen Eisberge frei. In dieser Jahreszeit können die Schlepper weit genug nach Süden vordringen und die großen »Erntefelder« erreichen.

8. *Wie lange dauert der Transport?* – Die Eisberge müssen zum Schutz gegen späteres Schmelzen in der Antarktis mit Isolierfolien umwickelt werden. Das raubt viel Zeit. Je nachdem, wie weit die drei Meter breiten Plastikfolien einander überlappen, nimmt das Einwickeln für jeden Kilometer des Schleppzuges eine acht- bis zwölfköpfige Mannschaft 100 bis 300 Stunden in Anspruch. Drei Crews könnten in Wechselschichten rund um die Uhr arbeiten.

Nur die Eisberge, an denen die Schiffsschrauben befestigt werden, müssen an Ort und Stelle »verpackt« werden, die restlichen Kolosse lassen sich noch umwickeln, wenn der Zug schon fährt. Die günstigste Reisegeschwindigkeit ist trotz der ungeheuren Schleppkraft nicht gerade überwältigend: Der eisige Wurm schlängelt sich mit nur rund zwei Knoten (etwa 3,5 Kilometer pro Stunde) durch den Ozean. Eine Reise vom Rossmeer bis nach Kalifornien wird deshalb ungefähr ein Jahr dauern.

9. *Wieviel Eis schmilzt während des Transportes?* – Eine doppelte Folienisolierung von nur 25tausendstel Millimetern Stärke schützt den sichtbaren Teil wirkungsvoll vor Schmelzverlusten. Die Hauptmasse der Eisberge liegt unter der Meeresoberfläche, und die vorbeiströmenden Wassermassen schmelzen ihn trotz der zwei Folienschichten stark an. Deshalb sollen die Folien untereinander und auch gegenüber dem Eis durch eine Waffelstruktur getrennt werden. Dadurch entstehen Zwischenräume, in denen sich das eisige

Schmelzwasser sammelt und dann seinerseits eine ideale Wärmeisolierung bildet. Der Gesamtverlust während des Transportes läßt sich auf diese Weise unter zehn Prozent halten.

10. *Welche besonderen Transportschwierigkeiten sind zu erwarten?* – Wegen der großen Masse des beförderten Eises macht sich die sogenannte Corioliskraft störend bemerkbar. Diese Kraft wird von der Erddrehung hervorgerufen und lenkt bewegte Gegenstände auf der Nordhalbkugel nach rechts, auf der Südhalbkugel nach links ab. Um ihr zu begegnen, muß der Zug etwas schräg zur Fahrtrichtung im Wasser liegen, ungefähr so, wie sich ein laufender Wolf fortbewegt.

11. *Wie läßt sich das Eis im Bestimmungsland verarbeiten?* – Die Berge werden erst zertrümmert oder zersägt und dann geschmolzen. Vorerst wird es am günstigsten sein, einen Eisbrockenstrom durch lange Rohre zu leiten, die von außen das Meerwasser wärmt. Später, wenn die Kraftwerke neue, riesige Dimensionen annehmen, ließe sich das Eis mit der Abwärme solcher Mammutanlagen schmelzen.

12. *Gefährdet das Eisbergprojekt die Umwelt?* – Sehr wahrscheinlich nicht. Um auf lange Zeit den Süßwasserbedarf aller für diese Versorgungsart in Frage kommenden Länder zu decken, genügt die Ernte von nur einem Zehntel der jährlich entstehenden Eisberge. Außerdem bedecken alle Süßwassereisberge von den polaren Gletscherregionen zusammen weniger als ein Tausendstel der Packeisflächen aus Meerwassereis. Eine Klimaänderung durch den Eisbergtransport ist also nicht zu erwarten. – An der Endstation der Reise könnte die Abkühlung des zum Schmelzen benötigten Meerwassers eventuell negative Folgen auf die ozeanische Tier- und Pflanzenwelt haben. Das bleibt noch zu erforschen. In wenigen Jahrzehnten ist der Umwelteinfluß aber mit Sicherheit sogar positiv, denn die ungeheuren Schadwärmemengen riesiger Kraftwerkskomplexe ließen sich durch den Schmelzvorgang wirkungsvoll vernichten. Die unerwünschte Hitzebelastung ganzer Länder könnte auf diese Weise abgebaut werden.

13. *Wie teuer ist das Trinkwasser aus der Antarktis?* – Die Ernte- und Transportkosten pro Kubikmeter Wasser betragen schätzungs-

weise 0,8 Cent. Das Zerkleinern und Schmelzen des Eises am Bestimmungsort wird ebenso teuer sein. Schließlich muß das gewonnene Frischwasser noch zu Verteilerzentren in den Ballungsgebieten gepumpt werden. Das kostet weitere 0,8 Cent pro Kubikmeter. Zusammen macht das 2,4 Cent oder umgerechnet 6,5 Pfennig. Verglichen mit den heutigen Wasseraufbereitungskosten ist das schon recht günstig.

Noch vorteilhafter wird die Rechnung aussehen, wenn als Alternativen nur teure Meerwasserentsalzungsanlagen oder der Ferntransport durch Pipelines von Tausenden von Kilometern Länge in Frage kommen. Gewiß, nicht zuletzt bestimmt die Nachfrage die Preise. Und die Haushalte wie auch die Industrie sind offenbar bereit, sauberes Wasser teuer zu bezahlen, weil der Nutzwert hoch ist. Der größte Süßwasserverbraucher, die Landwirtschaft, kann sich aber so teures Naß nicht leisten.

Wirtschaftliches Wasser für die Felderbewässerung darf je nach der Art der Kulturen höchstens zwei bis zehn Pfennig pro Kubikmeter kosten. Heute beziehen die amerikanischen Farmer dieses billige Wasser noch aus den Flüssen und Seen. Doch in vielen Teilen der Vereinigten Staaten sind die Gewässer bereits derart verpestet, daß sich damit keine Felder mehr versorgen lassen.

Das billigste Wasser aus Fernleitungssystemen oder Entsalzungsanlagen wird den Verbraucher aber auch in Zukunft mehr als 30 Pfennig pro Kubikmeter kosten. Allein das Eisbergprojekt gibt deshalb der Landwirtschaft auch in trockenen Gebieten eine Überlebenschance. Zudem ist das Eisbergwasser weitaus reiner als die sauberste Gebirgsquelle oder das beste Grundwasser irgendwo auf der Welt. Deshalb läßt es sich für landwirtschaftliche Zwecke nach Bedarf noch mit großen Mengen schmutzigen Flußwassers strecken.

So etwas gab es noch nicht – neue Rohstoffe

Ein Chemiker aus Wales schockiert Stärkekörner 1969 suchte der Chemiker John F. Hughes für eine kanadische Elektrizitätsgesellschaft nach einem Kunststoff zur Isolierung von Hochspannungskabeln. Das war gar nicht so einfach, denn die gewaltige elektrische Energie zerriß die Molekülketten aller bekannten Kunstharze. Hughes mußte also einen neuen, speziell für diesen Zweck geeigneten Kunststoff finden. Er dachte an die langen stabilen Molekülketten der Stärke. Wenn es ihm gelingen würde, sie umzuorientieren und die verworrenen Klumpen zu langen Fäden zu entflechten ohne die Ketten dabei zu zerreißen, müßten Stoffe entstehen, wie er sie suchte.

Hughes hatte Erfolg.

Er schlämmte die Stärke zusammen mit organischen Säuren und anderen Stoffen in Wasser auf, erhitzte sie und setzte sie gleichzeitig unter hohen Druck. Dann »schocken wir die Hölle aus dem Zeug«, erklärt Hughes volkstümlich. Damit meint er einen plötzlichen starken Druckabfall, bei dem sich die Mischung schlagartig chemisch verändert. Ein Stoff entsteht, der mit dem ursprünglichen, sehr an Tapetenkleister erinnernden Stärkebrei nichts mehr gemeinsam hat. Reine Stärke beispielsweise verkohlt bei 125 Grad Celsius, Hughes' neuer Kunststoff wird bei 204 Grad Celsius weich und verkohlt erst bei 232 Grad Celsius.

In der Form, wie der aus Wales stammende Chemiker das neue Harz zuerst erhielt, eignet es sich nicht nur zur Isolierung von Hochspannungskabeln. Es ist wasserfest, säure- und lösungsmittelbeständig und läßt sich ebensogut als billiger Kunstharzlack verwenden wie als Imprägniermittel für Holz oder Papier. Hughes hatte eine wichtige Entdeckung gemacht. Denn die klassischen Rohstoffe für die Kunstharzproduktion, Erdöl und Naturgas, werden teuer und knapp. Natürlich erkannte der Forscher sofort die Bedeutung seiner neuen Substanz.

Er kündigte seinem Arbeitgeber und gründete 1971 eine eigene Gesellschaft, die Plastistarch Corporation. Schon zwei Jahre später hatte die kanadische Firma Niederlassungen in New York, London, Genf, Montreal, Paris, Mailand, Frankfurt und Tokio. Hughes schloß sich mit einer großen amerikanischen Patentverwertungsgesellschaft zusammen und vergab Lizenzen im In- und Ausland. Bis dahin hatte er, wie er sagt, »kaum die Oberfläche angekratzt«. Dann, als das große Geld zu fließen begann, forschte Hughes weiter und schöpfte die chemischen Möglichkeiten aus, die in dem interessanten Harz lagen.

Heute bietet er auf dem Weltmarkt ein Verfahren an, mit dem sich aus Stärke feste Kunststoffe herstellen lassen, die den bekannten Polyestern und dem PVC in nichts nachstehen. Im Gegenteil, wenn die ersten großen Hughes-Anlagen arbeiten, werden seine Synthetics billiger sein als die herkömmlichen. Und noch einen Vorteil besitzen sie: Ein einfacher Zusatz macht sie »biologisch zersetzbar«, das heißt, sie helfen mit, das weltweite Abfallproblem zu lösen, weil sie auf der Müllhalde verrotten. Beim Verbrennen entstehen keine giftigen Gase, und japanische Forscher, die parallel zu Hughes einen ähnlichen Kunststoff entwickelt haben, behaupten sogar, er könne ohne Gefahr gegessen werden.

Im Gegensatz zum Erdöl wird das Rohmaterial für die Hughes-Kunststoffe niemals knapp. In der Lebensmittelindustrie und bei der Papierfabrikation fallen jährlich gewaltige Stärkemengen ab, die sonst ungenutzt bleiben. Woher die Stärke stammt, ob vom Mais, Weizen, Tapiok, Reis, aus Hirse, Kartoffeln oder gar Erbsen, spielt grundsätzlich keine Rolle, doch sagt der Erfinder, daß er Maisstärke am leichtesten verarbeiten kann.

Bis jetzt stellte Hughes seine Produkte im Labormaßstab her. Doch der Bau von Großanlagen, die jährlich 25 000 Tonnen Stärkekunststoffe erzeugen, steht vor der Tür. Im Vergleich zu herkömmlichen Plastikfabriken sind sie sogar ausgesprochen billig. Trotzdem kostet ein einzelnes Projekt dieser Art etwa 250 000 Dollar.

Eine erste größere Anlage, die nach einem in Japan entwickelten vergleichbaren Verfahren arbeitet, ging vor kurzem sogar schon in Betrieb. 1975 soll sie 5 000 Tonnen erzeugen und später auf die doppelte Leistung ausgebaut werden.

Die großen Kunststoffhersteller der Welt wissen, daß das neue Material aus Stärke im nächsten halben Jahrhundert langsam aber sicher ihre immer teurer werdenden Ölprodukte vom Markt verdrängen wird. Nicht wenige von ihnen haben sich deshalb schon jetzt Lizenzrechte bei Hughes gesichert.

Noch eine ganz andere Rohstoffquelle kann das knappwerdende Öl in der Plastikindustrie zukünftig ersetzen: die Steinkohle. Versuche in verschiedenen Kohleförderländern beweisen, daß sich auch dieser reichlich vorhandene Grundstoff relativ einfach in Kunststoff verwandeln läßt. Der deutsche Steinkohlenbergbauverein hat beispielsweise ein Baumaterial mit ganz hervorragenden Eigenschaften entwickelt, das zu 90 Prozent aus Kohle besteht. Die Handwerker können es gut bearbeiten, zum Beispiel bohren, sägen, nageln, furnieren, beschichten oder lackieren. Es ist sehr temperaturfest und formbeständig, trotzt der Witterung, dämpft hervorragend Geräusche und ist bei alledem sehr leicht und – was bei den heutigen Baupreisen zu begrüßen ist – sehr billig.

Durch den Zusatz von Weichmachern entstehen aus Steinkohle Massen, die sich zu Folien, Kunststoffflaschen, Schläuchen, Rohren und ähnlichem verarbeiten lassen (vgl. Abb. 67). Aber auch Dübel, Dichtungen und sogar Bleistifte können die Kohleexperten daraus herstellen.

Alle diese Kohleprodukte sind schon in den Forschungslabors entstanden. Bald soll die großtechnische Herstellung anlaufen.

Werkstoffproduktion im Weltall In den letzten Jahrzehnten sind die Radios immer kleiner, immer leistungsfähiger und immer billiger geworden. Der Grund dafür ist die Halbleitertechnologie, die mit ihren Transistoren die voluminösen und zugleich empfindlichen alten Elektronenröhren verdrängt hat. Der Halbleiter, von dem die ganze technische Richtung ihren Namen bekam, ist das Herz jedes Transistors.

Solche Halbleiter sind winzige Kristalle aus Silizium oder Germanium. Sie müssen so extrem rein sein, daß sie sich nur im luftleeren Raum herstellen lassen. In speziellen Vakuumöfen wachsen sie äußerst langsam aus einer Materialschmelze heraus.

Bis vor Jahren konnten die Halbleiterfabriken dieses »Kristallziehen« nur sehr schwer in den Griff bekommen; weit über die Hälfte der mühsam gewonnenen stangenförmigen Gebilde entsprach nicht den hohen Anforderungen und war unbrauchbarer Ausschuß. Inzwischen sind die Verfahren wesentlich verbessert, doch die Physiker können beileibe noch nicht all ihre kühnen Wunschträume verwirklichen.

Für bestimmte zukünftige Aufgaben der Elektronik brauchen sie nicht nur extrem reine, sondern auch extrem gleichmäßig aufgebaute Kristalle. Dabei macht ihnen jedoch die Schwerkraft einen Strich durch die Rechnung. Sie beeinflußt die sich bildenden Strukturen einseitig. Das einzige, was hier helfen kann, sind Kristallfabriken im Weltraum. Es mag Zweifler geben, die eine wirtschaftliche Fertigung hochwertiger Produkte im All glatt verneinen. Aber sie sollten nicht vergessen, daß es nur wenige Tonnen von Transistoren sind, die als jährliche Weltproduktion die gesamte Elektroindustrie versorgen, während dazu vor einem Jahrzehnt Milliarden unterschiedlichster Röhren notwendig waren.

Das Space-lab-Programm, über das noch berichtet wird, soll Grundlagenforschung für Produktionsanlagen im Weltraum leisten und zukünftigen Technologien mit der Schwerelosigkeit eine neue Dimension geben (vgl. Abb. 68). Wissenschaftler in aller Welt, und nicht nur in der Transistorbranche, warten mit Spannung auf die ersten Ergebnisse. Sie erhoffen viel von den späteren Fabrikationsstätten, die in ihrem Traum schon bald im luftleeren und schwerelosen Raum um die Erde kreisen. Einige von den mehr als zwei Dutzend neuen Materialien, mit denen die Wissenschaft fest rechnet, will ich Ihnen vorstellen:

Die Optiker erwarten völlig neuartige Gläser für hochentwickelte Systeme mit kleinsten Abmessungen. Die Elektrotechnik setzt neben elektronischen Spezialkristallen aus glasartigen Lösungen besonders auf Eisen-Blei, einen utopischen Stoff mit einzigartigen magnetischen Eigenschaften. Kupfer-Blei soll sich als hervorragendes festes Schmiermittel bewähren. Mischungen aus verschiedenen niedrig- und hochschmelzenden Metallen sollen einer absolut neuartigen Gußtechnik die Tür öffnen: Solche Materialien werden sich bei Raumtemperatur in Formen gießen und dann durch Hitze härten lassen. Werden beim Gießen in diese eigenartigen Metallmischungen Fasern eingelagert, dann entstehen voraussichtlich Werkstoffe mit völlig neuartigen mechanischen Eigenschaften.

Die Reaktorindustrie hofft auf Kernbrennstoffstäbe mit einer auf der Erde nicht erreichbaren günstigen Verteilung des Brennstoffes. Im schwerelosen und zugleich luftleeren Raum erzeugter Schaumstahl wird härter sein als herkömmlicher Stahl und dabei so leicht, daß er auf dem Wasser schwimmt. Für leichte Kugellager hypermoderner Bauart sollen die Weltraumwerkstätten enorm druckfeste Präzisionshohlkugeln liefern. Und die Biologen und Pharmazeuten hoffen schließlich auf verbesserte neuartige Impfstoffe und Antibiotika.

Abbildung 67: Steinkohle läßt sich nicht nur verbrennen oder in wertvolles Heizgas umsetzen. Moderne Chemiker verwandeln sie mit Weichmachern bald auch großindustriell in Kunststoffe, zum Beispiel in Folien, wie in der abgebildeten Versuchsanlage.

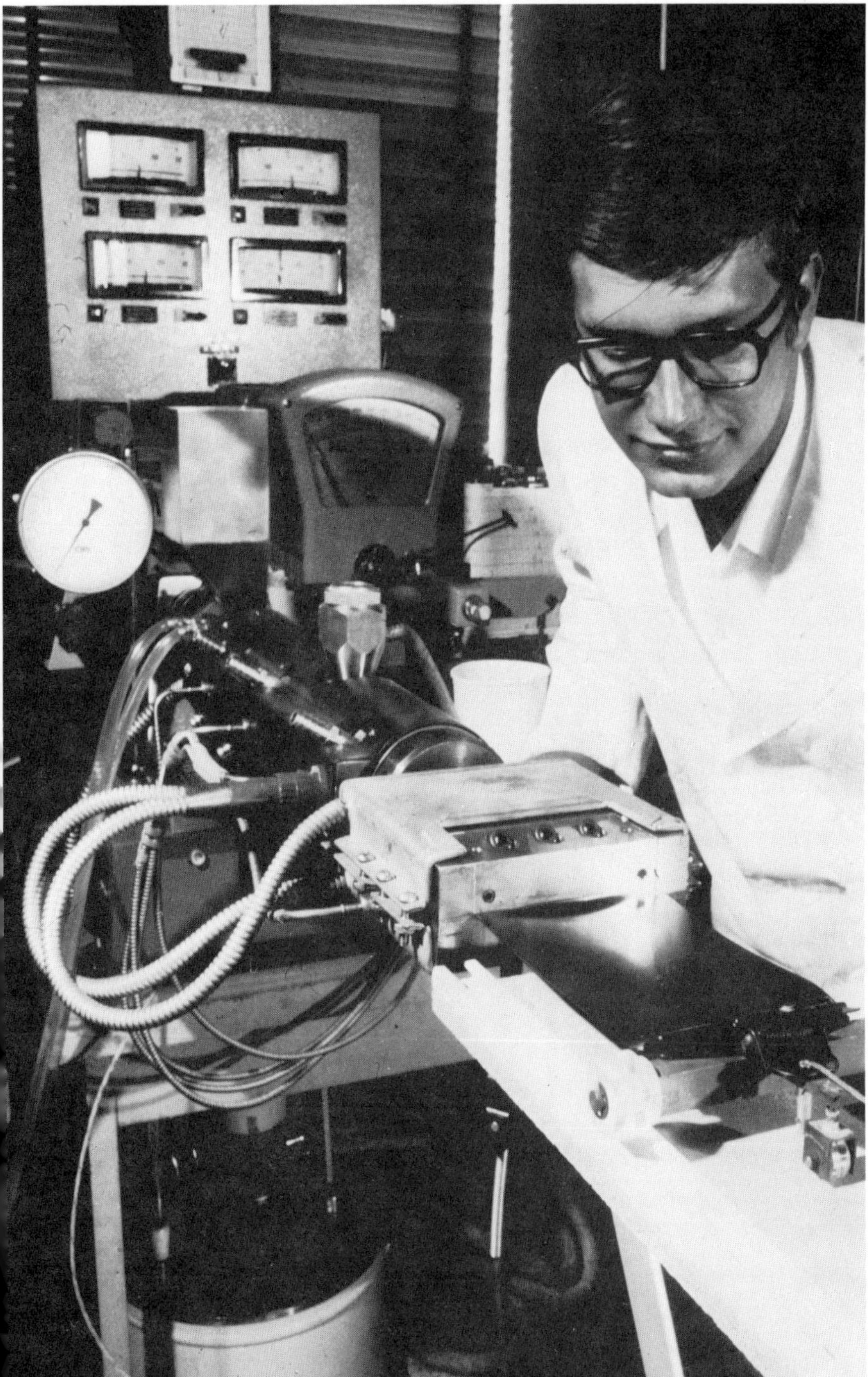

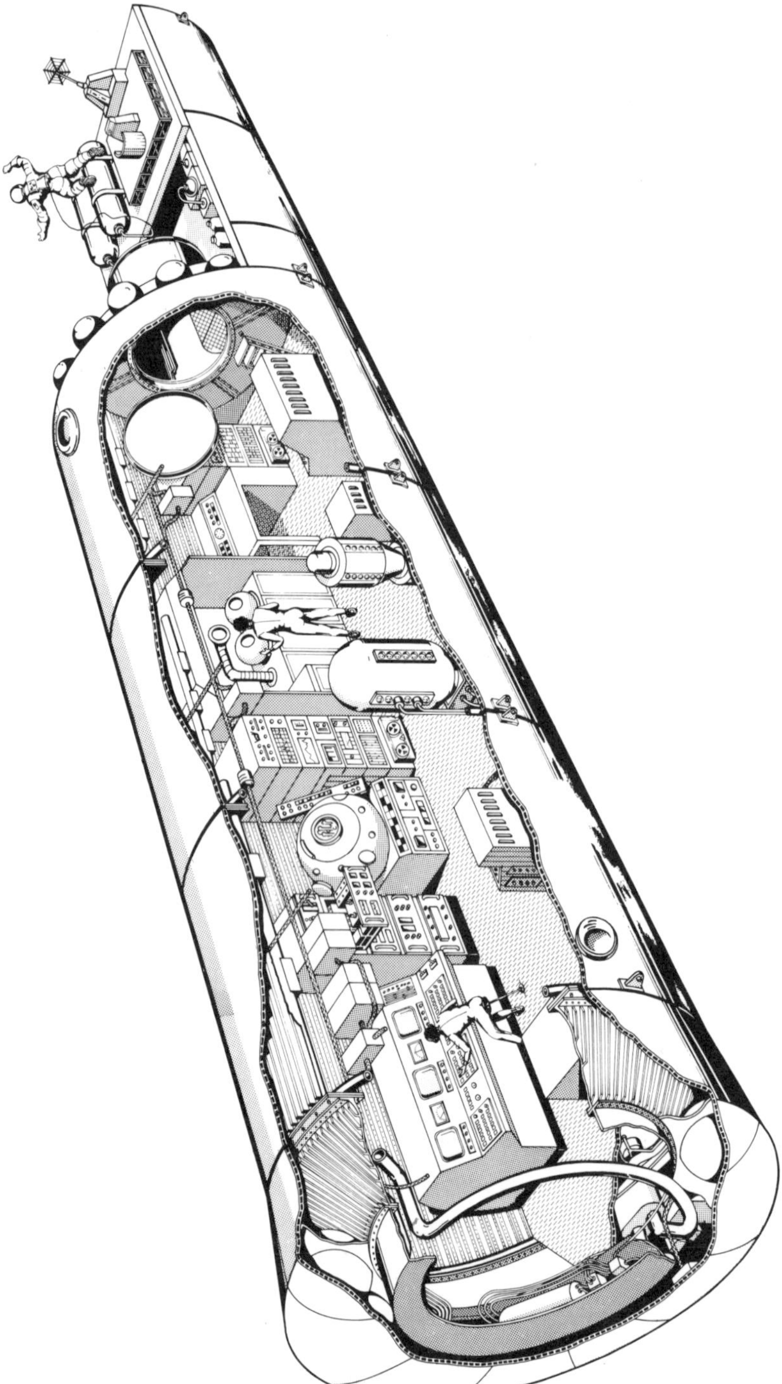

Daß die Industrie allen Ernstes an die spätere Produktion all dieser Wundersubstanzen und vieler anderer Materialien denken kann, verdankt sie nicht zuletzt der Entwicklung wiederverwendbarer Raumfahrzeuge mit Nutzlasten von 30 Tonnen und mehr. Solche Fähren zur Umlaufbahn sollen nicht mehr kosten als herkömmliche Raketen mit nur einem Sechstel der Tragkraft. Davon soll später noch die Rede sein.

Grüne Milch gegen Kwashiorkor Können Sie sich etwas unter grüner Milch vorstellen, noch dazu unter solcher, die deutsche Biologen im Sudan herstellen?

Die Welt ist im Wandel, und täglich werden neue interessante Dinge Wirklichkeit. Wir wollen aber mit der Geschichte von der grünen Milch an ihrem Anfang beginnen. Der geht zurück auf das Jahr nach dem Zweiten Weltkrieg, auf die Zeit des Wiederaufbaus. Am 1.7.1946 gründete der deutsche Wissenschaftler Dr. Fritz Gummert in Essen die Kohlenstoffbiologische Forschungsstation. »Die Aufgabe, die wir uns gestellt haben«, erklärte er, »ist: dazu beizutragen, daß die großen Mengen an Abfallkohlensäure und -wärme biologisch ausgenutzt werden.«

Das war eine Zielsetzung, die der wirtschaftlichen Notlage der Nachkriegsjahre entsprach. Die Forschungsstation wollte ermitteln, welche minimale Anbaufläche in Mitteleuropa ausreicht, um bei ausgeklügelten Kulturmethoden einen Menschen ausschließlich von selbstgezogenen Feldfrüchten zu ernähren. Doch das Institut kam schon bald wieder von den üblichen Nutzgewächsen und dem Spezialackerbau ab und wandte sich ganz anderen Pflanzen zu. Mikroalgen, wie sie als Plankton in allen Gewässern der Erde vorkommen, waren weitaus vielversprechender. Sie sind nicht mit den großen Meeresalgen zu verwechseln, die in Ostasien, Kanada und Südamerika seit mehr als einem Jahrzehnt in großen Salzwassergärten systematisch angebaut und als Viehfutter verwendet werden. Mikroalgen sind winzig kleine, für das menschliche Auge unsichtbare Organismen, die oft nicht einmal ein Kaffeefilter zurückhalten kann.

Abbildung 68: Im Weltraumlabor *Space Lab,* das in 200 bis 500 Kilometern Höhe um die Erde kreisen wird, wollen Wissenschaftler unter anderem die Voraussetzungen für industrielle Fertigungsverfahren bei kosmischen Bedingungen studieren.

Heute blickt die Kohlenstoffbiologische Station, die inzwischen nach Dortmund umgezogen ist, auf 25 Jahre Mikroalgenforschung zurück. Das Ergebnis der äußerst sorgfältigen wissenschaftlichen Arbeit in diesem Vierteljahrhundert ist eine Versuchsanlage, die jährlich eine halbe Tonne Algenpulver liefert. Das scheint auf den ersten Blick wenig, doch auf die Menge kam es bis jetzt gar nicht in erster Linie an. Andere Probleme waren weitaus wesentlicher. Welche von den mehreren Tausend Mikroalgenarten eignen sich überhaupt für die Anzucht im großen Rahmen und kommen zugleich als Nahrungsmittel in Frage? Wie lassen sich die Kulturmethoden optimieren? Welche Ernte und Verarbeitungsverfahren kommen in Frage? Inwieweit können Mensch und Tier das Fertigprodukt verdauen? Ist es bei langzeitigem Genuß vielleicht schädlich? Findet sich überhaupt ein geeigneter Markt für Algenpulver oder wird es auf unüberwindbare Vorurteile stoßen? Alle diese Fragen mußten die Forscher sorgsam erwägen und versuchen, Antworten darauf zu finden.

Lange hatte es den Anschein, daß die Massenkultur von Mikroalgen als sehr eiweißreiches Lebensmittel ausgesprochen unkonventionell sei, bis schließlich 1967 zwei belgische Botaniker entdeckten, daß zumindest eine Mikroalge bereits als Nahrungsmittel lokale Bedeutung hat. Ein afrikanischer Eingeborenenstamm filtert das Wasser des Tschadsees und gewinnt daraus einen Algenbrei, der dann auf Sand an der Sonne getrocknet wird. Eine durchschnittliche Familie dieses Stammes verzehrt täglich 250 Gramm davon. Die Algenart, um die es sich dabei handelt, heißt *Spirulina platensis.* Es ist eine Blaualge, die große Mengen wertvoller Eiweißverbindungen enthält. Den Gedanken, Spirulina im industriellen Maßstab zu züchten, hat eine Forschergruppe des Institut Français du Pétrole aufgegriffen. Sie erprobt das Verfahren zur Zeit in Mexiko und Algerien.

Die deutschen Wissenschaftler und auch eine bedeutende tsche-

Abbildung 69: Kein noch so feines Filter hält die winzige Mikroalge *Scenedesmus longus* zurück. Mühelos strömt sie zusammen mit dem Wasser sogar durch mikroskopisch kleine Poren. In Massenkulturen herangezüchtet, versprechen die intensiv grünen und extrem eiweißreichen Algen einen wirkungsvollen Beitrag im Kampf gegen den Hunger auf der Welt.

Abbildung 70: So unscheinbar sich das 170-Quadratmeter-Becken vor dem Institutsgebäude der Kohlenstoffbiologischen Forschungsstation in Dortmund auch ausnehmen mag: In ihm wächst »Brot« für die Welt; ein Grund, warum viele Regierungen von Entwicklungsländern die Arbeiten in der Mikroalgenplantage aufmerksam verfolgen.

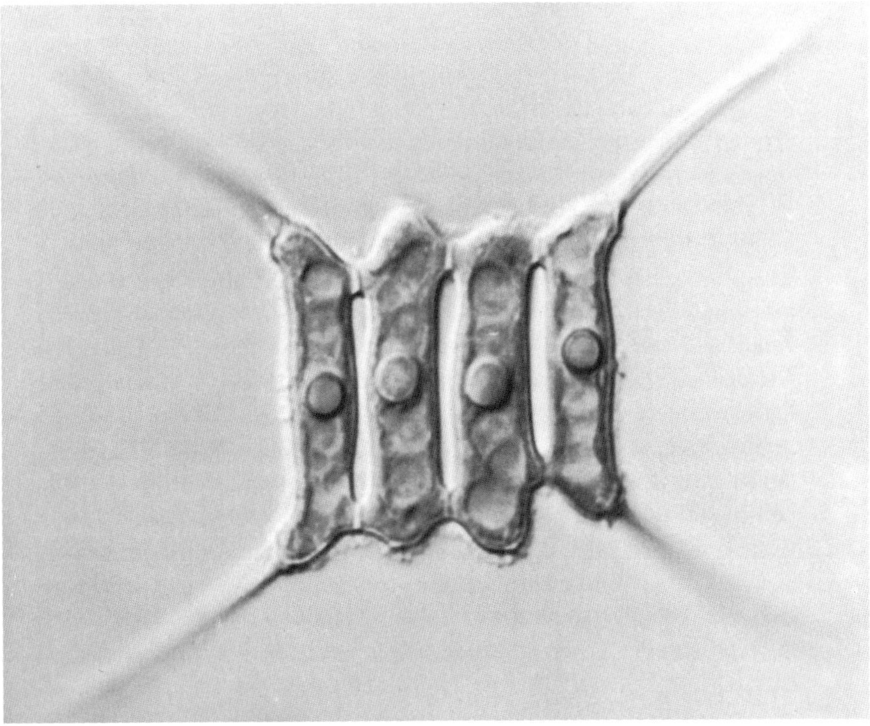

chische Versuchsstation in Třeboň haben sich auf eine Grünalgenart mit dem botanischen Namen *Scenedesmus longus* festgelegt (vgl. Abb. 69). Die winzigen Organismen bestehen zu 60 Prozent aus biologisch hochwertigem Eiweiß, mit dem es an Qualität im Pflanzenreich nur das Protein der Sojabohne aufnehmen kann. Doch Scenedesmusalgen erzeugen auf der gleichen Fläche sieben- bis achtmal soviel Eiweiß wie die ertragreiche Bohne. Bei Algenkulturen in warmen Ländern läßt sich dieser Wert sogar auf das Doppelte steigern.

Wie aber werden Mikroalgen überhaupt gezüchtet? –

Eine typische Kleinanlage zeigt die Abbildung 70. Das flache, aus Plastikteilen gefertigte Freilandbecken hat eine Nutzfläche von 170 Quadratmetern. Das Wasser darin ist nicht tiefer als 15 bis 20 Zentimeter. Für ein möglichst rasches Wachstum brauchen die Algen außer der Flüssigkeit dreierlei: Nährsalze, Kohlendioxid und viel viel Licht. Diesen Forderungen wird am besten bewegtes Wasser gerecht. Es sorgt für eine gründliche Durchmischung mit dem Kohlensäuregas und zugleich dafür, daß abwechselnd alle Algen an die Oberfläche und damit an die Sonne kommen. Vorn rechts im Bild sind die Versorgungsleitungen für Wasser und Kohlendioxid zu sehen. In der Bildmitte arbeitet eines der beiden Schaufelräder, die für die nötige Umwälzung sorgen.

Haben sich in den Becken so viele Algen entwickelt, daß sich die Ernte lohnt, dann wird ein Teil des Wassers durch Zentrifugen gepumpt, die die Mikroorganismen aus der Flüssigkeit herausschleudern. Das im Becken verbleibende Wasser enthält genügend Algen für die weitere Vermehrung. Im Gegensatz zu den etwas größeren Blaualgen vom Tschadsee lassen sich die winzigen Grünalgen nicht durch Filter von ihrer Nährlösung trennen. Dazu sind die nicht gerade billigen Hochleistungszentrifugen erforderlich. Aus dem abgebildeten Becken gewinnen die Dortmunder Wissenschaftler täglich durchschnittlich zwei Kilogramm Algen. Im Sommer, wenn es wärmer und heller ist und die Tage länger sind, ist die Ausbeute oft doppelt so groß. Dann vermehrt sich die »Biomasse« täglich um fast ein Drittel.

Die unbehandelten Grünalgen sind schwer verdaulich, denn die Magensäfte können die Zellwände der Mikroorganismen nicht zersetzen und deshalb das wertvolle Eiweiß im Inneren nicht erschließen. Deshalb ist es wichtig, die winzigen Zellkörper nach der Ernte aufzuknacken. Das geschieht mit Hilfe von großen Walzentrocknern. Die plötzliche Hitzeeinwirkung sprengt die Zellwände. Je nach dem Verfahren entsteht dabei ein mehlartiges oder feinflockiges Pulver. Seine Farbe spielt von Olivgrün bis Grasgrün, und sein Geschmack erinnert an frischen Spinat. Lange Testreihen, erst mit Ratten, dann mit höheren Säugetieren und schließlich mit Menschen, haben gezeigt, daß diese Algenkost, selbst dann, wenn sie als ausschließlicher Eiweißlieferant verwendet wird, ausgesprochen bekömmlich und verträglich ist.

Zwei Aufgaben stehen jetzt im Vordergrund: einmal die Entwicklung billiger großtechnischer Produktionsverfahren, zum anderen die Einführung des neuen Produkts auf dem Lebensmittelmarkt. Nach dem heutigen Stand der Technik könnten große Anlagen in Mitteleuropa jährlich 100 Tonnen zu einem Kilopreis von DM 5,50 liefern. Algenpulver aus gleichgroßen Farmen im Mittelmeerklima würde nur DM 3,- pro Kilo kosten, und Produktionsstätten mit dem fünffachen Ausstoß ließen den Preis auf DM 2,- sinken. Technologische Verbesserungen, mit denen die »Scenedesmus-Bauern« rechnen, werden aber vermutlich schon in den nächsten Jahren um 40 Prozent günstigere Voranschläge möglich machen.

Wesentlich billiger wird die Mikroalgenkultur, wenn die winzigen Pflänzchen statt in einer teuren Spezialnährlösung in Abwasser heranwachsen. Ein solches Verfahren haben amerikanische Hydrobiologen entwickelt. Es schlägt gleich zwei Fliegen mit einer Klappe. Denn so eine Anlage liefert nicht nur billiges Eiweiß, sondern verwandelt zugleich schmutziges Gebrauchswasser aus Haushalten und aus der Landwirtschaft in sauberes Frischwasser. Aus hygienischen Gründen sind die so gewonnenen Algen aber nur als Viehfutter brauchbar.

Doch zurück zu den Lebensmitteln für den Menschen. Schon heute fehlen in der Dritten Welt ständig etwa zwölf Millionen Tonnen Eiweiß. Diese Lücke könnten Algenzuchtanlagen schließen helfen. Eine 50-Gramm-Portion Scenedesmus-Gemüse enthält immerhin ebensoviele Proteine wie ein dreimal so schweres Schweineschnitzel. Das Hauptproblem ist weniger ein technisches als ein psychologisches. Wird die hungerleidende Bevölkerung Asiens, Afrikas und Südamerikas ihre oft Jahrhunderte alten überlieferten Eßgewohnheiten aufgeben und sich an das neue, intensive grüne Nahrungsmittel gewöhnen? Vielleicht ließe es sich sogar leichter in den hochentwickelten Industrieländern einführen, denn bei der dort immer weiter verbreiteten Fertignahrung ist es schließlich gleichgültig, woher das darin enthaltene Eiweiß stammt, ob aus Sojabohnen, Algen oder später vielleicht sogar aus Erdöl und Steinkohle.

Die ersten Versuche, Scenedesmusmehl in Überseegebieten einzuführen, verliefen erfreulicherweise recht positiv. In Indien, Thailand und Peru führt das Deutsche Bundesministerium für wirtschaftliche Zusammenarbeit gemeinsam mit den Landesregierungen Mikroalgenforschungsprojekte durch. Die erste Versuchsanlage arbeitet seit 1971 in Thailand. Von dort stammt auch die in Abbildung 69 wiedergegebene Alge. Im Frühjahr 1973 lief das indische Projekt an, und in Peru führten die Wissenschaftler Ernährungsversuche in einer Kadettenschule durch. Mit den Grünalgen versetzte peruanische Gerichte nahmen die jungen Menschen überraschend gut auf. Besonders grüne Bandnudeln und mit einem gewürzten Grünalgenbrei gefüllte Ravioli sind recht beliebt und sollen demnächst von der einheimischen Lebensmittelindustrie in größeren Mengen erzeugt werden. In Thailand fanden die merkwürdigen grünen Speisen bei Versuchen mit 20 erwachsenen Frauen zunächst keine große Gegenliebe. Anfangs wurde ihnen landesübliche Kost mit einem täglichen Zusatz von 21 Gramm Algentrockenpulver angeboten. Nach einiger Zeit gewöhnten sich die Thailänderinnen jedoch an die ungewohnte Farbe, und der Algenverzehr stieg.

Erfreulich ist eine Reihe klinischer Tests in unterentwickelten Gebieten der Dritten Welt. Dreißig peruanische Kinder mit akuten Eiweißmangelerscheinungen bekamen täglich »grüne Milch« zu trinken, eine Mischung aus Trinkmilch und Scenedesmuspulver. Schon bald verschwanden die Krankheitssymptome. Ähnlich gute Ergebnisse hatten Versuche mit sudanesischen Kwashiorkor-Patienten. Kwashiorkor ist eine typisch tropische Form des Eiweißmangels, die mit häufigen schmerzhaften Diarrhöen einhergeht. Grünalgen in der Nahrung von acht kranken Kindern schwächten das Leiden rasch ab, und schließlich verschwand es ganz.

Es sei nicht verschwiegen, daß die Algenkost auch Gegner auf den Plan gerufen hat. Sie kritisieren den hohen Gehalt an Nukleinsäure in dem neuen Lebensmittel. Wer ständig größere Mengen davon zu sich nimmt, belastet nämlich seine Nieren durch eine erhöhte Harnsäureproduktion. Das kann schließlich zu Nierensteinen oder Gicht führen, so lauten die Vorwürfe. Doch diese Bedenken haben sich als unbegründet erwiesen. Algen enthalten durchschnittlich vier Prozent Nukleinsäuren; Vergleichswerte für Fleisch liegen bei 1,5 Prozent, für Leber bei 2,2 Prozent.

Der Unterschied zu tierischer Kost ist also nicht groß, und die tägliche Harnsäureproduktion bleibt selbst dann unter den klinisch als unbedenklich erforschten Höchstwerten, wenn die Algen die einzige Eiweißquelle bilden. Ganz anders verhält es sich bei Hefen oder Bakterien, die amerikanische Wissenschaftler ebenfalls in großen Mengen als billige Proteinlieferanten in einer Erdölnährlösung züchten wollten. Sie enthalten fünfmal soviel Nukleinsäuren wie die Grünalgen, und ihr Genuß ist auf die Dauer wahrscheinlich gesundheitsschädlich.

Nach fünfundzwanzigjähriger Arbeit in vielen Ländern ist die »Algologie« jetzt aus den Kinderschuhen herausgewachsen. Die Arbeit der nächsten Jahre und Jahrzehnte wird im Zeichen der großtechnischen Erzeugung stehen, auch wenn der jetzige Leiter der Dortmunder Mikroalgenforschung, Dr. C. J. Soeder, bekennt, daß es im Kampf gegen den Hunger in der Welt keine »Wunderwaffen« gibt.

Straßen, Schienen, Luft- und Wasserwege für Heute und Morgen

Auch Übermorgen fahren noch Autos

Benzin, Strom oder Dampf? Seit Jahren arbeiten alle großen Automobilhersteller und dazu noch viele Universitäten und private Forschungsinstitute am Wunderauto von morgen. Meist geschieht das im geheimen, aber gelegentlich erhascht ein nimmermüder Journalist das eine oder andere Detail und berichtet dann über sensationelle Errungenschaften der Technik, über Supermotoren, die statt des so verteufelten Gifthauchs nur sauberen Wasserdampf von sich geben, oder über geräuschlose Elektrofahrzeuge, die alle Erwartungen übertreffen. Die Hersteller kämpfen indes verzweifelt darum, bis 1976 den extrem strengen Abgasvorschriften der umweltbewußten amerikanischen Gesetzgeber für dieses Jahr gerecht zu werden. Auch die europäischen Werke, die von ihren Regierungen zur Zeit noch mit recht laschen Richtwerten konfrontiert werden, kämpfen mit, denn sie wollen schließlich ihre Produkte auch in Übersee absetzen.

Das Kapitel Auto durchkreuzt meine Absicht, nur einzelne, ganz konkrete Großprojekte vorzustellen. Zu viele verschiedene Bemühungen bestimmen hier das Gesamtbild, und wer sich ein eigenes Urteil bilden will, muß sie miteinander vergleichen, gegeneinander abwägen, um einen zuverlässigen Überblick zu gewinnen. Deshalb sei ausnahmsweise dem Ganzen der Vorzug gegenüber dem Detail eingeräumt und ein Vergleich der verschiedenen Entwicklungslinien in den Vordergrund gestellt.

Welche Möglichkeiten für den Kraftfahrzeugantrieb gibt es überhaupt? – Im Grunde nur drei: die Verbrennungsmaschine, den Elektromotor und die Dampfmaschine. Alle drei lassen eine Reihe verschiedener Bauarten zu. Weil sie bei einer Kombination Mischtypen bilden, Bastarde sozusagen, die bei den Biologen Hybriden heißen, sprechen auch die Techniker hier von Hybridmotoren.

Der vielseitigste Antrieb ist die Verbrennungsmaschine. Neben dem guten alten Ottomotor, der heute fast alle unsere PKW treibt, und seiner vielgerühmten Spielart, dem Wankelmotor, gehört zu den seit langem eingeführten Typen bekanntlich der Dieselmotor. Beide haben im zukünftigen Rennen um saubere Abgase bei unveränderter Bauart keine Chancen.

1976 lassen die gestrengen Amerikaner pro gefahrene PKW-Meile nur noch 0,4 Gramm Stickoxide, 0,41 Gramm Kohlenwasserstoffe und 3,4 Gramm Kohlenmonoxid zu. Das sind Werte, die gegenüber den Zahlen für 1974 im Durchschnitt drastisch auf rund zehn Prozent herabgeschraubt wurden. Zwar versuchen die Hersteller, durch sauerstoffarme Brennstoffgemische, durch niedrigere Arbeitstemperaturen im Motor, durch Verschieben des Zündpunktes und eine Reihe ähnlicher Tricks ihre Ottomotoren den harten neuen Richtwerten anzupassen, doch reichen all diese technischen Änderungen an den Maschinen zusammen dazu nicht aus.

Trotzdem hat der Ottomotor reelle Überlebenschancen, denn seine Abgase lassen sich nachbehandeln. Dadurch steigt zwar der Benzinverbrauch, und die Antriebsmaschinen werden um rund 40 Prozent teurer, doch weil es bis heute an besseren Alternativen fehlt, wird der Ottomotor trotzdem noch lange im Rennen bleiben. Auch eine Variante, die statt mit Benzin mit dem billigeren Erdgas oder mit Flüssiggas arbeitet, hat reelle Zukunftschancen. Auf Gas umgestellte Benzinmotoren laufen schon heute besonders in Kalifornien und in der Tschechoslowakei.

Die Arbeitsbedingungen des Dieselmotors sind von Anfang an günstiger, denn diese Maschinen geben bei gleicher Leistung weniger Schadgase ab als Ottomotoren. Trotzdem wird auch der Diesel den amerikanischen Forderungen nicht gerecht, sofern er nicht maßgeblich verbessert wird. Zwar läßt er sich schwerer beeinflussen als der Ottomotor, das heißt, sein Arbeitspunkt läßt sich nicht einfach in Richtung sauberere Verbrennung verschieben, doch an Konzepten für eine Neugestaltung fehlt es nicht. Da gibt es Nebenkammermotoren, Direkteinspritzmotoren, Wirbelkammer- und Vorkammermotoren und schließlich sogar eine Kreuzung aus Diesel- und Ottomotor. Manche von ihnen versprechen die Umweltschützer zu befriedigen, andere schaffen das ebenfalls nur mit einer Abgasnachbehandlung. Alles zusammengenommen ist der Dieselmotor nicht nur relativ sauber, sondern auch robust und wirschaftlich. Deshalb prophezeien ihm die Experten, daß er noch lange Zeit der wichtigste Fahrzeugantrieb sein wird.

Völlig neuartige Verbrennungsmaschinen sind die Gasturbinen. Ihre Zukunftschancen schätzen die Fachleute neben denen der herkömmlichen Motoren am besten ein. Als Flugzeugtriebwerke haben sie sich schon lange bewährt, kleine Antriebe dieser Art für PKW machen noch konstruktive Schwierigkeiten. Zwar gibt es schon entsprechende Entwicklungen für schwere Personenwagen, doch die über zwanzigjährige Arbeit an Autoturbinen und die bisherigen Investitionen von mehr als 100 Millionen Dollar zeigen, daß solche Lösungen nicht gerade leicht zu finden sind. Dennoch, die amerikanische Umweltbehörde setzt auf die Zukunft der PKW-Gasturbine und hat eine Firmengruppe mit ihrer Weiterentwicklung beauftragt.

Die Abgasfrage läßt sich gut beherrschen, und die Kosten für ein Turbinenauto werden nicht über denen herkömmlicher Fahrzeuge liegen. Sorgen bereiten noch das hohe Gewicht dieses Antriebs und der nicht gerade leise Betrieb der Turbinen. Mit Sicherheit rollen aber in den nächsten Jahren die ersten turbinenbetriebenen LKW, und von diesen besonders die Schwertransporter, über unsere Straßen (vgl. Abb. 71). Schon jetzt fabrizieren die Fordwerke in Toledo/USA monatlich 400 Gasturbinen vom Typ 707, die aber erst in Booten oder im stationären Betrieb eingesetzt werden, bis für Nutzfahrzeuge ein Servicenetz aufgebaut ist.

Im vorigen Jahrhundert hatte sich der schottische Pfarrer Stirling einen Motor patentieren lassen, der in letzter Zeit wieder von sich reden macht, seit die Firma Philips sich um seine Realisierung bemüht. Das Herz dieser Maschine ist ein hermetisch abgeschlossener Raum, in dem sich Helium- oder Wasserstoffgas unter hohem Druck befindet. Diese Kammer wird wechselweise in eine heiße und in eine kalte Zone gebracht. Im gleichen Rhythmus dehnt sich das Gas aus und zieht sich wieder zusammen und treibt dadurch einen Kolben an. Die Wärme für den heißen Raum liefert ein Brenner, für die Temperaturen im kalten Raum sorgt ein recht voluminöser Kühler.

Der große Vorteil dieses Motors liegt in der äußerst geringen Schadstoffkonzentration seiner Abgase. Das liegt daran, daß der Treibstoff nicht stoßweise verbrennt wie beim Otto- oder Dieselmotor, sondern kontinuierlich. Aus dem gleichen Grunde läuft der Stirlingmotor sehr leise und schwingungsarm. Die Maschine ist aber so groß und schwer, daß sie ohne eine umwälzend neue Technologie mit Sicherheit in keinem PKW Platz hat. Ob sie einmal für Lastwagen oder Omnibusse in Frage kommt, ist ebenfalls ungewiß, denn sie kostet vermutlich doppelt bis dreimal soviel wie ein gleichstarker Dieselmotor.

Ebenfalls mit kontinuierlicher Verbrennung sollen Dampfantriebsmaschinen arbeiten, sofern der Dampf »an Bord« erzeugt und

CHEVROLET GAS TURBINE

LAING LATENT

nicht gleich anstelle des üblichen Treibstoffs von einem Dampftankstellennetz bezogen wird. Die Wirkungsweise des Dampfmotors läßt sich entfernt mit dem Arbeitsprinzip der Stirlingmaschine vergleichen, wenn man an die Stelle des abgeschlossenen Gasvolumens einen Dampf-Flüssigkeits-Kreislauf setzt. In der heißen Zone verdampft die Flüssigkeit, und der Dampfdruck treibt einen Kolben an. Anschließend kondensiert der Dampf in der kalten Zone wieder, und der Kreislauf beginnt von neuem.

Die Dampfmaschine läßt sich bei gleich guten Eigenschaften auf kleinerem Raum bauen als der Stirlingmotor. Deshalb ist sie realistischer, und deshalb hat sie die amerikanische Umweltbehörde EPA in ihr Entwicklungsprogramm aufgenommen und bisher 25 Millionen Dollar in das Projekt investiert. Bis heute ist es den Amerikanern allerdings nicht gelungen, einen wirtschaftlichen und zugleich technisch sicheren Dampfantrieb für Autos zu bauen. Das hat vier wesentliche Gründe:

1. Für plötzliches Beschleunigen oder für Bergfahrten braucht das Fahrzeug einen relativ großen Dampfspeicher. Je größer dieser Kessel ist, desto länger dauert aber der Anlaßvorgang. Bei einem in den USA entwickelten Prototyp dauert der Start deshalb mehrere Minuten. Noch schwerer wiegt jedoch ein anderer Nachteil des Dampfkessels: Bei Unfällen wird er zur Bombe.
2. Die notwendige Kühleinheit zum Kondensieren des heißen Dampfes ist so groß, daß sie in keinen normalen PKW-Motorraum paßt.
3. Die Arbeitsflüssigkeit, die fortwährend verdampft und wieder kondensiert werden muß, bereitet ebenfalls Sorgen. Wasser gefriert im Winter und ist als Schmiermittel für den bewegten Kol-

Abbildung 71: Als Triebwerke für schwere Transportfahrzeuge haben Gasturbinen gute Zukunftschancen. Hier ein Versuchsfahrzeug von *GENERAL MOTORS.*

Abbildung 72: In seinem ersten Versuchsauto hat der deutsche Physiker und Energieforscher Laing bewiesen, wie klein und zugleich sicher ein reiner Dampfmotor sein kann. Der »Go-cart« tankt Wärmeenergie statt Benzin. Zur Zeit baut das Laing-Institut, in Zusammenarbeit mit einer großen Automobilfirma, einen Omnibus mit einem kompletten Laing-Triebwerk, das seinen Dampf selbst erzeugt.

ben ungeeignet. Andere diskutierte Flüssigkeiten sind entweder giftig, temperaturunbeständig, greifen das Material des Motors an oder kommen aus Kostengründen nicht in Frage.
4. Die Brenner, die den Heißraum erwärmen, lassen sich nicht ausreichend regeln, um jeder Verkehrssituation gerecht zu werden. Das führt zur übermäßigen Produktion giftiger Stickoxide bei hohen Temperaturen und zur Verrußung bei niedrigen.

Aus all diesen Gründen hat keine der bisherigen amerikanischen Entwicklungen auf dem Gebiet des Dampfmotors reelle Chancen.

Wirklich sensationell erscheint demgegenüber eine in jeder Hinsicht umwälzende Konstruktion des deutschen Laing-Instituts, von dessen außergewöhnlichen Forschungsergebnissen schon im Zusammenhang mit der Sonnenenergie berichtet wurde (vgl. Abb. 45). In fast zehnjähriger Arbeit hat das Institut in aller Stille einen Dampfmotor entwickelt, der durch eine Reihe grundlegender Erfindungen alle Schwierigkeiten der Amerikaner beseitigt. An die Stelle des gefährlichen Dampfkessels tritt ein sogenannter Filmverdampfer, der sich im Handumdrehen starten läßt und seine Wärme einem Latentspeicher entnimmt, den ich gleich noch näher erklären werde. – Als Kondensator verwendet Laing einen absolut neuartigen umlaufenden Wärmetauscher, der nur einen Bruchteil so groß ist wie alle bekannten festen Kühler oder Ventilatoren, und der gegenüber herkömmlichen Lüftern fast unhörbar leise arbeitet.

Führende Automobilfabriken und Klimagerätehersteller sind allein von diesem Bauteil so begeistert, daß sie sich sofort Lizenzrechte sicherten. – Das Problem der Betriebsflüssigkeit konnte das Institut ebenfalls optimal lösen. Das gelang durch das Zusammenwirken eines hermetisch gekapselten Wärmekreislaufsystems, einer neu erfundenen Magnetkupplung und einer geeigneten Flüssigkeit. – Auch der Brenner hat bisher nicht dagewesene Eigenschaften. Erstmals ist es gelungen, die brennenden Gase nicht willkürlich durcheinanderwirbeln zu lassen, sondern sie in einen vorausberechneten Ringwirbel zu zwingen. Dadurch läßt sich der Brenner in weitem Bereich regeln, denn die Flamme rußt auch bei niedrigen Temperaturen nicht.

Das Laing-Triebwerk verbindet in sich die Vorteile aller bisher bekannten Verbrennungsmotoren. Es ist kaum größer als ein Ottomotor und dürfte in Serienfertigung sogar billiger sein als dieser. Es produziert noch weniger Schadgase als Gasturbinen und läuft so leise wie der zumindest im PKW nicht zu verwirklichende Stirlingmotor. Darüber hinaus hat es aber noch Pluspunkte, mit denen keines der konkurrierenden Systeme aufwarten kann. Im Stadtverkehr oder bei Kolonnenfahrten läßt sich der Brenner abschalten. Der Motor wird dann allein vom Latentwärmespeicher versorgt und läuft absolut abgasfrei und beinahe geräuschlos. Das Beschleunigungsvermögen eines Autos mit einem 20-PS-Laing-Motor entspricht dem eines herkömmlichen Personenwagens mit einer 100-PS-Maschine. Und die Besonderheiten des Kondensatorsystems gestatten es, die Karosserie strömungstechnisch so auszulegen, daß der Luftwiderstand beim Fahren stark sinkt. Das hat seinen Grund darin, daß sich bei geeigneter Kühlluftführung ohne großen Aufwand die sogenannte »Grenzschicht« der das Fahrzeug umfließenden Luft absaugen läßt, eine Technik, die bis heute nur beim Bau schneller Flugzeuge angewandt wird.

Der Laing-Motor dürfte mit seinen Eigenschaften nicht nur die Verwirklichung des funktionsfähigen Dampfautos sein, von dem die amerikanischen Umweltbehörden bis jetzt nur träumen, er macht auch das möglich, was die Anhänger des Elektromobils bislang vergeblich durchsetzen möchten: die reine Speicherfahrt (vgl. Abb. 72). Sie soll gestatten, wenigstens im Stadtverkehr oder in Autoschlangen völlig abgasfrei zu fahren.

Mit Elektromotoren ist das grundsätzlich auch denkbar. Doch sie brauchen statt des Benzintanks einen Speicher für elektrische Energie. Dafür kommen nach dem Stand der Technik nur Bleiakkumulatoren in Frage, wie wir sie als Starthilfe in unseren PKW kennen. Um aber ein Auto allein mit der Energie aus einem Akku anzutreiben, muß dieser ungewöhnlich groß und schwer sein und ist deswegen außerdem teuer.

In amerikanischen, japanischen, englischen und italienischen Versuchsautos wiegen die Batterien zwischen einem Drittel und der Hälfte des ganzen Fahrzeugs. Dennoch ist der Energieinhalt dieser Speicher so klein, daß die Wagen bei Durchschnittsgeschwindigkeiten zwischen 40 und 50 Kilometern in der Stunde mit einer Ladung nur 60 bis 100 Kilometer weit fahren. Einen Ausweg könnten später vielleicht Zink-Luft-Akkumulatoren bringen, die wesentlich kleiner als die altbekannten Bleiakkus sind. Ihre Herstellung setzt aber noch größere technologische Entwicklungsarbeiten voraus, und auch sie sind alles andere als winzig (vgl. Abb. 73 a und b).

Eine zweite Möglichkeit, das Batteriegewicht herabzusetzen und zugleich die Reichweite der Fahrzeuge zu steigern, liegt darin, den Elektroantrieb ausschließlich im Stadtverkehr zu benutzen und bei Überlandstrecken mit einem herkömmlichen Benzinmotor zu fahren, der zugleich über einen großen Dynamo die Batterie wieder auflädt. Die Einsparungen am Batteriegewicht gehen dabei aber durch den notwendigen zweiten Motor wieder verloren. Diese Gründe führen zu zwei ganz verschiedenen Entwicklungslinien bei Elektromobilen. Einmal sind Stadtbusse denkbar, die mit reinem Batteriebetrieb arbeiten und an den Haltestellen rasch den kompletten Akkumulatorensatz auswechseln können. So ein Gefährt hat die Firma MAN entwickelt. Es zieht seinen vier Tonnen schweren Energiespeicher in einem eigenen Anhänger hinter sich her, der spätestens alle 50 Kilometer ausgetauscht werden muß. Andererseits schlugen manche Hersteller Kleinstwagen für den reinen Nahverkehr vor, die das hohe Gewicht der Akkus oder des Hybridmotors durch eine leichte und deshalb winzige Karosserie ausgleichen (vgl. Abb. 74 a und b). Inwieweit der Verbraucher diese langsamen und relativ teuren Minimobile akzeptiert, bleibt abzuwarten (vgl. Abb. 75). Sie kommen bestenfalls als Zweitwagen in Frage.

Die Hoffnung, durch Elektrofahrzeuge die Umwelt vor schädlichen Abgasen zu bewahren, trügt übrigens. Den größten Teil des gespeicherten Stroms erzeugen nach wie vor die Heizkraftwerke, und sie spucken weitaus mehr schädliche Schwefelverbindungen und Stickoxide pro gelieferter Energieeinheit aus, als die herkömmlichen PKW-Motoren. Elektromobile verlagern deshalb die Umweltverschmutzung lediglich von der Stadt aufs Land.

Der Ausdruck »Speicherfahrt«, der sich für den so wünschenswerten abgasfreien Stadtverkehr eingebürgert hat, trifft eigentlich nicht nur auf diese Antriebsart zu. Im Grunde genommen fährt jedes Auto

Abbildung 73a und b: Der reine Elektroantrieb, sein voluminöser Energiespeicher in Form von Zink-Luft-Batterien und was sonst noch dazu gehört, füllen nicht nur den Motorraum dieses GM-Versuchswagens der Mittelklasse, sondern auch den Kofferraum, den Platz hinter und unter den Rücksitzen und unter den Frontsitzen aus. – Ob das eine dreiköpfige Familie auf Campingurlaub akzeptiert?

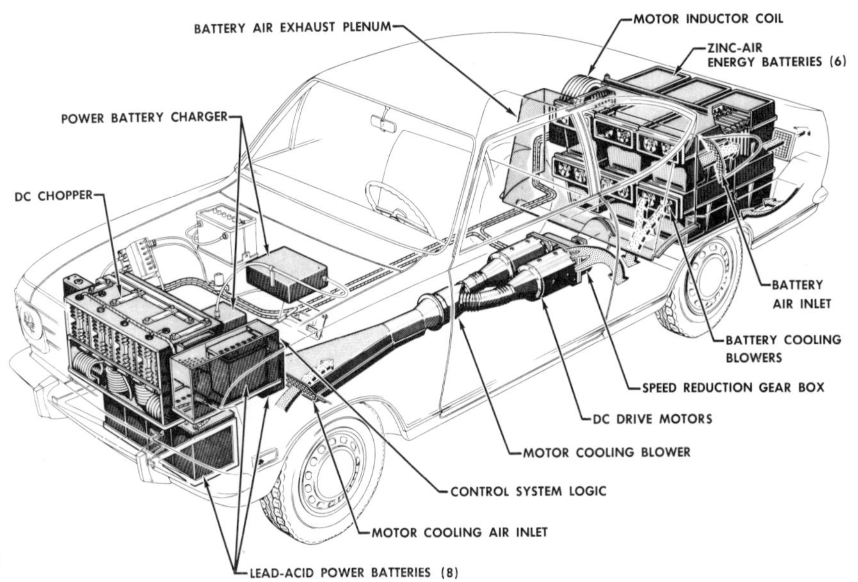
BATTERY AIR EXHAUST PLENUM
MOTOR INDUCTOR COIL
ZINC-AIR
ENERGY BATTERIES (6)
POWER BATTERY CHARGER
DC CHOPPER
BATTERY
AIR INLET
BATTERY COOLING
BLOWERS
SPEED REDUCTION GEAR BOX
DC DRIVE MOTORS
MOTOR COOLING BLOWER
CONTROL SYSTEM LOGIC
MOTOR COOLING AIR INLET
LEAD-ACID POWER BATTERIES (8)

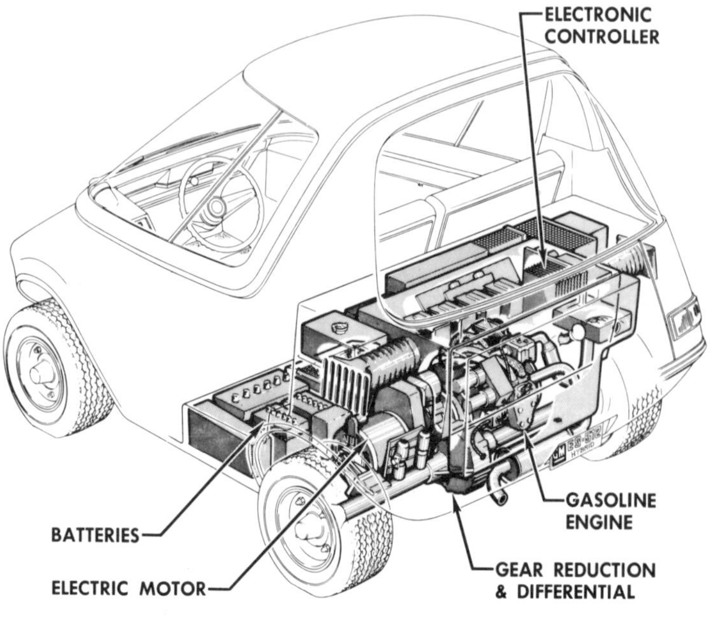
512 HYBRID
ELECTRONIC CONTROLLER
GASOLINE ENGINE
GEAR REDUCTION & DIFFERENTIAL
BATTERIES
ELECTRIC MOTOR

(von Oberleitungsbussen abgesehen) mit Energiespeichern an Bord. Was ist schließlich ein Benzintank anderes? Im Gegensatz zur elektrischen Batterie sind Benzin und Dieselöl aber enorm kompakte Energiespeicher. Ein Kilogramm Treibstoff hat denselben Energiegehalt wie ein 500 Kilogramm schwerer Bleiakku. Allerdings läßt sich die Energie aus dem elektrischen Speicher vollständiger in Antriebskraft umsetzen als die der flüssigen Brennstoffe. Deshalb entspricht in der Praxis ein Kilogramm Treibstoff nur einer 140 Kilogramm schweren Bleibatterie.

Die technisch noch nicht ausgereiften Zink-Luft-Batterien, die bereits erwähnt wurden, liegen etwas günstiger, und noch besser schneiden die Laingschen Latentspeicher ab, die keine elektrische, sondern Wärmeenergie aufnehmen (vgl. Abb. 76 a und b). Wie arbeiten sie? – Um das zu verstehen, stellen Sie sich bitte vor, Sie würden einen Topf voll Eis auf dem Herd schmelzen. Dabei führen Sie dem Eis Wärmeenergie zu und erhalten schließlich Wasser. Aber dieses Wasser ist nicht etwa warm, sondern 0 Grad Celsius kalt. Bei gleicher Temperatur speichert es gegenüber dem Eis eine größere Wärmemenge. Sie können die Energie wieder freisetzen, wenn Sie anschließend den Topf in eine Gefriertruhe stellen. Das Wasser gibt dann solange Wärme ab, bis es wieder gefroren ist. Das ist genau das Prinzip des Latentspeichers. Er speichert Wärme, ohne selbst warm zu werden.

Natürlich enthält der Latentspeicher des Laingschen Dampfautos kein Eis, sondern eine Salzmischung, die bei etwa 400 Grad Celsius schmilzt und dabei Energie aufnimmt. Solche Latentspeicher sind viel kleiner als alle anderen Wärmespeicher und haben nicht nur im Kraftfahrzeugbau eine große Zukunft. Als Sonnenenergiespeicher für die Raumklimatisierung habe ich sie schon erwähnt. Eine andere

Abbildung 74a: Kleinstautomodelle für den Stadtverkehr von morgen plant nicht nur der Industriegigant GM (im Bild die »512-Serie«). Eine winzige Karosserie, niedrige Maximalgeschwindigkeiten und – im Falle des reinen Elektroantriebs – ein geringer Aktionsradius sind die Merkmale all dieser Entwürfe. Den engen Raum hinter den Sitzen nimmt im linken Fahrzeug ein großer Hybrid-Motor ein (s. Abb. 73b), im reinen Elektroauto (Bildmitte) füllen ihn vor allem die mächtigen Bleibatterien bis zum letzten Winkel aus. Der offene Wagen hat nur einen Benzinmotor.

Abbildung 74b: Dieser Hybrid-Antrieb vereinigt Benzin- und Elektromotor in einem Fahrzeug und ist entsprechend groß.

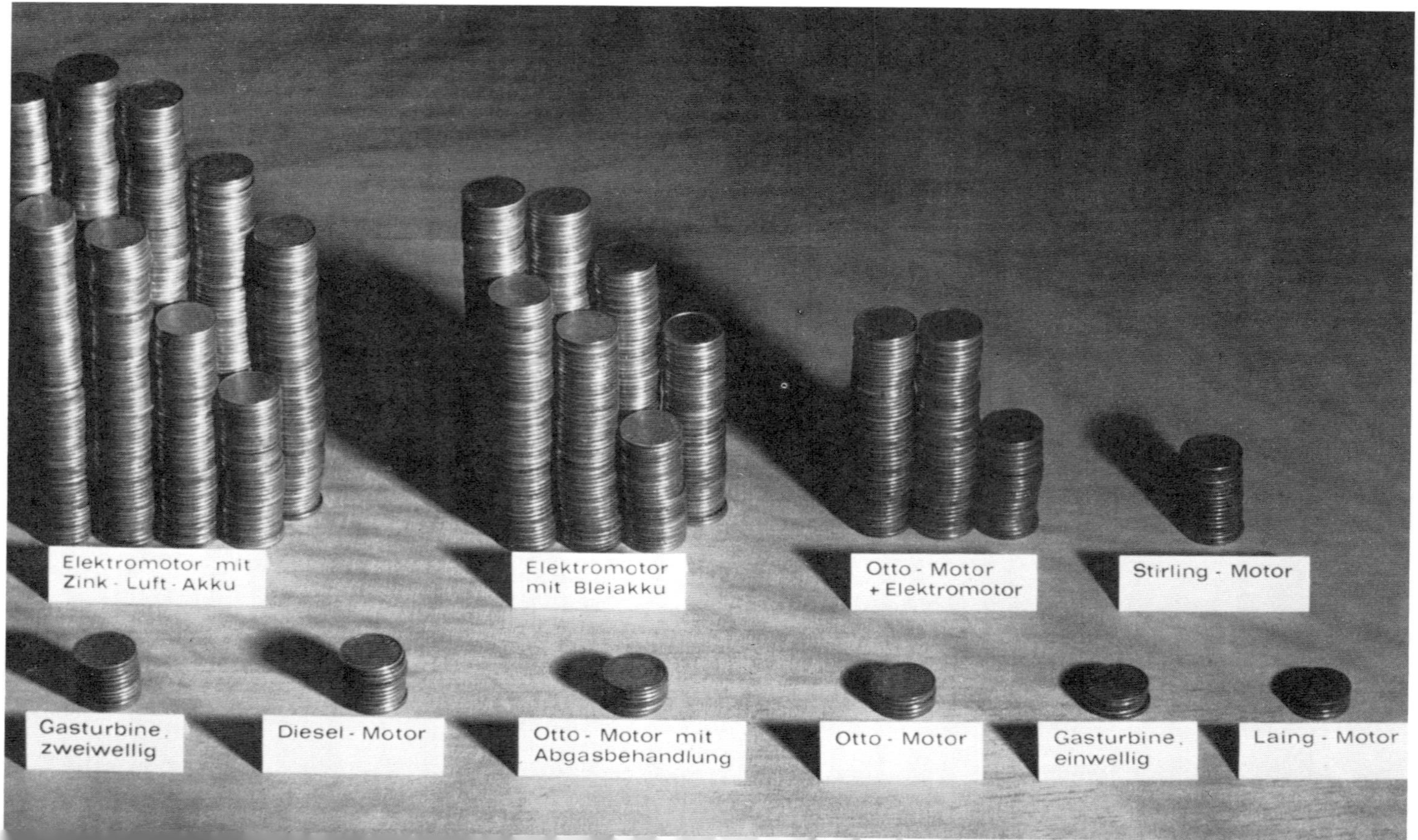

Elektromotor mit
Zink - Luft - Akku
Elektromotor
mit Bleiakku
Otto - Motor
+ Elektromotor
Stirling - Motor
Gasturbine,
zweiwellig
Diesel - Motor
Otto - Motor mit
Abgasbehandlung
Otto - Motor
Gasturbine,
einwellig
Laing - Motor

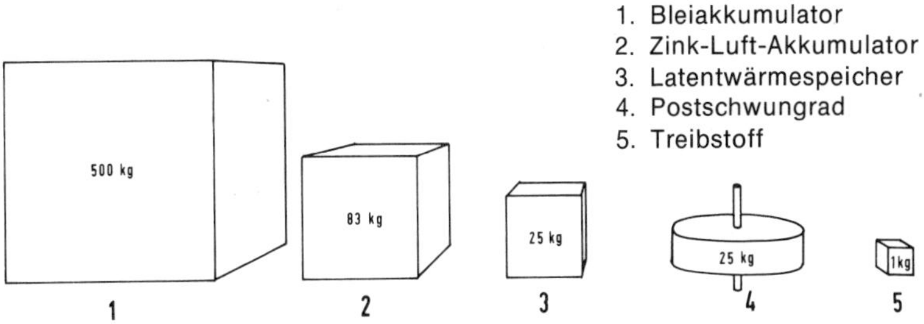

Abbildung 76a: Diese Speicher können die gleiche Energiemenge aufnehmen, wie sie ein kg Benzin oder Dieselöl enthält: ein Post-Schwungrad von 25 kg, ein Latentspeicher von 25 kg, eine Zink-Luft-Batterie von 83 kg oder ein Bleiakku von 500 kg.
Die Graphik zeigt einen maßstäblichen Größenvergleich.

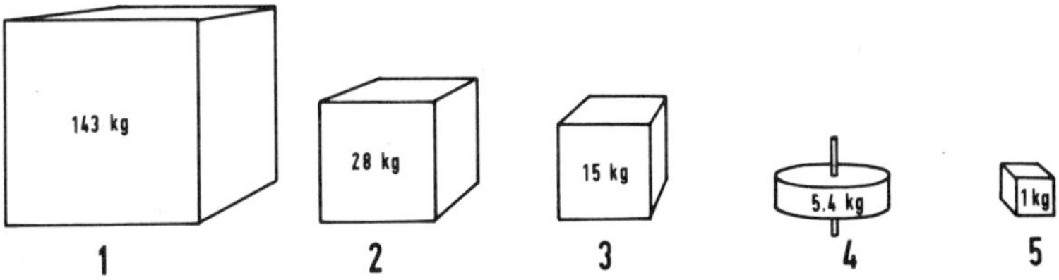

Abbildung 76b: Um für einen Fahrzeugmotor die gleiche Antriebsenergie zur Verfügung zu stellen wie ein kg Kraftstoff, müssen die verschiedenen Speicher folgende Massen haben: das Post-Schwungrad 5,4 kg, der Latentspeicher 15 kg, die Zink-Luft-Batterie 28 kg und der Bleiakku 143 kg. Wieder vergleicht die Graphik maßstäblich die Größen.

von vielen interessanten Einsatzmöglichkeiten liegt ebenfalls im Straßenverkehr. Latentspeicher unter der Asphaltdecke sammeln im Winter tagsüber genügend Wärme, um die Straßen nachts eisfrei zu halten (vgl. Abb. 77).

Ende 1973 wurde bekannt, daß der amerikanische Physikprofessor Richard F. Post seit Jahren an einem völlig anderen Energiespeicher arbeitet, der es in seinen Abmessungen als einziger mit dem Latentspeicher aufnimmt. Post hat das alte Schwungradprinzip wieder aufgegriffen und technisch revolutioniert. Sein Schwungrad besteht aus einem Kunststoff-Quarzfaser-Verbundwerkstoff, der vier-

Abbildung 75: So viel kosten Pkw-Antriebe. – Wer beispielsweise in Zukunft ein Elektroauto fahren will, muß allein für den Motor und die Bleibatterien 400 mal soviel bezahlen wie für einen gleichstarken Benzinmotor. Noch wesentlich teurer sind Elektroantriebe mit Zink-Luft-Batterien, vorausgesetzt, daß sie je in Serie gefertigt werden.

mal so zugfest ist wie der beste Edelstahl. Der raffinierte Aufbau des Post-Rades aus Ringen verschiedener Materialdichte, die dünne elastische Zwischenschichten trennen, gestattet bisher noch nie dagewesene Drehzahlen. Eine nur 60 Kilogramm schwere Schwungscheibe dieser Art speichert in ihrem rasenden Lauf genug Rotationsenergie, um ein kleineres Auto mit Tempo hundert 320 Kilometer weit fahren zu lassen (vgl. Abb. 76 a und b). Quarzfaser-Verbundstoff-Räder von rund fünf Metern Durchmesser schlägt der Erfinder sogar als wirkungsvolle und billige Energiespeicher für Großkraftwerke vor. Auf einer Grundfläche von sechs mal sechs Metern ließe sich damit das gleiche erreichen, was sonst nur eine 8000 bis 16000 Quadratmeter große Pumpspeicheranlage schafft.

Doch zurück zum Autoantrieb. Professor Post sagt selbst, daß vor einer solchen Anwendung seines Rades noch Jahre oder gar Jahrzehnte aufwendiger Entwicklung notwendig sind. Wer einmal versucht hat, einen schweren Brummkreisel aus seiner Bahn zu bringen, wird das verstehen. Das schnell rotierende Spielzeug reagiert mit kräftigen Ausweichmanövern nach allen möglichen Seiten. Ähnlich verhält sich ein Auto mit einem Schwungradspeicher an Bord bei der Kurvenfahrt, sofern es nicht gelingt, die großen auftretenden Querkräfte irgendwie in den Griff zu bekommen.

Bis jetzt wurde zum Thema Auto nur etwas von mehr oder weniger aussichtsreichen zukünftigen Antriebsarten gesagt. Die Lösung der Abgasfrage allein kann allerdings dem PKW noch keine Zukunft sichern. Entscheidend ist nicht zuletzt, ob sich Wege finden, mit diesem individuellen Verkehrsmittel auch die in den nächsten Jahren und Jahrzehnten weiter wachsenden Verkehrsdichten zu meistern.

Die Autoindustrie entwickelt eine Reihe interessanter Einzelheiten, um dem Problem zu begegnen. Automatische Geschwindigkeits-Regelmechanismen, die das Tempo ohne Zutun des Fahrers dem augenblicklichen Verkehrsstrom anpassen, gehören ebenso dazu, wie Warn- oder gar Bremseinrichtungen, die zu dichtes Auffahren hindern sollen. Eine der hoffnungsvollsten Entwicklungen

Abbildung 77: Unter diesem Stück einer Versuchsstraßendecke liegen hintereinander drei verschiedene Latentspreicher. Je nach der Speicherkapazität bleibt die Testfahrbahn auch während frostiger Witterung mehr oder weniger schnee- und eisfrei, denn die Speicher haben genug Wärmeenergie gesammelt, um die weißen Flocken zu schmelzen.

3D KEEP
THEN 1ST RIGHT
END 2D LEFT
CRUISE CONTROL
OFF
ON
AUTO
LIGHTER
TRAY
BRIGHTNESS
RECALL
CANCEL
DISPLAY CONTROL
IN
E
B
A
G

dieser Art (vgl. Abb. 78) zeigt das Armaturenbrett eines Personenwagens, wie es vielleicht in einem Jahrzehnt aussehen könnte. Über den Kasten unten im Bild kann der Fahrer Kontakt mit einem Computer der Verkehrspolizei aufnehmen und sein Fahrtziel mitteilen. Das Rechenzentrum überwacht in jedem Augenblick die gesamte Verkehrssituation einer Großstadt, ermittelt in Sekundenbruchteilen den günstigsten Weg zum gewünschten Ziel und lotst den Automobilisten durch den Verkehr. Auf dem Bildschirm über dem Armaturenbrett sagen ihm Pfeile und Lichtschrift, wo er sich jeweils einordnen oder wann er links, beziehungsweise rechts abbiegen muß. Ändert sich während der Fahrt die Verkehrslage, beispielsweise durch einen Stau, dann denkt der Computer sofort um und führt den Chauffeur auf anderen »Schleichwegen« ans Ziel. Eine schöne Aussicht für Stadtverkehrsprofis, aber ein Alptraum für Fahrschüler, die in Zukunft nicht nur auf den Verkehr selbst, sondern auch noch auf den Bildschirmlotsen achten müssen.

Straßen – Straßen – Straßen Die Autos sterben nicht aus; im Gegenteil, im Jahre 2000 werden auf den europäischen Straßen 25mal soviel PKW rollen wie 1950. In den USA ist der Zuwachs kleiner, in den Ländern der Dritten Welt aber wesentlich größer. Mehr Autos brauchen mehr und bessere Straßen. Die jährlichen Gesamtausgaben für ihre Unterhaltung und den Bau neuer Strecken übertreffen deshalb den Aufwand für Großprojekte auf vielen anderen Gebieten um ein Vielfaches. Aber auch für sich betrachtet lassen sich einzelne Straßenbauvorhaben durchaus sehen. Dazu gehören die großen Brücken wie die beabsichtigte Überspannung der Meerenge zwischen Süditalien und Sizilien. Dazu gehören Fernstraßen wie der von der kanadischen Regierung geplante Arktis-Highway zu den Erdgasfeldern im Mackenziegebiet und Tunnels, wie der vor der Tür stehende Bau einer unterirdischen Ringstraße rund um Tokio.

An einem Großprojekt dieser Art beißt sich Brasiliens zukunftsorientierte Regierung bekanntlich seit Jahren die Zähne aus: an der Transamazonica. 1974 war die 5400 Kilometer lange Pionierstraße

Abbildung 78: Vom zentralen Verkehrsüberwachungscomputer über Funk fernbetätigt, soll ein Bildschirm mit Pfeilen und Leuchtschrift den Automobilisten der nächsten Generation auf dem verkehrsgünstigsten Weg durch den Betrieb der Großstadt an sein Wunschziel lotsen.

fertig. Doch die eigentliche Arbeit beginnt erst jetzt. Die Transamazonica ist mehr als ein Highway, sie ist die Nabelschnur, an der Brasiliens Staatsmänner das nach den Polarzonen größte unbewohnte Gebiet der Welt wirtschaftlich aufpäpeln wollen.

Der neue Verkehrsweg soll eine Brachlandfläche erschließen, die größer ist als ganz Westeuropa und zwei Drittel so groß wie die Vereinigten Staaten. Dafür investiert die Regierung ein Vermögen. Allein für den Straßenbau im Amazonasbecken gab sie 1972 545 Millionen Cr$* aus, 1975 sind es 635 Millionen. Die fertige Transamazonica gleicht mehr einer Motocross-Piste als einer Straße. Das staatliche Highway Department nennt sie deshalb bescheiden aber sehr zutreffend »Pioneer road« (vgl. Abb. 79).

Während des Baues wucherte der Urwald schneller nach, als die Straßenarbeiten fortschritten, wuschen die elementaren Regenfluten des Amazonasbeckens innerhalb von Stunden wieder und wieder Bäche in die lehmige Piste, verwandelten Überschwemmungen ganze Streckenabschnitte in Seen und Wasserläufe. Immerhin, befahren läßt sich die Transamazonica heute, die Frage ist nur, wie. Selbst für robuste LKW birgt jede Reise durch den Dschungel nach wie vor unvorhersehbare Abenteuer. Aber ans Ziel gekommen ist bis jetzt noch jeder. Und daß die Straßentransportunternehmer die Gefahren für Wagen und Fahrer nicht scheuen, spricht beredt für die Wichtigkeit der neuen Ost-West-Verbindung. Sie eröffnet den Bewohnern des emporstrebenden Landes so ungeahnte Möglichkeiten wie den US-Amerikanern einst die goldene Pionierzeit. Zwar muß die Regierung die neuen Urwaldsiedler heute noch mit aufwendigen Staatsaktionen zu ihrem künftigen Glück überreden, ihnen kostenlose Häuser versprechen und große Waldstücke schenken, doch trägt die Mühe ihre ersten Früchte.

* 1Cr$ (Cruzeiro) entspricht heute etwa einem US-$.

Abbildung 79: Diese Pionierstraße durch den brasilianischen Urwald soll das Amazonasbecken erschließen. Die Schneise der *Transamazonica* ist 100 Meter breit. Nur im 40 Meter weiten Mittelstreifen sind die Baumwurzeln gerodet; die eigentliche Piste mißt neun Meter, davon werden im fertigen Zustand sieben Meter geschottert sein.

Abbildung 81: Wie riesige Maulwürfe aus Stahl fressen sich moderne Tunnelbaumaschinen im »Vollausbruchverfahren« durch die zentrale Alpenkette. Fünf Jahre arbeiten sie am längsten Straßentunnel der Welt. Doch der Weg vom »rohen Loch« bis zur ausgefeilten Autostraße ist dann immer noch weit.

Einige Tausend Familien aus den dicht besiedelten Ostgebieten interessieren sich für die neue grüne Heimat. Wenn sie demnächst in die größten Wälder der Welt ziehen und mit Staatsgeldern Gemeinden und Städte gründen, wird der Wohlstand in das Amazonasbekken einkehren, denn die Voraussetzungen dafür sind denkbar günstig. Hunderte von Quadratkilometern fruchtbarster Böden warten zwischen den Flüssen Xingu und Tapajós auf die Bebauung und auf Weidewirtschaft.

Die Hügelkette Serra dos Carajás, an deren Fuß die Pionierstraße entlangführt, birgt die größten Eisenerzvorkommen des Landes und führt zugleich Kupfer, Blei und Mangan. Im Herzen des Amazonasgebietes zieht die Urwaldstraße schließlich durch weitere bedeutende Minerallager. Neben Manganerzen ist hier vor allem der zinnreiche Kassiterit wichtig; und, wie sollte es in einem Pionierland anders sein, natürlich lockt auch Gold. Der Zugang zu den großen Reichtümern Brasiliens heißt Transamazonica. Zwar ist sie schon »fertig«, doch wirklich befahrbar, auch für ganz gewöhnliche Personenwagen, wird sie erst dann sein, wenn sie sich bezahlt gemacht hat. Die wirtschaftlichen Erträge aus dem neuen Kolonialgebiet mitten im eigenen Land werden ihrem festen Ausbau in den nächsten Jahrzehnten zugute kommen. Bis dahin ist die Transamazonica ein abenteuerliches Dauerprojekt.

Völlig anderer Natur als die südamerikanische Superpiste für harte Pioniere ist ein hochtechnisiertes Straßenbaugroßvorhaben mitten im Herzen des uralten Kulturlandes Europa. Die Schweiz baut einen neuen Alpentunnel, aber nicht einen von vielen, sondern den längsten, aufwendigsten und modernsten Straßentunnel der Welt. Trotz der vollkommen anderen Voraussetzungen hat das kühne Unterfangen manches mit der Transamazonica gemeinsam, das unwegsame Gelände, durch das die neue Verkehrsader führt, das extreme Klima im Gebiet des Streckenabschnitts, die Gefahr einer Straßenüberschwemmung, die Tatsache, daß die fertige Route zwei Gebiete mit ganz unterschiedlicher Wirtschaftsstruktur verbindet und deshalb nicht zuletzt ökonomisch bedeutsam ist. Und doch ist alles ganz anders: Dort ist das unwegsame Gelände wuchernder Dschungel, hier sind es alpine Felswüsten; dort besteht das Extremklima in feuchter Hitze und tropischen Regengüssen, hier drohen im

Winter strenge Fröste, im Frühjahr gewaltige Schneelawinen; dort gefährden ausgeuferte Flüsse die Trasse, hier bilden die durch den Berg sickernden Schmelzwasser ein Problem.

Wirklich vergleichen lassen sich bei den zwei extremen Straßenbauwerken eigentlich nur die Kosten; sie sind hier wie dort astronomisch. Jeder Kilometer des Schweizer Tunnels, der in rund 1100 Metern Höhe das Gotthardmassiv durchbohren soll, wird 19 Millionen Schweizer Franken (16 Millionen DM) verschlingen. Die ganze 16,3 Kilometer lange Röhre, einschließlich aller erforderlichen Hilfseinrichtungen, kostet mehr als 300 Millionen Franken (250 Millionen DM).

Schon in den sechziger Jahren entstand in den Alpen der damals größte Straßentunnel der Welt. Der zwölf Kilometer lange Mont-Blanc-Tunnel erwarb diesen Titel. Das neue Schweizer Projekt ist aber nicht allein um ein Drittel länger, sondern für mehr als die dreifache Verkehrsdichte ausgelegt. Wenn die Anlage 1977 in Betrieb geht, können stündlich 1800 Autos die heute bestehende, tausend Meter höher liegende und fast doppelt so lange Paßstraße einfach unterfahren (vgl. Abb. 80). Bis dahin ist aber noch viel Arbeit erforderlich.

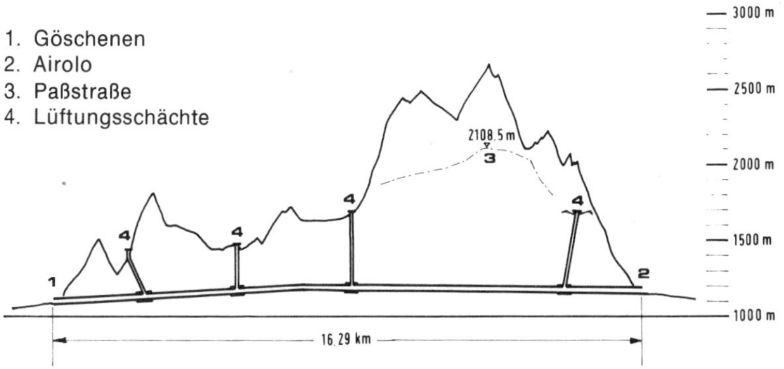

Abbildung 80: 1000 Meter unter der heutigen Gotthard-Paßstraße durchbohren die Schweizer im längsten Straßentunnel der Welt die Alpen. Durch die vier nach oben führenden Stollen werden riesige Lüftungsturbinen mit Orkangeschwindigkeit frische Bergluft in die Verkehrsröhre blasen.

Wenn dieses Buch im Frühjahr 1975 erscheint, steht der Durchbruch des Hauptstollens unmittelbar bevor (vgl. Abb. 81). Dann muß die Lüftungsanlage installiert werden. Durch die beiden Tunnelportale allein können die riesigen Ventilatoren nicht genügend Frischluft ansaugen. Deshalb planen die Bauunternehmer eigens vier Lüftungsstollen. Zwei davon durchstoßen vom Tunnel aus senkrecht nach oben den Berg, zwei führen schräg durch das Gestein. Zusammen sind sie 2234 Meter lang, bei Durchmessern zwischen 5,6 und 6,6 Metern.

Die frische Bergluft, die sie eines Tages mit Windstärke elf bis zwölf, also mit der Gewalt eines vollen Orkans durchströmen soll, bringt Probleme mit sich, die gelöst sein wollen. Im Winter ist sie so kalt, daß ihr eisiger Hauch alle Feuchtigkeit in den Schächten und Verteilersystemen auf der Stelle gefrieren läßt. Doch das ist nur einer von vielen Punkten, die es zu berücksichtigen gilt. Automatische Überwachungs- und Signalanlagen für den Verkehrsfluß müssen geplant und gebaut werden. Ein System von Brandmeldern, Löschgeräten, Hydranten, SOS-Stationen, Schutzräumen und Fluchtstollen ist für die Sicherheit der Anlage unumgänglich. Beleuchtungs- und Notlichteinrichtungen wollen gebaut und später versorgt sein. Die Öffnungen der Luftschächte sind im Winter durch Lawinen bedroht. Schutzanlagen müssen diese Gefahr bannen. Unter der Straßendecke werden Entwässerungskanäle jede mögliche Sickerwassermenge rasch ableiten. Die Energieversorgung der Lüftungs-, Beleuchtungs- und Überwachungssysteme erfordert eine Stromversorgung mit 26 Millionen Watt Leistungsfähigkeit. Das setzt eine Vielzahl neuer elektrischer Verteilerstationen und sogar den Bau eines eigenen Notstromkraftwerkes voraus. Für die verkehrs-, sicherheits- und betriebstechnische Überwachung der Gesamtanlage plant die Projektleitung zwei riesige Kommandozentralen, eine an jedem Ende des Tunnels.

Das alles ist fürwahr ein gewaltiger Aufwand für 16 Kilometer Autostraße. Der volle Tribut an den rollenden Individualverkehr ist damit aber noch nicht gezollt. Zwar bleibt nach dem Tunnelbau auch die großzügig ausgebaute Paßstraße befahrbar, und außerdem gibt es die Möglichkeit, Autos per Bahn durch den parallelen Eisenbahnstollen befördern zu lassen, doch in einem oder zwei Jahrzehnten wird der ständig weiter ausufernde Verkehrsstrom alle drei Verkehrswege gleichzeitig überschwemmen. Dann wollen die Eidgenossen noch einmal tief ins Portemonnaie greifen und einen zweiten Straßentunnel parallel zu dem durch den Berg bohren.

Die Eisenbahn mausert sich

Ein 170 Jahre altes Projekt wird wahr – Züge unter dem Wasser 1936 bemerkte Sir Winston Churchill über den Ärmelkanal: »Dieser Kanal ist keine Wasserstraße, er ist eine Weltanschauung.« – Churchill hatte allen Grund zu seiner Feststellung, denn zumindest für ihn persönlich war die Meerenge zwischen England und Frankreich der weltanschauliche Angelpunkt eines Vater-Sohn-Problems. Während er selbst eifrig für ein vereinigtes Europa eintrat und den 36 Kilometer breiten »Burggraben« vor der Festung Großbritannien insgeheim verwünschte, führte sein alter Herr, Lord Randolph Churchill das Ansehen seines Heimatlandes darauf zurück, daß sich die Insel im Zustand der »intakten Jungfrau« befinde.

Gegner und Befürworter des Kanals hatte es schon vor den Churchills gegeben. Für die einen bedeutete er die Sicherheit der Nation, die anderen wollten das natürliche Hindernis durch einen technischen Brückenschlag aus dem Weg räumen. Der erste, der das plante, war Napoleon Bonaparte. Er wollte 1802 einen Tunnel für Pferdegespanne bohren lassen und stützte sich dabei auf einen detaillierten Entwurf des französischen Ingenieurs Albert Mathieu. Zwar stimmte der britische Außenminister Charles James Fox grundsätzlich zu; doch es blieb bei der Idee.

Die nächste Anregung zum Bau des Ärmelkanaltunnels kam erstaunlicherweise aus englischem Munde. Keine geringere als Ihre Königliche Majestät, Queen Victoria forderte: »Im Namen aller britischen Ladies, baut endlich den Tunnel!« Das Motiv der gekrönten Dame war allerdings nicht völlig uneigennützig, denn Majestät litten bei ihren Kanalüberquerungen regelmäßig ganz erbärmlich unter Seekrankheit, und Reisetabletten kannte ihr Hofmedikus noch nicht. Der britische Admiral Sir Algernon de Horsey, schon aus Berufsgründen offenbar seefest, hatte allerdings kein rechtes Verständnis für den sensiblen Magen der Queen und sprach ohne jedes Mitgefühl in aller Öffentlichkeit von »jenen Kreaturen, die nicht einmal eine einstündige Seereise vertragen können und denen die Sorge, ihr Mittagessen bei sich zu behalten, wichtiger ist als die Sicherheit ihres Landes.«

Daß der Marinebefehlshaber dergleichen ungestraft äußern konnte, ist ein schöner Beweis für den schon immer ausgeprägten

Hang der Briten zur Demokratie, doch spricht es nicht minder für den eingefleischten angelsächsischen Inselpatriotismus. Queen Victoria bekam ihren Tunnel nicht.

Bald gab es neue Initiativen für ein Bohrloch unter dem Ärmelkanal, erstaunlicherweise wieder von britischer Seite. Zwar hieß die treibende Kraft diesmal nicht Seekrankheit, von Staatsinteressen konnte aber auch keine Rede sein. 1880 wollte der Unterhausabgeordnete Sir Edward Watkin, Millionär und Eigner mehrerer Eisenbahnlinien mit dem Tunnel ein rentables Geschäft machen. Prompt trat der Oberbefehlshaber der britischen Armee, Sir Garnet Wolseley, auf den Plan und verteidigte die »Jungfräulichkeit« des Inselstaats: »Dieser Tunnel ist eine direkte Einladung zur Invasion Englands! Mit nur 5000 Soldaten, in Zivilkleidern durch den Tunnel geschmuggelt, läßt sich Dover im Handstreich nehmen, dort ein Brückenkopf bilden – und England hat aufgehört eine Insel zu sein.«

Watkins glorreiche Vorschläge, am britischen Tunneleingang Tag und Nacht riesige Fässer voll heißen Öles bereitzuhalten, um die verkleideten kontinentalen Bösewichter bei ihrem Erscheinen damit sofort zu übergießen, oder für alle Fälle ein paar Kilogramm Dynamit in der Tunnelmitte zu plazieren, die, ferngezündet, das Rohr für die Invasoren zum Seemannsgrab machen würden, trafen auf taube Ohren. Der Alarmschrei des hohen Militärs hatte die Gehörgänge seiner Landsleute für das Kanalprojekt taub werden lassen, und der unternehmungslustige Eisenbahnmillionär mußte die bereits begonnenen Bohrarbeiten auf Staatsgeheiß 1882 einstellen.

Dieses Ereignis dokumentiert so klassisch wie kaum ein zweites in Englands Geschichte eine Reihe der ausgeprägtesten psychischen Eigenarten des Inselvolkes. Die Idee mit dem heißen Öl entspringt ganz eindeutig dem weltbekannten britischen Commonsense. Die schreckliche Warnung des Oberbefehlshabers, abgesehen davon, daß sie die Engstirnigkeit des Militärs (nicht nur) seiner Zeit spiegelt, ist für den Hang zur »splendid isolation« bezeichnend. Doch auch der unerschütterliche Glaube der Engländer an die Funktionsfähigkeit ihrer Demokratie findet schönen Ausdruck. Jedes andere Volk würde keinen roten Heller in Pläne investieren, deren Verwirklichung seine Regierung strikt bekämpft. Nicht so die Briten; die Aktionäre der 1882 gegründeten »Channel Tunnel Investment

Company« behielten ihre Wertpapiere und hofften auf die große politische Umstimmung. Und noch ein weiterer Grundzug angelsächsischer Wesensart enthüllt sich: die Standfestigkeit in aussichtslosen Situationen. Nach über 90 dividendenlosen Jahren zählt die Heerschar der Tunnel-Investment-Aktionäre immer noch rund 600 000 Hoffnungsvolle, die treu bei der Stange geblieben waren und nach wie vor unerschütterlich auf ihre Rendite warten. Sie sollten nicht enttäuscht werden. 1972 stieg der Kurs der Kanalaktien in wenigen Monaten auf mehr als das Vierfache. Wer auch nur entfernt in Börsendingen bewandert ist, wird daraus schließen, daß Großes in der Luft liegt. Und in der Tat kündigte Leo d'Erlanger, der Präsident der bislang arbeitslosen Aktiengesellschaft, anläßlich der 90-Jahr-Feier an: »Freunde, wir standen noch nie so nahe vor dem Ziel.«

Das europäische Großprojekt mit der längsten Geschichte wird jetzt Realität. So jedenfalls lautete die amtliche Version bis zum Herbst 1974. Doch Demokratien sind kein guter Garant für Planwirtschaft. Nicht lange nach dem Regierungswechsel in England bewegte sich auch das Zünglein an der Entscheidungswaage für oder wider den Tunnel aufs neue. Bekanntlich ist die Labour Party nicht gerade ein extremer Anhänger großer Europavereinigungspläne, und das Geld im Staatssäckel ist auch knapp geworden. Wozu also einen Tunnel, der die Insel mit dem Kontinent verbindet? Ende November 1974 stoppte die britische Regierung dann auch prompt das Projekt bis auf weiteres und legte die Pläne zunächst mal wieder auf Eis. Der »Chunnel«, wie die humorigen Insulaner das Channel-Tunnel-Vorhaben kurz und bündig nennen, stellt die Aktionäre seiner Gesellschaft heute auf die vielleicht härteste Geduldsprobe seit 1880. Denn noch nie stand der Baubeginn so nahe vor der Türe. Alle Pläne sind bis ins Detail ausgearbeitet, und sogar an exakten Terminvorstellungen für den Baufortschritt fehlte es nicht.

Der geplante Ärmelkanaltunnel ist ein Verkehrsprojekt, das weit über das Jahr 2000 hinausweist. Zwei parallele Röhren von jeweils 6,85 Meter Innendurchmesser sollen, 30 Meter voneinander entfernt, den Meeresgrund unter dem Ärmelkanal durchbohren. Zwischen ihnen ist ein besonderes drittes Rohr von 4,5 Metern Durchmesser als Servicekanal geplant, das alle 250 Meter Quergänge hat, die die beiden Hauptlinien verbinden (vgl. Abb. 82).

Wenn nach etwas mehr als sechs Baujahren ab 1980 der Verkehr

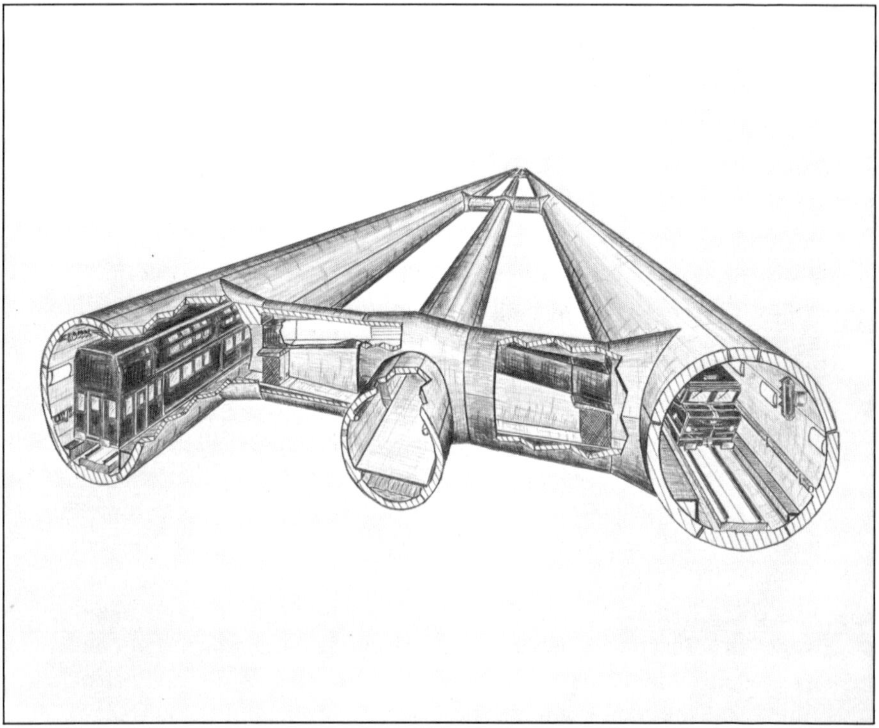

durch den Doppeltunnel flösse, würde eine Eisenbahnfahrt von London nach Paris nur noch drei Stunden und vierzig Minuten dauern. Später, nach dem Ausbau von Schnellfahrstrecken in England und Frankreich, sollten Hochgeschwindigkeitszüge die Strecke sogar in nur zwei Stunden vierzig Minuten bewältigen. Das ist weniger als heute der Flugreisende zwischen beiden Großstädten benötigt, der ja vom Herzen der Metropolen erst zum Airport hinausfahren muß, bevor er in seinen Jet klettern kann. Viele Millionen Flugpassagiere (1970 waren es 12 500 000) stiegen dann vermutlich jedes Jahr in die Eisenbahn um. Dazu kämen zahlreiche Reisende, die den Kanal heute mit Fährschiffen überqueren (1970 waren es 4 700 000). Wenn die Tunnelplaner deshalb für das Eröffnungsjahr mit 8,5 Millionen Fahrgästen rechneten, war das gewiß nicht zu hoch gegriffen.

Wesentlich zur Verkehrsdichte beitragen sollten dann noch die drei Millionen Fahrzeuge, die bereits 1980, auf Spezialeisenbahnwaggons verladen, durch die Röhre geschleust werden könnten. Der umfangreiche Transport erfordert riesige Bahnhofsanlagen (vgl. Abb. 83). Außer den Personen- und Autozügen sollten schließlich noch Güterzüge durch den Chunnel donnern und 1980 die ersten fünf Millionen Tonnen Fracht unter dem Meeresboden von der Insel zum Kontinent oder vom Kontinent zur Insel befördern. 20 Jahre später rechnen die Verkehrsplaner mit 20 Prozent mehr Fahrgästen, fast zweimal so vielen Autotransporten und mit mehr als dem doppelten Frachtverkehr.

Der Tunnel soll dem Ansturm des Jahres 2000 gewachsen sein. Alle 2,5 Minuten kann ein Autoreisezug zu seiner gut halbstündigen Fahrt unter dem Meer starten. Stunde für Stunde rollen auf diese Weise in jede Richtung 4500 Fahrzeuge im Huckepacksystem durch den Kanal. Das entspricht dem doppelten Verkehrsstrom einer mo-

Abbildung 82: Drei wasserdichte parallele Betonröhren, alle 200 Meter durch Querrohre miteinander verbunden, so planen Tiefbautechniker und Verkehrsexperten den Ärmelkanaltunnel. Während durch die beiden äußeren Rohre schnelle Züge dahinschießen, ist der mittlere Kanal für Versorgungsleitungen, Frischluftzuführung und als Fluchtweg reserviert.

Abbildung 83: So soll der Stirnbahnhof am französischen Ende des Ärmelkanaltunnels aussehen. Die Bahnsteige für PKW sind verschieden hoch, damit die Autos ohne Schwierigkeiten in die zweigeschossigen Verladewaggons einfahren können.

dernen Autobahn mit je zwei Richtungsfahrbahnen. Diese Tunnelkapazität soll für das ganze kommende Jahrhundert ausreichen.

Die beeindruckenden Zahlen töten in unserer Vorstellung jedes realistische Verhältnis zu den wahren Abmessungen des Projekts. Ich habe das gemerkt, als ich versuchte, einen maßstäblichen Schnitt durch den Ärmelkanal, einschließlich des geplanten Tunnels zu zeichnen (vgl. Abb. 84). Unter 35 Metern Wasser und 35 Metern Meeresboden nehmen sich die Rohre recht bescheiden aus, und der größenrichtige Vergleich mit dem Luftkissenboot, das die Meerenge heute überfliegt, zeigt deutlich, wie winzig der gewaltige Tunnel in Wirklichkeit ist. Ein Modell soll die Proportionen ins rechte Maß rücken: Man stelle sich vor, in einem Garten hätte ein Wolkenbruch einen 36 Meter breiten Streifen 35 Millimeter tief unter Wasser gesetzt. Damit hätte man ein Abbild des Ärmelkanals im Maßstab 1 : 1000. Jetzt würden Sie 35 Millimeter unter dem Grund der großen Pfütze daumenbreit voneinander entfernt zwei bleistiftdicke Kabel vergraben und genau zwischen ihnen eine fünf Millimeter starke Paketschnur. Diese unterirdischen Adern müßten auf beiden Seiten noch acht Meter über die Pfützenränder hinausgeführt werden, und das maßstäbliche Tunnelmodell ist fertig.

Was kostet das Riesenprojekt? – Täglich eine Viertelmillion Mark mehr! Wurden 1960 die Baukosten noch mit 1,2 Milliarden Mark angesetzt, so waren es drei Jahre später schon 1,5 Milliarden. 1966 rechneten die Experten mit zwei, 1969 bereits mit 2,5 Milliarden. Nach dem heutigen Stand sind über drei Milliarden zu veranschlagen, und bei Fertigstellung 1980 würden die Ausgaben wohl auf fast sechs Milliarden DM angewachsen sein. Die neue Verschiebung des Baubeginns, vielleicht um Jahre, trägt mit Sicherheit das ihre zur Inflation der Baupreise bei.

Die Betrachtungen zum Ärmelkanaltunnel seien nicht abgeschlossen, ohne ein konstruktives Kuriosum zu erwähnen. Die Tunnelplaner hoffen, daß ihr Bauwerk nicht ganz dicht sein wird, und daß deshalb von außen Sickerwasser eindringt. Die Lüftungsanlage allein

Abbildung 84: Im maßstäblichen Bild nehmen sich die quergeschnittenen Tunnelrohre sehr bescheiden aus. 35 Meter über dem Meeresboden schwebt das 40 Meter lange Luftkissenfahrzeug auf dem Kanal dahin, das heute den Fährdienst besorgt. 35 Meter unter dem Grund der Meerenge sollen die drei Tunnelkanäle den Boden durchbohren.

Seaspeed

kann nämlich die durch den Verkehr verursachten Wärmemengen nicht aus der Röhre hinausblasen. Deshalb setzen die Bauingenieure darauf, daß sich das einsickernde Wasser erwärmt und, herausgepumpt, die unliebsame Energie abführt. Was aber, wenn der Tunnel wider alle Erwartungen absolut dicht ausfällt? – Dann müssen die Erbauer sehr wahrscheinlich nachträglich ein Kühlsystem installieren. Doch damit können sie sich Zeit lassen, denn seine endgültige Temperatur wird der Tunnel erst mehrere Jahrzehnte nach der Einweihung erreichen. Solange dauert es, bis sich die umliegenden Gesteinsmassen erwärmt haben.

Von der Schiene zum Rohr Nur sehr wenige Reisezüge auf der Welt fahren bis jetzt schneller als Tempo 200, während die modernen Linienflugzeuge rund 900 Kilometer in der Stunde schaffen. Zwischen beiden Verkehrsmitteln klafft eine weite Lücke im Angebot der Reisegeschwindigkeiten. Gerade dieser mittlere Bereich ist aber für den besonders regen Verkehr von Großstadt zu Großstadt der wichtigste. Langsamere Fahrzeuge verstopfen die Verkehrsadern und bringen unnötig hohe Reisezeiten mit sich. Der Kurzstreckenflugverkehr dagegen ist ein unrentables Geschäft, raubt den transkontinentalen Maschinen wertvollen Luftraum in den Start- und Landegebieten und bringt bei Reisen von Stadt zu Stadt außerdem keine wesentliche Zeitersparnis, denn die Airports liegen nicht gerade im Herzen der Metropolen.

Bodenverkehrsmittel für 400, 500, 600 Kilometer pro Stunde gibt es aber nicht, und kein einziges eingeführtes System läßt sich durch technische Verbesserungen wirtschaftlich auf solche Geschwindigkeiten hochzüchten. Die Verkehrsstrategen müssen sich schon etwas grundlegend Neues einfallen lassen, wenn sie die immer deutlicher spürbare Lücke schließen wollen. Das ist einerseits eine Zeitfrage, denn ausgefeilte Technologien reifen nicht über Nacht heran, andererseits eine Geldfrage, denn die Einführung neuer internationaler Verkehrsnetze läßt sich unmöglich in wenigen Jahren finanzieren. Doch die langsamen Züge von 1975, die besonders in Europa zum Teil noch auf Schienenwegen aus dem letzten Jahrhundert verkehren, verstopfen schon heute viele Gleisabschnitte. Hier helfen nur Sofortmaßnahmen, und deshalb lassen sich kurzfristige Übergangslösungen für die nächsten ein oder zwei Jahrzehnte nicht umgehen.

Die Eisenbahnreklame aller Länder preist entsprechende Hochgeschwindigkeitszüge oft als technische Spitzenleistungen. Gewiß, für den Schienenverkehr sind sie es, denn schneller als allerhöchstens 400 Kilometer pro Stunde rollt kein Rad mehr sicher auf Geleisen. Diese technische Grenze liegt zudem noch über der wirtschaftlichen. Rentable Rad-Schienen-Systeme für mehr als Tempo 300 sind kaum denkbar. Da hilft kein noch so stabiler Schienenunterbau aus Beton und federnden Gummischichten, und daran führt auch kein Antrieb vorbei, der statt der kraftübertragenden Lokomotivräder mit Gasturbinen oder Linearmotoren arbeitet. Was technisch erreichbar ist, haben Ingenieure in verschiedenen Staaten erprobt, und auf kurzen Strecken verkehren Höchstgeschwindigkeitszüge schon seit einigen Jahren. Andere werden nicht mehr lange auf sich warten lassen (vgl. Abb. 85 bis 87 und Tafel 1)

Extrem schnelle Züge lassen sich einerseits auf den üblichen Schienen nicht sicher führen, andererseits nehmen mit steigendem Tempo die Reibungsverluste und der Materialverschleiß an Rädern und Schienen ungeheuer zu. Das Ideale für Hochgeschwindigkeitsbahnen ist darum eine Führung, bei der das Fahrzeug den Verkehrsweg überhaupt nicht berührt. Die Techniker haben gleich zwei Systeme ausgetüftelt, die das gestatten. In beiden Fällen schwebt der Zug auf einem Kissen, einmal auf einem Luftkissen, einmal auf einem magnetischen.

Das Luftkissenprinzip ist leicht erklärt: Nehmen Sie die kleine Schublade einer Streichholzschachtel, bohren Sie in ihren Boden ein möglichst großes Loch (am besten ein Drittel der ganzen Bodenfläche), legen Sie das Schächtelchen mit seiner Öffnung nach unten auf den Tisch und blasen Sie von oben durch das Loch Luft hinein. Die Schachtel hebt sich ab und schwebt auf einem Luftkissen. Entsprechend einfach und deshalb robust lassen sich Luftkissenfahrzeuge bauen. Allerdings hat das System auch entscheidende Nachteile. So wie Ihnen beim Streichholzschachtelmodell rasch die Puste ausgeht, fordert auch im großen das Luftkissen ständig einen ganz erheblichen Energieaufwand. Außerdem ist das Hochblasen der Streichholzschublade nicht gerade die leiseste Art, die kleine Schachtel von der Tischplatte abzuheben. Dementsprechend wachsen sich die Strömungsgeräusche bei der 100-Tonnen-Variante des Experiments zu einer ganz anständigen Lärmbelästigung aus.

SNCF

Beide Nachteile gibt es beim Magnetkissen nicht. Dafür bereitet die magnetische Lösung größere Schwierigkeiten. Magnete können einander anziehen oder abstoßen, je nachdem, wie herum sie zueinander liegen. Beide Effekte haben sich die Magnetbahnkonstrukteure zunutze gemacht. In einen Fall schwebt der Zug über einer Leitschiene, im anderen hängt er darunter. Auch seitlich halten das Fahrzeug starke Elektromagnete in seiner Spur. Kopfzerbrechen bereitet der äußerst geringe Abstand von nur 15 mm zwischen der Schiene und dem Magnetkissenvehikel. So geringe Distanzen bei hohen Geschwindigkeiten durch ein Präzisionsregelsystem immer exakt einzuhalten, ist nicht gerade leicht. Entsprechend teuer fällt das Leitschienensystem gegenüber der Führungstrasse für Luftkissenfahrzeuge aus. Doch die viel geringeren Betriebskosten machen das mehr als wett, und auf lange Zeit dürfte der Magnetkissenzug seinem »aufgeblasenen« Konkurrenten den Rang ablaufen. Einige Beispiele für beide Systeme sind in den Abbildungen 88 bis 92 zusammengestellt.

In allerjüngster Zeit ist eine äußerst erfolgversprechende Variante des elektrischen Schwebens auf den Reißbrettern deutscher und amerikanischer Ingenieure entstanden: das sogenannte elektrodynamische System. Es gestattet, die Züge ohne Schwierigkeiten 10, 20 oder sogar 30 cm von den Führungsschienen abzuheben. Um das Funktionieren zu erklären, will ich noch einmal kurz auf das Magnetkissenprinzip eingehen. Bei einem Zug, der sich, mit starken Elektromagneten an Bord, von seiner Fahrbahn abstoßen will, müssen auch die Leitschienen als Magneten aufgebaut sein, denn anziehen kann ein Magnet zwar jedes beliebige Stück Eisen, abstoßen kann er sich aber nur von einem anderen Magneten. Bei dem elektrodynamischen Verfahren ist das anders. Elektrodynamische Züge haben so starke Magnetspulen an Bord, daß die magnetischen Kraftlinien in

Abbildung 85: Den Turbotrain TGV 001 setzt die Französische Eisenbahngesellschaft SNCF auf der Strecke Paris–Lyon ein. Bei Versuchsfahrten erreichte er eine Spitzengeschwindigkeit von 318 km/h.

Abbildung 86: Mit dem Versuchsfahrzeug APT-E sammelten die British Railways drei Jahre lang Hochgeschwindigkeits-Erfahrungen. Ab 1975 nimmt zunächst der HST, eine langsamere Variante dieses Zuges, den Liniendienst zwischen London und Glasgow auf. Der 250 km/h schnelle APT soll erst in den späten achtziger Jahren verkehren.

Tafel 1
Verbessertes Rad-Schiene-System

Land	Hersteller	Typ	Maximal-geschwindigkeit (km/h)	Antrieb	Entwicklungs-stand
USA	Garrett/AiResearch	GT–2/GT–4	160/200	Gasturbine od. E-Motor	Versuche 1969
	Budd/Westinghouse	Budd-Car	240	Gasturbine	Versuche 1967
	Westinghouse	×	480	Elektromotor	Studie 1969
	General Electric	×	?	Elektromotor	Studie 1969
	Garrett/AiResearch	LIMTV	400	Linearmotor od. Gasturbine	Erprobung 1971
Kanada	UAC/Sikorsky	Turbotrain	170–290	Gasturbine	Einsatz seit 1969
Japan	(New Tokaido Line)	Hikari	210	Elektromotor	Einsatz seit 1964
	San Yo Shin Kasen	Mod. 951	250	Elektromotor	Versuche 1969
UdSSR	Rigaer Waggonfabrik	×	200	Elektromotor	Erprobung 1970
	×	»Kiew«-Eisenbahn	300–400	Linearmotor	Versuche 1971
England	×	4 RD 1	200	Dieselmotor	Prototyp
	×	HST	200	Gasturbine	Einsatz 1975
	×	APT	240	Gasturbine	Versuche 1972
Frankreich	×	Turbotrain	300	Gasturbine	Versuche 1972
	Jeumont-Schneider	Rail-Jet	300	Linearmotor	Versuche 1970
BRD	×	E 103	200	Elektromotor	Einsatz 1970
	×	E 403	200	Elektromotor	Erprobung 1972
	×	VT 602	200	Gasturbine od. Dieselmotor	Erprobung 1971
Italien	×	ETR Y 0160	250	Elektromotor	Erprobung 1971

Fahrschienen aus beliebigem Metall kräftige Wirbelströme beim Darüberfahren hervorrufen.

Die Elektriker verstehen das; technisch weniger spezialisierte Leser müssen ausnahmsweise einmal ohne nähere Erklärung glauben, daß sich dadurch die Schienen immer gerade dann, wenn sich der Zug darüberbewegt, genau so verhalten, als seien sie selbst starke Magneten. Sie stoßen deshalb die Magnetspulen im Fahrzeug kräftig ab und heben die Bahn hoch. Das läßt sich aber nur erreichen, wenn in den Elektromagneten an Bord gewaltige Ströme fließen, die jede übliche Konstruktion unzulässig stark erhitzen würden. Hier greifen die Ingenieure zu einem Trick, der schon bei der Stromversorgung von Ballungsgebieten beschrieben wurde. Sie kühlen die Leitungen mit flüssigem Helium auf −269 Grad Celsius ab. Dadurch verschwindet jeglicher elektrische Widerstand, und die Spulen lassen sich während der Fahrt sogar kurzschließen. Der elektrische Strom fließt dann ohne jeden äußeren Nachschub immer im Kreis herum.

Einfacher ließ sich das elektrodynamische Schweben leider nicht erklären, aber schließlich haben ja nicht ganz umsonst ganze Stäbe von Wissenschaftlern aus mehreren Mammutkonzernen zusammengearbeitet, um diese Lösung auszutüfteln. Es ist schon eine tolle Sache, was da in den Entwicklungsbüros in aller Stille herangereift ist und heute bereits praktisch erprobt wird (vgl. Abb. 93).

Interessant ist, daß ausgerechnet dieses modernste aller Hochgeschwindigkeits-Schwebefahrzeuge auch auf den alten Schienensträngen der Eisenbahn von heute fahren kann. Das geht zwar nicht gerade mit Tempo 500, sondern mit konventionellen Reisegeschwindigkeiten; aber möglich ist es. Die Konstrukteure haben nämlich aus einer Not eine Tugend gemacht. Das elektrodynamische Schweben funktioniert nur bei mittleren und höheren Geschwindigkeiten. Beim Anfahren und Stehenbleiben muß der Zug wie die gute alte Eisenbahn auf Rädern fahren. Die lassen sich ausfahren wie die Fahrwerke eines Flugzeuges.

Warum also sollten sie nicht zu dem vorhandenen Schienennetz passen? Das hat den Vorteil, daß sich die teuren neuen Streckenabschnitte nach und nach einführen lassen, ohne daß die ebenfalls nicht billigen neuen Züge nur auf kurzen Linienstücken fahren können. Zugleich ist es ja äußerst wichtig, daß neuartige Verkehrsmittel nicht nur in einem einzigen Land fahren können und mit den Staats-

SERVIZIO
ARVA
VIA TRIPOLI 147

AEROTRAIN experimental 02

grenzen zugleich die Grenze ihres Spezialschienennetzes erreichen. Deshalb hat ein neues System, das die internationalen alten Gleise benutzen kann, auch die Chancen, sich international durchzusetzen.

Um Ihnen eine Übersicht über alle Schwebebahnprojekte, gleich ob mit Luftkissen, Magnetkissen oder elektrodynamischem System, zu geben, sind die Bestrebungen der einzelnen Länder auf diesem Gebiet in Tafel 2 zusammengestellt.

Wenn sich die verschiedenen Testfahrzeuge auf werkseigenen oder öffentlichen Versuchsstrecken bewährt haben werden und die Konstruktionen für den Linienverkehr technisch ausgereift sind, wird allerdings für viele einzelne Firmen und Unternehmensgruppen, die voll Hoffnung auf das zukunftsträchtige Geschäft gewaltige Entwicklungsbeträge locker gemacht haben, das große Erwachen kommen. Dann nämlich wandern die Projekte von den Schreibtischen der subventionsfreudigen nationalen Forschungsministerien auf jene der für die internationale Zusammenarbeit zuständigen Politiker.

Für welches System wird man sich in Europa entscheiden, für ein französisches, ein englisches, ein deutsches? Alle Bahnen zugleich lassen sich ja nicht einführen. Oder sollte doch jeder Staat sein eigenes Streckennetz nach den Plänen seiner eigenen Industriefirmen ausbauen? Dann müßten allerdings in Zukunft die Fahrgäste an den Grenzen umsteigen, und der Zeitgewinn durch die teuren schnellen Züge wäre dahin. Noch steckt den Technikern zu sehr die widersinnige Einführung dreier verschiedener Schwarzweiß-Fernsehnormen und zweier grundverschiedener Farbfernsehsysteme in den Knochen, als daß sie den Politikern die Verwirklichung eines einheitlichen internationalen europäischen Schnellverkehrssystems zutrauen würden. Bis heute jedenfalls gibt es keinerlei gegenseitige Absprache auf dem Verkehrssektor.

Abbildung 87: Ein Zug legt sich in die Kurve: Die italienischen Staatsbahnen experimentieren mit einem elektrischen Triebwagenzug (ETR Y 0160), dessen Wagenkästen ein elektronisches Regelsystem je nach dem Kurvenradius mehr oder weniger stark in die Schräglage neigt. Dadurch kann der Zug auch auf alten Schienennetzen ohne überhöhte Gleisbögen mit Maximalgeschwindigkeiten von 250 km/h verkehren.

Abbildung 88: Die französische Société Bertin baute 1965 das erste Luftkissen-Versuchsfahrzeug der Welt für den Betrieb auf einer festen Trasse. In den Jahren darauf folgten rasch weiterentwickelte Modelle. Die Abbildung zeigt ein Experimentalfahrzeug von 1968.

AEROTRAN

Alle Länder arbeiten parallel zueinander an aufwendigen eigenen Projekten, und der deutsche Verkehrsminister Georg Leber meinte 1972 in einem Interview unbekümmert zu diesem Problem: »Technische Entwicklungen werden nicht durch Staatsverträge entschieden. Hierbei spielt eine gewisse Ideenkonkurrenz eine bedeutende Rolle und dürfte das Geld, das sie mehr kostet, mit Sicherheit einbringen.« Nun, solche Ideenkonkurrenzen mögen in der Tat fruchtbar sein, sofern die Politiker nach dem vollendeten Wettlauf wirklich bereit sind, dem technischen Sieger und nicht dem Hätschelkind der eigenen Nation ihre Stimme zu geben. Leider war das zumindest in der europäischen Geschichte noch nie der Fall. Neben der Ideenkonkurrenz der Fernsehsysteme gab es die der Reaktortechnik. Wohin hat sie geführt? – Zu Atomkraftwerken in England, Frankreich und Deutschland, die technisch absolut unvereinbar miteinander sind. Und gerade die Verkehrsexperten unter den Politikern sollten das Debakel noch nicht vergessen haben, das vor gar nicht allzulanger Zeit die Einführung der unterschiedlichsten Elektroloks und damit der unterschiedlichsten Fahrdrahtsysteme in den einzelnen Ländern Europas heraufbeschworen hat.

Weniger problematisch als verschiedenartige Schienen oder Trassen sind von Land zu Land voneinander abweichende Bahnantriebe. Wie heute auf ein und demselben Gleis die alten Dampfloks, Elektro- und Dieselloks fahren, so können grundsätzlich auch auf zukünftigen Strecken Züge mit unterschiedlichen Triebwerken verkehren. Antriebe, bei denen Räder die Kraft auf die Fahrbahn übertragen, kommen natürlich für schwebende Verkehrsmittel nicht in Frage.

Welche anderen Techniken sind im Gespräch? –

Abbildung 89: In den späten siebziger Jahren sollen die ersten Luftkissenfahrzeuge probeweise den Linienbetrieb aufnehmen. Ein 36 Meter langer Doppeltriebwagen wird nach diesem Entwurf ab 1977 auf der 24 Kilometer langen Vorortstrecke zwischen Paris–La Défense und Ville Nouvelle de Cergy–Pontoise verkehren und kann stündlich 2500 bis 4000 Fahrgäste befördern.

Abbildung 90: Für das US Department of Transportation hat die amerikanische Firma Rohr Industries den französischen Aerotrain weiterentwickelt. Der schwebende Stromlinientriebwagen kann 60 Fahrgäste befördern und soll im Intercity-Verkehr eingesetzt werden. Geplante Reisegeschwindigkeit: vorerst 240 km/h.

transrapid

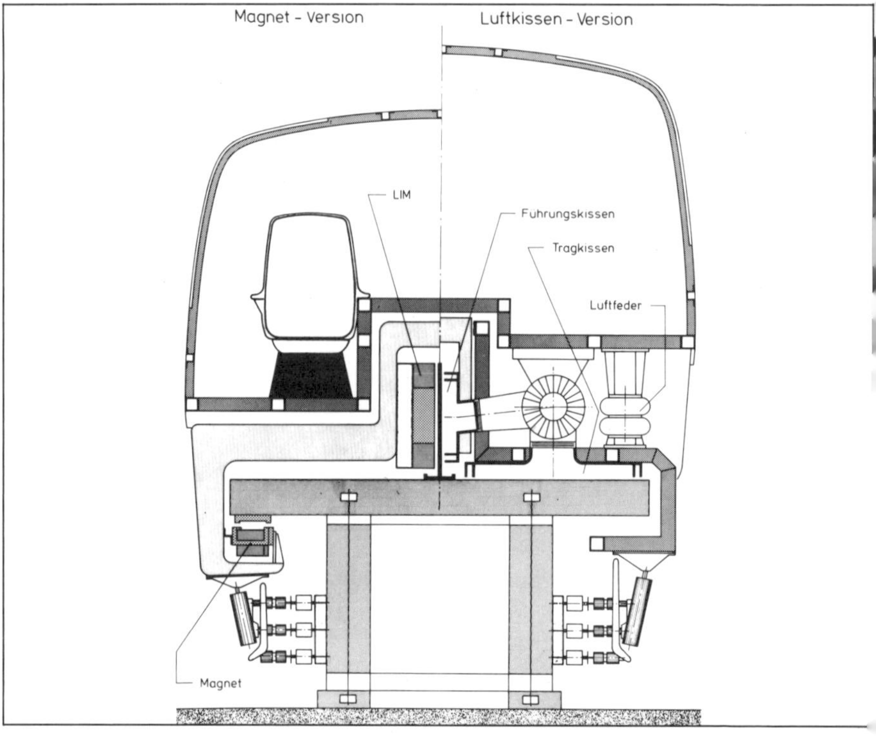
Magnet - Version
Luftkissen - Version
LIM
Führungskissen
Tragkissen
Luftfeder
Magnet

Favorit bei den Konstrukteuren ist der Linearmotor, den Sie sich als einen »abgewickelten« Elektromotor vorstellen können. Das Herz eines jeden Elektromotors ist ein rotierender »Läufer«, den ein fester »Ständer« ringförmig umgibt. Beim Linearmotor ist einfach der »Ständer« aufgeschnitten und in eine Ebene gestreckt. So ein ebener Ständer läßt sich ohne weiteres beliebig lang ausdehnen. Dem rotierenden »Läufer« des Elektromotors entspricht dann beim Linearmotor ein »Läufer«, der geradlinig an dem ebenen »Ständer« entlangwandert. Wenn Sie jetzt statt »Ständer« »Schiene« sagen und statt »Läufer« »Zug«, dann steht das Wesen des Linearantriebs deutlich vor Ihrem geistigen Auge. Weil es bei diesem Triebwerk außer dem Zug selbst keinerlei bewegte Teile gibt, ist es äußerst zuverlässig, wartungsarm, robust und im Betrieb sehr leise.

Als Alternative bietet sich eigentlich nur die Gasturbine an, das bekannte Düsentriebwerk der Flugzeuge also. Ein Luftkissenfahrzeug mit so einem Antrieb zeigen die Abbildungen 94 a und b. Natürlich ist so eine Turbine eine ganz schöne »windige« Sache. Deshalb müssen die Bahnhöfe so gebaut sein, daß die startenden Düsentriebwagen keine Fahrgäste vom Bahnsteig blasen können. Zudem ist der schon beim Luftverkehr nicht gerade hoch geschätzte Turbinenlärm für ein Landfahrzeug eine fragwürdige Errungenschaft, von der Abgasfrage einmal ganz abgesehen.

Wann werden die neuartigen Schnellverkehrsmittel durch unsere Lande schweben? Von einigen kurzen Versuchsstrecken abgesehen, kann das noch eine ganze Weile dauern. Die technische Reife eines neuen Verkehrssystems allein genügt keinesfalls für seine Einführung. Es muß auch rentabel sein, das heißt, der Fahrtkilometer darf nicht wesentlich mehr kosten als bei einer Reise im Ersteklasseabteil eines D-Zuges. Solche Preise setzen für die unkonventionellen

Abbildung 91a: Die deutsche Firma Krauss-Maffei baute 1969 das erste Funktionsmodell der Welt mit elektromagnetischer Abstützung und Führung. Zwei Jahre später starteten die Versuche mit dem Magnetkissenfahrzeug Transrapid 02, das diese Abbildung zeigt.

Abbildung 91b: Im Auftrag der deutschen Bundesregierung vergleicht Kraus-Maffei die technischen und wirtschaftlichen Vor- und Nachteile der Luftkissen- und der Magnetlösung miteinander. Dafür hat die Firma vom selben Fahrzeugtyp zwei Varianten gebaut.

Schnellbahnen aber ganz beträchtliche Verkehrsströme voraus. 3000 bis 6000 Fahrgäste müssen täglich auf einer Fernstrecke in jeder Richtung reisen, bevor sich die neuen Schwebefahrzeuge wirtschaftlich einsetzen lassen. Diese Voraussetzung ist heute erst in ganz wenigen Gebieten der Erde gegeben, nämlich an der Ostküste der japanischen Hauptinsel Hanshu, in Mitteleuropa und im Nordostkorridor der USA. Zumindest in den nächsten zwei Jahrzehnten werden deshalb Luft- und Magnetkissenfahrzeuge nur durch diese Regionen schweben.

Ich habe gerade die Wirtschaftlichkeitsgrenze mit 3000 bis 6000 Fahrgästen pro Tag beziffert. Das ist eine weite Spanne, die sich dadurch erklärt, daß die Kaufleute im Falle der niedrigeren Zahl auf einen hohen zusätzlichen Gütertransportanteil hoffen. Nicht nur der Personenverkehr nimmt ja zu. Es ist deshalb nicht verwunderlich, wenn Verkehrsstrategen in der Industrie auch neue Transportmittel ersinnen, die überhaupt nur für die Materialbeförderung gedacht sind.

Hochwertige Wirtschaftsgüter wie Möbel, Maschinen, Autos oder Lebensmittel lassen sich natürlich ohne weiteres auch in geeigneten Güterwagen mit den geplanten Schwebebahnen befördern. Anders ist es bei den sogenannten Massenschüttgütern wie Kohle, Erzen, Sand oder Kies, deren Transportkosten heute nicht selten mehr als die Hälfte des Marktpreises ausmachen. Hier fehlt ein leistungsfähiges System, das solche Rohstoffe wirtschaftlicher als bisher über weite Entfernungen befördert. Eine deutsche Arbeitsgemeinschaft (asbz) aus fünf Industrieunternehmen und einem Hochschulinstitut entwickelt es jetzt unter der Bezeichnung »schnellfahrende Bandzüge«.

Abbildung 92: So soll der Magnetkissenzug Transrapid später aussehen. Das 45 Meter lange Fahrzeug hat 144 Sitze und legt in der Stunde 500 km zurück. Die erste 60 Kilometer lange öffentliche Versuchsstrecke könnte die Flughäfen von Köln und Düsseldorf miteinander verbinden.

Abbildung 93: Auf —269 °C unterkühlte Supermagneten heben dieses von den drei großen deutschen Elektrokonzernen AEG, BBC und Siemens gemeinsam entwickelte 20 Tonnen schwere Testfahrzeug mehr als zehn Zentimeter hoch über seine Schienen und spotten dabei der Fliehkraft, die das mit 200 km/h dahinrasende Fahrzeug in einer engen Kurve auf die Fahrbahn preßt. Ab 1977/78 sollen elektrodynamische Versuchszüge mit Tempo 500 über eine 70 km lange nationale Teststrecke schießen.

transrapid

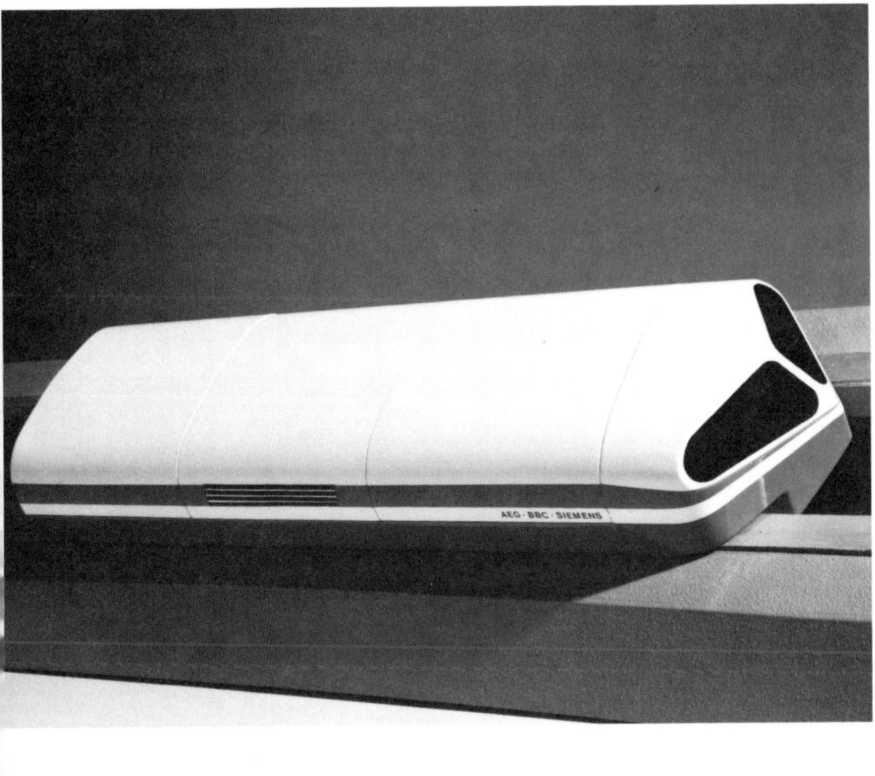
AEG · BBC · SIEMENS

Tafel 2
Schwebebahnsysteme

a) Luftkissen

Land	Hersteller	Typ	Maximal-geschwindigkeit (km/h)	Antrieb	Entwicklungs-stand
USA	Grumman/Garrett	TACRV	480	Gasturbine od. Linearmotor	Versuche 1972
	General Motors	Hovair	500	Linearmotor	Konzept
	Rohr Industries	Aerotrain M–60/–80/–100	275	Linearmotor	Einsatz geplant
	Vought Aeronautics	TACV	400	Linearmotor	Einsatz geplant
	Boeing	TACV	?	Linearmotor	Einsatz geplant
Frankreich	Soc. de l'Aerotrain	Aerotrain 01	300 (345)	Gasturbine	Versuche 1965
	Soc. de l'Aerotrain	Aerotrain 02	422	Gasturbine	Versuche 1967
	Soc. de l'Aerotrain	Aerotrain Orleans 250–90	280–300	Gasturbine	Erprobung 1969
	Soc. de l'Aerotrain	Aerotrain Suburban 180–44	180–200	Linearmotor	Erprobung 1969
England	Tracked Hovercraft Ltd.	Hovertrain RTV 31	400	Linearmotor	Versuche 1971
	Tracked Hovercraft Ltd.	Hovertrain	600–700	Linearmotor	Einsatz geplant
	Hovercraft Development Ltd.	Hovercar	480	Linearmotor	Prototyp 1970
	[illegible]	[illegible]	?	Linearmotor	Versuche 1972

Land	Hersteller	Typ	Maximal-geschwindigkeit (km/h)	Antrieb	Entwicklungs-stand
USA	G. M. Polgreen	Magnarail (PMS)	?	Linearmotor	Konzept
	Rohr Industries	×	?	Linearmotor	Versuche 1972
	Garrett/AiResearch	ATS	?	Linearmotor	Studie 1971
Japan	Meijo Universität Nagoya	Sonic Pillar Guideway Jet-Train	980	?	Studie
BRD	Messerschmitt-Bölkow-Blohm	Prinzipfahrzeug	60–70	Linearmotor	Versuche 1971
	Krauss-Maffei	Transrapid 002	160–350	Linearmotor	Versuche 1971
	Krupp	PMS	?	?	Modellversuche
	MBB, DB, STRABAG	HSB	400	Linearmotor	Studien 1968/71
	MBB	St–2000	500	Linearmotor	Konzept 1971
	Krauss-Maffei	Transrapid	500–550	Linearmotor	Konzept 1970
Frankreich	Société Bertin	×	?	Linearmotor	Studie 1971

c) Elektrodynamisches Prinzip

Land	Hersteller	Typ	Maximal-geschwindigkeit (km/h)	Antrieb	Entwicklungs-stand
BRD	AEG, BBC, Siemens	×	400–500	Linearmotor	Modellversuche ab 1971
	Bewag/Hochhäuser	×	?	Elektromotor	Modellversuche ab 1971
Japan	Hitachi	×	450–500	Linearmotor	Studie 1970
USA	Ford Motor Co.	×	?	?	Studie 1971

AEROTRAIN

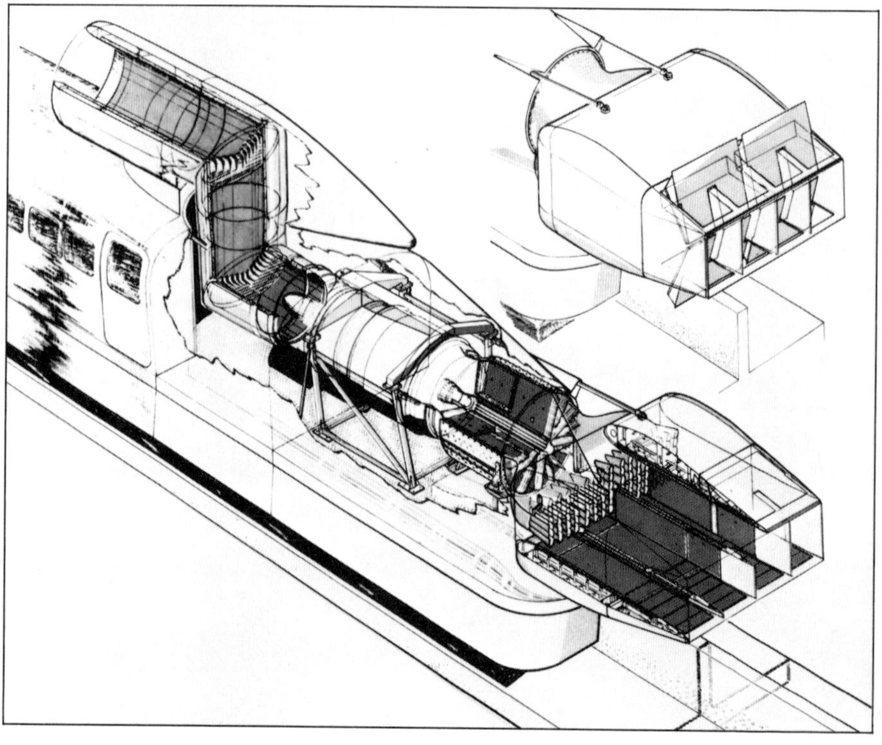

Die Abbildung 95 zeigt ein Modell. Ein Zug, der im wesentlichen aus einem langen trogförmigen Transportband besteht, hängt an einer aufgeständerten Fahrbahn. Dort läuft er mit üblichen Eisenbahnrädern auf zwei Schienen. Ein linearer Motor treibt ihn an. Zwar schafft er nur 72 bis 95 Kilometer in der Stunde, aber er hat ja auch keine eiligen Fahrgäste an Bord. Dafür ist das Fassungsvermögen dieser Züge beachtlich. Pro Meter ihrer Länge lassen sie sich mit 1650 Kilogramm Schüttgut beladen, und sie sind nicht eben kurz. 84 Meter lange Einzelfahrzeuge wollen die Konstrukteure zu 420 bis 2500 Meter langen Zügen zusammenkoppeln. Die Nutzlast dieser »Bandwürmer« liegt dann je nach Länge zwischen 693 und 4120 Tonnen. Fast jede Minute kann ein kurzer, fast alle drei Minuten ein langer Zug starten, so daß auf einer einzigen Strecke stündlich zwischen 35 und 80 Tausend Tonnen Schüttgüter ihr Ziel erreichen. Solche ungeheuren Fördermengen lassen sich natürlich nicht gerade mit der Schaufel verladen. Dafür wird es spezielle Beschickungs- und Entleerungsbunker geben.

Vor dem Start werden die Züge von oben her vollgeschüttet, am Ziel klappen ihre elastischen Seitenwände herunter, und die Ladung fällt einfach heraus. Die Fördertröge fahren vollautomatisch und deshalb ohne Begleitpersonal. Ihrer speziellen Transportaufgabe gemäß sollen sie einmal die großen Bergwerksgebiete der Welt mit den oft Tausende von Kilometern entfernten Industriegebieten verbinden. Dem kommt die aufgeständerte Fahrbahn sehr entgegen, denn sie läßt sich ohne große zusätzliche Kosten in Sandwüsten, Sumpfland oder über Wasserläufe ebenso leicht verlegen wie auf festem Flachland. Auch große Steigungen und starkes Gefälle überwinden die Bandzüge ohne Schwierigkeiten. Ihren wirtschaftlichen Nutzeffekt zeigt ein Beispiel: Wer mit der neuen asbz-Bahn jährlich 40 Millionen Tonnen Schüttgüter über eine nur 100 Kilometer weite Strecke befördert, spart gegenüber dem heute üblichen Güterzugtransport jedes Jahr 21,6 Millionen DM.

Nach diesem Abstecher zur Materialfördertechnik noch einmal zum Personentransport. Noch fahren die schnellen Schwebebahnen

Abbildungen 94 a und b: Ein Flugzeug auf Schienen: Mitte 1973 hat die französische Société de l'Aerotrain eines ihrer Luftkissenfahrzeuge mit einer Gasturbine ausgerüstet. Der Versuchstriebwagen hat damit den gleichen Antrieb wie moderne Düsenflugzeuge.

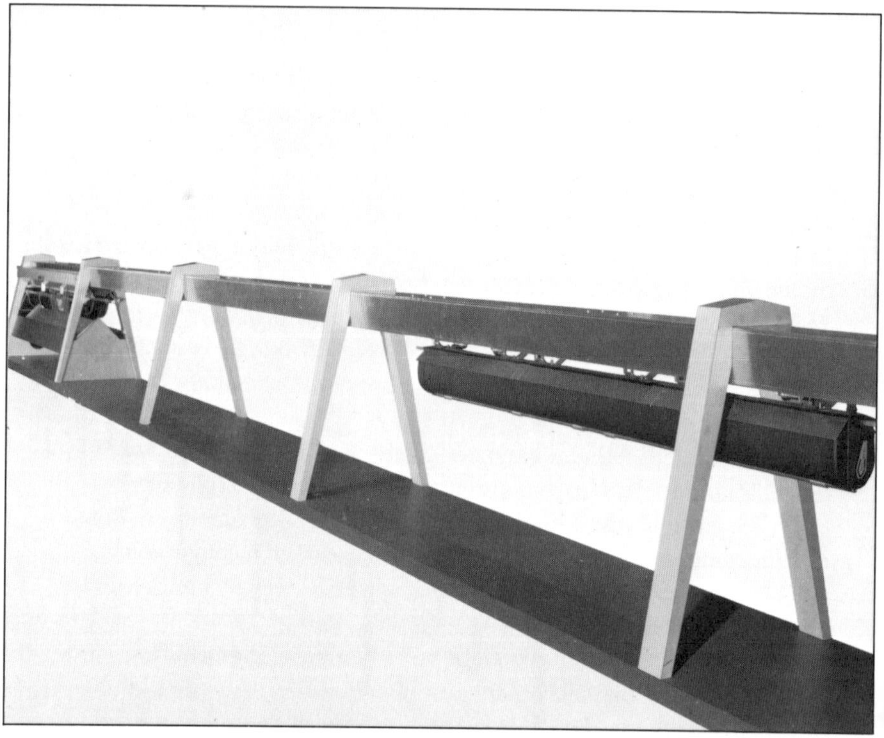

erst auf einigen wenigen Versuchsstrecken, da kündigt sich schon die übernächste Verkehrsgeneration an: Röhrenzüge. Welche Vorschläge es bis jetzt dafür gibt, ist in der Tafel 3 zusammengestellt. Nur auf zwei der Projekte sei näher eingegangen, auf das des amerikanischen Rensselaer Polytechnic Institute, das internationale Beachtung fand, und auf den in vieler Hinsicht bemerkenswerten Vorschlag des deutschen Laing-Instituts. Die meisten anderen Entwürfe dürften kaum eine Weiterentwicklung lohnen, denn sie leisten bei größerem Aufwand nicht oder wenigstens nicht wesentlich mehr als die inzwischen erprobten Magnetkissenfahrzeuge. Die beiden erwähnten Modelle unterscheiden sich dagegen schon in ihrer hohen Maximalgeschwindigkeit von 1000 Kilometern pro Stunde wesentlich von allen anderen Bodenverkehrsmitteln.

Der geistige Vater des amerikanischen Konzeptes, Joseph V. Foa, plant Züge, die sich in luftgefüllten Röhren bewegen (vgl. Abb. 96 und 97). Der Antrieb ist einfach: Ein Propeller befördert die Luft unmittelbar vor dem Fahrzeug unmittelbar hinter dieses. Am wirkungsvollsten schafft das ein sogenanntes »cryptostatisches« Triebwerk, das sich etwas großzügig als ein Propeller bezeichnen läßt, dessen Schaufeln nicht aus festem Material, sondern aus Luftwirbelflächen bestehen. Auch die Führung des Fahrzeuges im Rohr ist denkbar einfach. Bei der hohen Geschwindigkeit bildet die um den Rumpf strömende Luft ein allseitiges Luftkissen, das den Zug von den Rohrwänden fernhält. Schmale Tragflächen über und unter dem Fahrzeug verbessern die Wirkung dieses Effektes noch wesentlich.

Um einen Foa-Zug abzubremsen, braucht sein Führer nur das Triebwerk abzuschalten. Wie ein Kolben in einem Zylinder komprimiert das Röhrengefährt dann die Luft vor sich und kommt rasch zum Stillstand. Ungelöst ist bis jetzt die Frage der Energiezufuhr zum Antriebspropeller. Weil das Fahrzeug rundum keine Wandberührung hat und sich außerdem je nach seiner Reisegeschwindigkeit

Abbildung 95: Mehrere hundert Meter lange elastische Tröge sollen als »Schnellfahrende Bandzüge« in Zukunft Massenschüttgüter wie Kohle, Erze, Sand oder Kies billig über weite Strecken befördern. Das Bild zeigt ein Modell. Im Hintergrund ist ein Be- und Entladebunker zu sehen.

Abbildung 96: Schnell wie ein Düsenflugzeug schießt der Röhrenzug des amerikanischen Erfinders Joseph V. Foa durch luftgefüllte Rohre.

Tafel 3
Röhren- oder Tunnelzüge

Land	Hersteller	Typ	Maximal-geschwindigkeit (km/h)	Antrieb	Entwicklungs-stand
USA	Tube Transit Corp.	Gravity Vacuum Transit-System	?	Luftdruck	Modellversuche 1960–65
	Celestial Research Corp.	Cryopumped Tube Prain (CTT)	650	Linearmotor od. Raketenantrieb	Konzept
	Illinois Institute of Technology	Passive Tube Transport System	350	»Coanda«	Modellversuch
	Rensselaer Polytechnic Institute	»Tubeflight«	500–1000	cryptostatischer Druckausgleich oder Propeller mit Gasturbine oder E-Motor	Studie
	Rohr Industries	ROMAG	Überschall	elektromagnetisch	Modellversuche 1971
	Kemper	×	800	Linearmotor	Konzept
BRD	Laing-Institut	Impuls-Röhrenbahn	1000	Wasser-Reaktions-Antrieb	Studie 1974

automatisch verschieden schräg in die Kurve legt, ist eine Stromzuführung über Schienen oder Oberleitungen unmöglich. Treibstofftanks an Bord wären eine technisch praktikable Lösung, doch die Abgase, die Verbrennungsmaschinen unweigerlich liefern, würden die Atmosphäre in den Röhren rasch vergiften. Die einzig denkbare Lösung liegt in einer Elektrizitätszufuhr über Mikrowellen, die, ähnlich wie Rundfunkwellen, drahtlos durch die Röhre laufen, und die eine Antenne am Heck des Zuges auffängt. Entwickelt ist so ein System allerdings noch nicht.

Alles in allem zeichnet sich der amerikanische Röhrenzugentwurf durch große Sicherheit, eine relativ preiswerte Streckeninstallation, hohe Reisegeschwindigkeiten bei ruhigem Lauf und geringe Betriebskosten aus.

Vollkommen anders als bei Foa sollen die Röhrenzüge von Nikolaus Laing fahren. Ein grundsätzlicher Unterschied liegt schon darin, daß seine Rohre nicht luftgefüllt sind, sondern stark verdünnten Wasserdampf enthalten. Der Innendruck entspricht nur etwas mehr als einem Sechzigstel des normalen Luftdrucks. Solchen niedrigen Werten begegnen beispielsweise Astronauten in 45 Kilometern Höhe über dem Erdboden. Der Laing-Zug braucht deswegen in seinem Rohr kaum einen »Luftwiderstand« zu überwinden. Das wirkt sich besonders bei hohen Geschwindigkeiten extrem energiesparend aus, denn bei doppeltem Tempo steigt die erforderliche Antriebsleistung auf das Achtfache!

Warum aber verwendet der Erfinder nicht einfach verdünnte Luft, sondern gesättigten Wasserdampf?

»Weil in Wasserdampf die Schallgeschwindigkeit um rund ein Viertel größer ist als in Luft«, erklärt er. »In einer Wasserdampfatmosphäre können Züge deshalb wesentlich höhere Geschwindigkeiten erreichen, bevor es zu dem so gefürchteten Knall beim Durchbrechen der Schallmauer kommt.« In einem fast luftleeren Rohr ist natürlich keine Luftkissenführung möglich. Das Laing-Fahrzeug kann deshalb nicht auf eine Fahrschiene verzichten. Es gleitet mit Greifbügeln an einer runden verchromten Hohlschiene entlang (vgl. Abb. 98). Damit auch hier keine große bremsende Reibung entsteht, hat der findige Physiker sich etwas Überraschendes einfallen lassen: Die Führungsschuhe schweben auf Wasserkissen und berühren deshalb die Leitschiene überhaupt nicht.

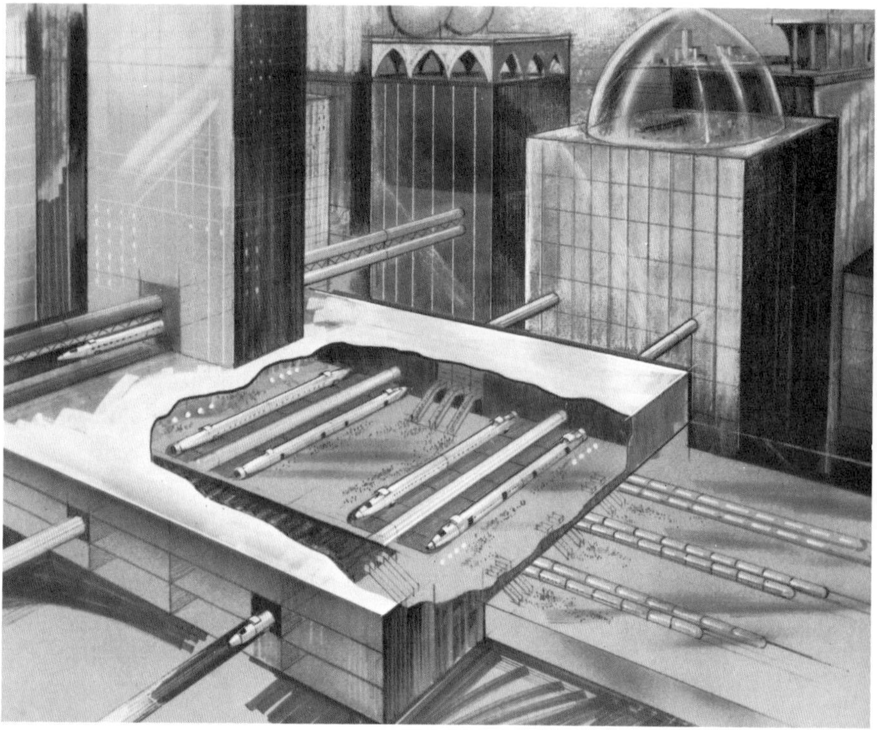

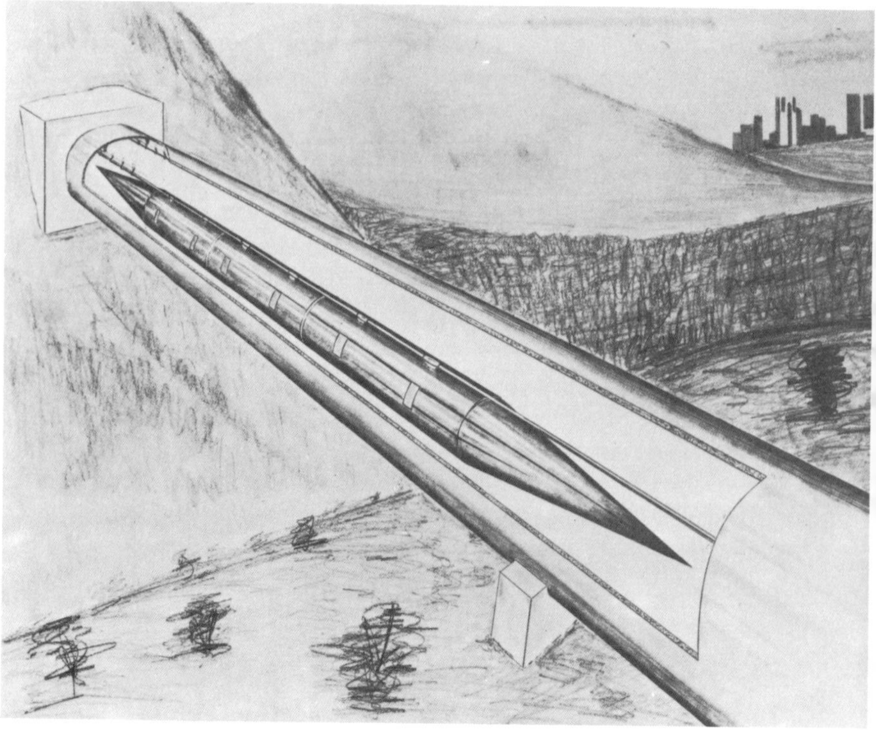

Das neue Flüssigkeitslager hat ganz erstaunliche Eigenschaften. Bei einer Reisegeschwindigkeit von 750 Kilometern pro Stunde erzeugen sechs solche Lager, auf denen der 300 Tonnen schwere Laing-Zug berührungsfrei gleitet, zusammen kaum größere Reibungsverluste als der durch den verdünnten Wasserdampf bedingte äußerst geringe Fahrtwiderstand! Ein auf Tempo 1000 beschleunigter Impuls-Röhrenzug könnte deswegen ohne jegliche weitere Energiezufuhr 1200 Kilometer weit »auslaufen«, bevor er zum Stillstand kommt. Ein gleichschweres Kurzstreckenverkehrsflugzeug in 3500 Metern Höhe muß dagegen allein einen Luftwiderstand überwinden, der fast 30mal so groß ist wie der Wasserdampfwiderstand und die Lagerreibungskräfte der Laing-Röhrenbahn zusammen. Natürlich braucht es dazu auch 30mal soviel Energie.

Noch ungewöhnlicher als die Wasserlager ist das Antriebssystem des superschnellen Fahrzeuges. Ich habe gesagt, daß der elektrische Linearmotor im Grunde nichts anderes ist als ein in die Ebene gestreckter Elektromotor. Laing macht das gleiche mit einer Wasserturbine, deren Schaufeln bekanntlich ein gezielter Strahl aus einer Düse in Bewegung setzt. Die Schaufeln, sonst auf einem Rad angeordnet, befestigt der Erfinder des Impulsröhrenzuges hintereinander am »Bauch« seines Gefährts. Die dazugehörigen Spritzdüsen sind fest am Boden der Fahrtröhre angebracht, und zwar nicht auf der ganzen Strecke, sondern nur etwa sieben Kilometer hinter jeder Station. Beim Anfahren spritzen die kräftigen Wasserstrahlen aus diesen Düsen den Zug regelrecht fort. Das Wasser sammelt sich unten im Rohr, läßt sich wieder abpumpen und zum Starten des nächsten Zuges verwenden.

Das hört sich nach einem riesenhaften Kinderspielzeug an, ist es aber in keiner Weise, denn die tausendfach bewährte »Pelton-Tur-

Abbildung 97: So sieht ein Graphiker einen Röhrenzugbahnhof der Zukunft. Mehrere Fahrzeuge stehen während des Ein- und Aussteigens neben den Fahrtröhren. Für die Weiterfahrt schiebt sie eine Automatik wieder in ihr Rohr. Weil es keinen Verkehrslärm gibt, lassen sich die Strecken in der City sogar mitten durch Gebäude verlegen.

Abbildung 98: Die Laing-Impulsröhrenbahn wartet von allen bekannten und für die Zukunft erwogenen Verkehrssystemen mit der günstigsten Energiebilanz auf. Obwohl sie doppelt so schnell fährt wie ein moderner Magnetkissenzug (vgl. Abb. 92) braucht sie nur wenig mehr als ein Vierzigstel der Antriebsenergie.

bine«, mit deren linearer Variante wir es hier zu tun haben, ist die Kraftmaschine mit dem höchsten bekannten Wirkungsgrad. Dieser Antrieb nutzt bis zu 95 Prozent der Wasserstrahlenergie! Natürlich will der Strahl erst erzeugt sein, und die elektrischen Motoren und Pumpen, die das besorgen, arbeiten nicht ganz so verlustarm. Alles in allem ist der Energiebedarf für die Beschleunigung des Laing-Fahrzeuges aber äußerst gering.

Der billige Start und der geringe Fahrtwiderstand sind allein schon sehr attraktiv. Das Beste aber kommt noch. Wenn der Foa-Röhrenzug mit rasendem Tempo eine Station erreicht und zum Stillstand gebremst wird, gehen große Energiemengen unwiederbringlich verloren. Nicht so bei der Laing-Bahn! Rund 12 Kilometer vor jedem Bahnhof beginnt auf dem Boden des Fahrrohrs eine wassergefüllte Rinne, die bis zur Station reicht. In sie senken sich vom Fahrzeug aus nach vorn gerichtete »Bremsrüssel« hinein. Durch sie wird das Wasser aus der Rinne mit hohem Druck in Speicherkessel im Inneren des Zuges gepreßt. Diese Tanks sind zum Teil mit Wasser, zum Teil mit Gas gefüllt. Das einströmende Wasser drückt das Gas stark zusammen und erhitzt es dabei. Die Wärmeenergie nimmt ein Latentspeicher auf. Diese Wärmespeicher wurden schon auf Seite 183 beschrieben. Fährt der Zug nach dem Halten auf einer Station wieder an, dann preßt das komprimierte Gas das aufgefangene Wasser mit hoher Geschwindigkeit durch Düsen am Heck des Fahrzeuges heraus, und der Zug startet genau wie eine Rakete. Bei diesem Vorgang kühlt sich das Gas stark ab, wird aber fortwährend vom Latentspeicher wieder aufgewärmt. Fast die gesamte Bremsenergie steht so für die erneute Beschleunigung zur Verfügung. Die ortsfesten Spritzdüsen an den Folgestationen brauchen deswegen bei weitem nicht soviel zu leisten wie beim allerersten Startbahnhof. In der Praxis soll deshalb nur ein Teil von ihnen arbeiten.

Eine Bilanz dieser Überlegungen und ein Vergleich der Laing-Röhrenbahn mit anderen Verkehrsmitteln ergibt:

1. Eine Reise von einer Innenstadt zum Zentrum einer 450 Kilometer entfernt liegenden Metropole dauert: mit der Ferneisenbahn vier Stunden, mit dem Flugzeug (einschließlich Transfer zum und vom Flughafen) zwei Stunden, mit einem schnellen Magnetkissenfahrzeug 1¼ Stunden, mit der Laing-Röhrenbahn 36 Minuten.

2. Auf der gleichen Strecke verbrauchen die verschiedenen Ver-

kehrsmittel pro Tonne Nutzlast folgende Energiemengen: das Flugzeug 332 Kilowattstunden, das Magnetkissenfahrzeug 200 Kilowattstunden, die Ferneisenbahn 22,5 Kilowattstunden und die Laing-Bahn 13,5 Kilowattstunden.

Dieses wirtschaftlich günstige und zugleich sehr umweltfreundliche Konzept verdient es, nicht erst als übernächste Verkehrsmittelgeneration ins Auge gefaßt zu werden, sondern vielleicht schon als nächste. Wer würde schließlich vom Schlittenhund auf einen teuren Esel umsteigen, wenn ihm jemand ein weit billigeres Reitpferd anbietet. Allein das Argument, ich brauche das schnelle Pferd momentan noch nicht, der Esel tut's für die nächste Zeit auch, überzeugt nicht.

Sorgenkind Stadtverkehr Wenn man Statistikern glauben darf, werden im Jahr 2000 rund 80 Prozent der Weltbevölkerung in Städten wohnen. Das bedeutet, daß neben dem Verkehr von einer Stadt zur anderen die innerstädtische Verkehrsplanung wichtig wird. Die Problematik beider Fortbewegungsnetze unterscheidet sich grundlegend voneinander:

1. Der Verkehr von Stadt zu Stadt *(Intercity-Verkehr)* verbindet als *Liniensystem* einzelne Punkte miteinander, während der innerstädtische Verkehr *(Urban-Verkehr)* als *Flächensystem* große Ballungsgebiete möglichst vollständig erschließen soll.

2. Die Trassen für den *Intercity*-Verkehr lassen sich im allgemeinen so verlegen, wie es die neuen Schnelltransporttechnologien erfordern. Die Trassen für den *Urban*-Verkehr müssen sich in erster Linie den vorhandenen städtischen Gegebenheiten anpassen, also beispielsweise mit verwinkelten Stadtkernen aus vergangenen Jahrhunderten oder extrem dicht bevölkerten modernen Hochhausbezirken fertigwerden.

3. Beim *Intercity*-Verkehr steht die schnelle Verbindung im Vordergrund, beim *Urban*-Verkehr der Wunsch nach kurzen Wartezeiten und deshalb hoher Verkehrsfrequenz.

4. Die technologischen Schwierigkeiten bei *Intercity*-Bahnen erwachsen aus den geforderten hohen Geschwindigkeiten. Fahrtwiderstands- und Führungsprobleme (Magnetkissen, Luftkissen oder Röhrenbahn) sowie Antriebsfragen (Linearmotor, Gasturbine) stehen deshalb im Vordergrund. Diese Punkte rangieren bei den ver-

hältnismäßig langsamen *Urban*-Verkehrsmitteln an zweiter Stelle. Vorrangig ist hier die Entwicklung von Systemen mit hoher Fahrzeugdichte, die automatische Zielansteuerung in ausgedehnten und zugleich dichten Verkehrsnetzen und die Fernüberwachung der Verkehrssicherheit auf vielen einzelnen automatischen Stationen und Streckenabschnitten. Mindestens ebenso wichtig wie die Konstruktion geeigneter Fahrzeuge ist deshalb der Entwurf großer zentraler Verkehrscomputeranlagen.

5. Der Intercity-Reisende hat einen recht allgemeinen Zielwunsch: er legt Wert darauf, rasch und zuverlässig ein Ballungsgebiet zu erreichen. Diese Aufgabe erfüllen am besten lange schnelle Züge. Der *Urban*-Fahrgast möchte vor allem individuelle Ziele ansteuern, Wohnungen von Bekannten, bestimmte Geschäfte, seinen Arbeitsplatz in irgendeinem Bürohaus oder seine eigene Wohnung. Ihm werden deshalb ganz besonders kleine und kleinste Individualverkehrsmittel gerecht.

6. Die Einführung der *Intercity*-Verkehrssysteme ist ein internationales Problem, denn die Landesgrenzen dürfen für Fernverkehrsmittel kein unüberwindliches Hindernis darstellen. *Urban*-Systeme dürfen dagegen von Land zu Land verschieden aussehen. Im Prinzip sind sogar von Stadt zu Stadt unterschiedliche Konzepte möglich, doch wegen der teuren Parallelentwicklung bis zur Fertigungsreife wirtschaftlich nicht sinnvoll. Außerdem wachsen benachbarte Großstädte mehr und mehr zu geschlossenen Metropolen zusammen, so daß auch hier voneinander abweichende Systeme »Grenzprobleme« mit sich bringen.

7. Während der *Intercity*-Verkehr noch ein gewisses Maß an Umweltbelästigung (Turbinenabgase, Geräuschentwicklung) erlaubt, sollten zukünftige *Urban*-Verkehrsmittel abgasfrei und möglichst leise durch die Großstädte fahren.

Dem Konstrukteur, der all diese konkreten Forderungen erfüllen will, bleibt kein großer Spielraum für seine Entwürfe. Als Antrieb stehen die leisen Elektro- oder Linearmotoren im Vordergrund. Nur einige wenige Ingenieure schlagen Luftdrucksysteme vor. Die einzelnen Fahrkabinen sollen möglichst klein sein, um dem Idealbild des Individualverkehrsmittels nahezukommen. Die Trassen müssen in vorhandene Stadtbilder passen und so raumsparend wie irgend denkbar sein. Dafür bieten sich in erster Linie aufgeständerte Fahrschienen an, die beispielsweise über den Bürgersteigen oder Autostraßen verlaufen, oder unterirdische Röhren.

Innerhalb dieser technischen Grenzen hat die Industrie in den letzten Jahren erstaunlich viele Einzelprojekte entwickelt, von denen sich allerdings die meisten gleichen wie ein Ei dem anderen. Bis jetzt sind weltweit über 300 Vorschläge bekannt geworden. Ein gutes halbes Dutzend der Entwicklungsfirmen schaffte es, aufsehenerregende Presse- oder Fernsehberichte zu lancieren oder mit größerem Kapitalaufwand vorab für ihre Fabrikate zu werben, doch viele der mehr oder minder unbekannt gebliebenen Konkurrenzpläne sind mindestens gleich gut. Trotzdem wäre es sinnlos, näher auf die oft ausgeklügelten Entwürfe kleinerer Firmen oder findiger Hochschulprofessoren einzugehen. Bei der Vielzahl ungefähr gleichwertiger Vorschläge werden sie im Wettrennen um die Entscheidungsgunst der öffentlichen Stellen kaum eine Platzchance haben, weil ihnen die in unserer Welt so unerläßliche finanzielle Stoßkraft fehlt, um sich in den Vordergrund zu boxen. Weil aber ein Bild davon vermittelt werden soll, was in Zukunft auf, unter und über unseren städtischen Straßen tatsächlich zu erwarten ist, seien nur jene Modelle vorgestellt, die wirkliche Marktchancen haben oder von denen Prototypanlagen schon in allernächster Zeit dem öffentlichen Verkehr übergeben werden.

Beim Magnetkissen-System *Transurban* der deutschen Firma Krauss-Maffei startet von jeder Station alle 30 bis 60 Sekunden eine sechs Meter lange zwölfsitzige Kabine (vgl. Abb. 99). In Vororten fahren die Kabinen einzeln, in Stadtzentren koppeln sie sich automatisch zu Zügen zusammen und belegen dann die befahrenen Strecken dichter. Jede Kabine innerhalb eines Zuges verkehrt wie ein Eisenbahnkurswagen, kann also an Gabelungen jederzeit ausgekoppelt werden und sich auf einer anderen Route in einen neuen Zug eingliedern.

Die Zuglängen passen sich automatisch der jeweiligen Verkehrsdichte an und sind deshalb in Spitzenverkehrszeiten größer als in ruhigen Stunden und im Stadtzentrum größer als in Vororten. Dadurch ist es möglich, daß auch in verkehrsarmen Zeiten und auf Nebenstrecken von allen Stationen jede Minute ein Fahrzeug startet und die Benutzer an keinen Fahrplan zu denken brauchen. Eine erste, vier Kilometer lange öffentliche Versuchsstrecke für die Transurbankabinen ließ die kanadische Stadt Toronto errichten. Ab 1975 verkehren hier 15 Fahrzeuge. Eine zweite Anlage dieser Art plant die Stadtverwaltung von Heidelberg.

Vergleichbare Linienkabinen für 21 Personen erprobt die Boeing-Gesellschaft zur Zeit in Morgantown, USA. Die Fahrzeuge verbinden diese 30000-Einwohner-Stadt mit der West-Virginia-Universität und befördert zur Zeit vorwiegend deren 23000 Studenten (vgl. Abb. 100). Alle 15 Sekunden kann eine Kabine auf die Strecke gehen. Im Gegensatz zum Transurban fährt der »People Mover« (»Personenbeweger«), wie die Amerikaner solche Fahrzeuge kurz und zutreffend nennen, auf Gummirädern. Eine Besonderheit dieser Kabinen ist, daß die Fahrgäste an der Station auf einem Knopftableau ihr Fahrtziel innerhalb des Liniennetzes vorwählen können. In spätestens zwei Minuten steht dann für sie ein Fahrzeug bereit, das sie computergesteuert ohne Zwischenhalt direkt zu ihrer Wunschstation befördert. Trotzdem läßt sich die Bahn von Morgantown nicht uneingeschränkt als Individualverkehrsmittel bezeichnen, denn der erste Fahrgast, der ein bestimmtes Ziel wählt, muß die große 21-Personen-Kabine mit anderen Passagieren, die in die gleiche Richtung wollen, teilen. – Zum Verwechseln gleichen den Boeingfahrzeugen die 32-Personen-»Container« der Firmengruppe Bendix-Dashaveyor.

Abbildung 99: Diese »Kleinstraßenbahn« der Zukunft fährt nicht auf Schienen, sondern gleitet rasch und lautlos auf Magnetkissen dahin. Alle 30 bis 60 Sekunden startet im Stadtverkehr so eine zwölfsitzige Kabine von jeder Haltestelle.

Abbildung 100: »PRT« (*P*ersonal *R*apid *T*ransit) nennt die abkürzungsfreudige amerikanische Industrie die zukünftigen Kabinenstadtbahnen wie dieses Modell der Firma Boeing. Der Volksmund hat dafür den Namen »People mover« (»Personenbeweger«) geprägt.

Abbildung 101: Aufgeständerte oder hängende Nahverkehrsbahnen, wie diese Zehnmannkabinen der amerikanischen Rohr-Industries, lassen sich über schon vorhandenen Verkehrswegen wie Straßen oder Eisenbahnlinien verlegen und brauchen deshalb nur wenig zusätzlichen Platz.

Abbildung 102: Die Riesenkabinen des schweizerischen »Aerobus«-Projektes befördern 100 Fahrgäste mit Spitzengeschwindigkeiten von mehr als 100 Kilometern in der Stunde. Weil die Stützen der seilbahnartigen Konstruktion 200 bis 300 Meter weit voneinander entfernt sind, lassen sich mit diesem Konzept mühelos Gewässer oder anders genutzte Flächen überspannen.

KM KRAUSS MAFFEI
TRANSURBAN

BOEING
3
UMTA
3

100

MONOCAB-ROHR
101

102

Ebenfalls vorwählen läßt sich das Fahrtziel bei der *Monocab*-Bahn der amerikanischen Rohr Industries (vgl. Abb. 101). Abgesehen davon, daß die Kabinen hier an ihrer Fahrbahn hängen, haben sie sehr viel mit dem Boeing-Konzept gemeinsam. Auch diese 10-Mann-Kapseln lassen sich trotz der Zielwahl durch den ersten Fahrgast noch nicht als Individualverkehrsmittel ansehen. – Ein sehr ähnliches hängendes System mit 8-Personen-Kabinen hat die deutsche Firma Siemens entwickelt.

Hängebahnen besonderer Natur baut die Schweizer Aerobus-Gesellschaft. Wie Seilbahngondeln gleiten sie nicht an einer Schiene, sondern an zwei Seilen entlang, die aber im Gegensatz zu den bekannten Gebirgsbahnen durch einen besonderen Spannmechanismus nie durchhängen, egal an welcher Stelle sich der fast sechs Tonnen schwere Aerobus gerade befindet (vgl. Abb. 102). Die einzelnen Fahrzeuge fassen bis zu hundert Fahrgäste und kommen deshalb nur für den festen Linienverkehr von Punkt zu Punkt in Frage. Ein großer Vorteil des Aerobusses ist der geringe Raumbedarf für die Fahrtrasse. Das Tragwerk braucht nur alle 200 bis 300 Meter eine Stütze und läßt sich rasch und preiswert montieren. Die erste öffentliche Versuchsstrecke geht 1975 in Karlsruhe in Betrieb.

Ein Luftkissenfahrzeug unter den »Personenbewegern« hat die amerikanische Transportgesellschaft TTI gebaut (vgl. Abb. 103). Die Kabinen dieses Typs sind mit sechs Sitzplätzen schon so klein, daß man sie als Individualverkehrsmittel bezeichnen kann. Natürlich läßt sich auch hier das Fahrziel vorwählen, und der Wagen läuft es dann auf dem kürzesten Weg computergesteuert an. Bequem ist das Ein- und Aussteigen, denn die Seitenwände und das Dach der Kabine schieben sich dazu einfach beiseite. Wie die Firma ihre »People Mover« in das Stadtbild einfügen will, zeigt die Abbildung 104. – Die erste öffentliche Versuchsstrecke baute die TTI auf dem Flughafengelände von Dulles, USA. – Ganz ähnliche Luftkissenkabinen für vier bis sechs Plätze erprobt die französische Aerotraingesellschaft (vgl. Abb. 105).

Ein sehr raumsparendes Stadtverkehrsmittel stellt die deutsche Firmengruppe DEMAG/MBB unter dem Namen *Cabinentaxi* vor. Ausgesprochene Individualkabinen mit nur drei Sitzplätzen rollen hier auf elastischen Rädern in zwei Ebenen übereinander. Eine aufgeständerte Schiene erlaubt dabei den gleichzeitigen Verkehr von aufgesattelten und hängenden Fahrzeugen (vgl. Abb. 106). Wie man an der Station eine Direktkabine für sein Wunschfahrziel anfordern kann, zeigt die Abbildung 107. Die Verkehrsdichte der kleinen Fahrzeuge ist ungewöhnlich hoch. Von den Stationen kann bei Bedarf jede Sekunde eine solche Dreimanngondel starten. Dieses System will die deutsche Stadt Hagen einführen und erprobt deshalb zur Zeit eine Zweikilometerstrecke.

Auch computergesteuerte Schienentaxis, die dem Benutzer den Verrat an seinem geliebten PKW im Stadtverkehr erleichtern sollen, fehlen nicht im Angebot. Die über aufgeständerte magnetische Fahrbahnen auf Gummireifen dahinrollenden Viermannkabinen *Lectravia* der LTV Aerospace Corporation sehen aus wie rasante Sportwagen. Stehen kann der Benutzer in ihnen zwar ebensowenig wie in seinem eigenen Coupé, dafür vermittelt die von Geisterhand gesteuerte Luxuslimousine dem Insassen ein Fahrgefühl, das dem in einem James-Bond-Auto kaum nachstehen dürfte (vgl. Abb. 108). Welche Stadt wird sich wohl für dieses Supergefährt interessieren? – Natürlich: Las Vegas!

Eine »zahme« europäische Variante des ferngesteuerten Vierpersonenautos hat die *Schweizerische Industriegesellschaft* erarbeitet (vgl. Abb. 109). Das Projekt heißt ELAN und wirkt im Gegensatz zum Pseudorepräsentationsgefährt für die verhinderten Playboys von Las Vegas alpenländisch bieder und solide. Die Konstrukteure selbst vergleichen ihr Produkt dann auch sachlich mit dem Fahrgastraum des VW-Käfers. So viel Bescheidenheit ehrt. Denn zumindest im Stadtverkehr sind die schweizerischen ELAN-Kabinen dem Volksauto aus Deutschland um einiges überlegen. Während nämlich PKW auf einer drei Meter breiten Fahrspur stündlich nur rund 1200 Personen durch die Städte schleusen können, schaffen die »Fahrgastschachteln« der Eidgenossen auf ihrer nur 2,5 Meter breiten Trasse 16mal soviel. Der minimale zeitliche Abstand zwischen den einzelnen Kabinen auf einer Strecke beträgt 0,7 Sekunden!

Abschließend seien noch ein paar allgemeine Daten genannt, die zeigen, wie leistungsfähig all diese Systeme im Durchschnitt sind. – Die Fahrgeschwindigkeiten liegen fast immer zwischen 30 und 50 Kilometern in der Stunde. Erstaunlicherweise gehören ausgerechnet die als geruhsam bekannten Schweizer im Stadtverkehr von morgen

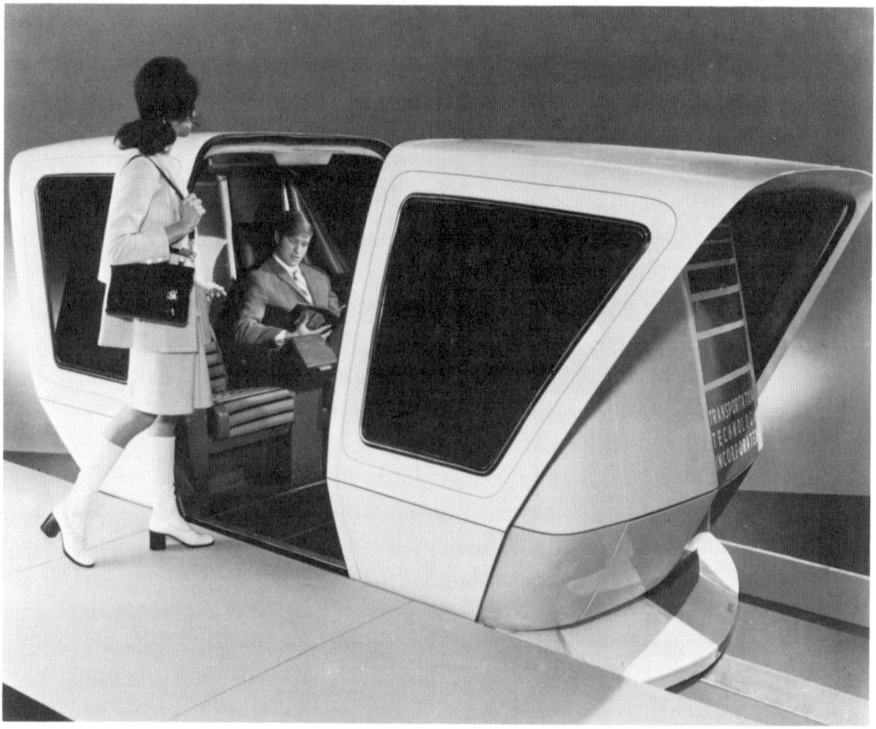
TRANSPORTA
TECHNOL
INCORPORATE

zu den Schnellsten. Die kleinen ELAN-Autos sollen trotz ihrer enormen Fahrzeugdichte 60 Kilometer pro Stunde schaffen, der seilbahnartige Aerobus als Spitzengeschwindigkeit sogar 113.

Die Beförderungsleistung schwankt zwischen rund 4000 und 20000 Personen je Stunde und Fahrtrichtung. Das sagt nicht viel ohne Vergleichszahlen. Deshalb lassen Sie mich erwähnen, wie viele Personen herkömmliche Verkehrsmittel stündlich über eine drei Meter breite Fahrbahn schleusen können: das Personenauto 1200, das Fahrrad 5400, ein Omnibus mit 55 Plätzen 8400, die Straßenbahn 10800, das älteste Verkehrsmittel der Welt (die eigenen Beine) 16000 (!) und ein moderner Großraumzug 24000. Fernschnellverkehrssysteme der Zukunft sollen es auf 80000 bringen. Das könnte in vielen Gebieten der Welt ein neues Verkehrsproblem aufwerfen: Woher nimmt man stündlich 80000 reisewillige Fahrgäste?

Die kleine Leistungsstatistik über mögliche Verkehrsdichten zeigt, daß der Fußgänger die Straßen in unseren platzarmen Städten nicht gerade am schlechtesten nutzt. Wenn nur die Fortbewegung auf Schusters Rappen nicht so ungeheuer anstrengend und deswegen unbeliebt wäre! Doch keine Angst, die Industrie will sogar das Laufen in Zukunft leichter machen. Personenförderbänder sollen die leidige Beinarbeit abnehmen. Man tut dann zwar nichts mehr für seinen Kreislauf und müßte als bewegungsloser Passant im Winter bitterlich frieren, doch auch dagegen gibt es ein Mittel: den vollklimatisierten rollenden Bürgersteig (vgl. Abb. 110).

Für Fernsehgelähmte, denen wegen der allabendlichen starren Sitzhaltung nicht nur das Laufen, sondern auch das Stehen Schwierigkeiten macht, bereiten die Ingenieure jetzt auch Förderbänder mit Stühlen vor. Doch Ironie beiseite; die Personenfließbänder tragen nicht nur zum Muskelschwund bei. Wer unbedingt will, kann auf ihnen sogar gehen. Wesentlich ist, daß man auf solchen Bändern Strek-

Abbildung 103: Ein Luftkissenfahrzeug unter den »Personenbewegern« hat die amerikanische Transportgesellschaft TTI entwickelt. Das Ein- und Aussteigen ist bei diesem Typ besonders bequem, denn das Dach und die Seitenwände schieben sich dazu einfach beiseite...

Abbildung 104: ...Und so fügen sich die TTI-Kabinen mit ihrer aufgeständerten Fahrbahn in das Stadtbild ein.

ken von einigen hundert Metern bis zu rund zwei Kilometern, für die es ja sonst keine geeigneten Verkehrsmittel gibt, sehr viel schneller zurücklegen kann als per pedes. Solche Einrichtungen wird zum Beispiel schätzen, wer mit zwei schweren Koffern die großen Entfernungen in einem modernen Flughafenkomplex bewältigen soll. Die rollenden Trottoire bewegen sich mit einer Geschwindigkeit von 18 Kilometern in der Stunde. Damit man nicht »während der Fahrt« aufspringen muß, gibt es am Anfang und am Ende Beschleunigungs- und Bremszonen. Dort ist der Rollsteig breiter. Genau wie ein Fluß an Engstellen rascher und an breiten Stellen träger dahinfließt, laufen auch die Personenfließbänder je nach ihrer Breite unterschiedlich schnell. Die Abbildung 111 zeigt so eine Beschleunigungszone (rechter Rollsteig) beziehungsweise Bremszone (linker Rollsteig). Wie das technisch funktioniert, demonstriert das Modell in Abbildung 112. Die »Start- und Landegeschwindigkeit« beträgt nur drei Kilometer pro Stunde und entspricht damit etwa dem Tempo einer üblichen Rolltreppe.

Welch herrliche Zeiten die Technik dem Stadtverkehr von morgen verspricht, zeigt die Fülle von Einzelprojekten. Aber warum in aller Welt bauen nicht alle Städte sofort eines der sämtliche Probleme spielend lösenden Wunderverkehrsmittel in ihr Weichbild ein? Wer erfährt, daß die geplante Anlage für die deutsche 400000-Einwohner-Stadt Hagen (Kabinentaxisystem von DEMAG/MBB) 0,9 Milliarden DM verschlingt, kann sich die Frage selbst beantworten.

Abbildung 105: Auch die »Tridim«-Kabinen der französischen Aerotrain-Gesellschaft schweben auf Luftkissen über ihre aufgeständerte Fahrbahn. Mit vier bis sechs Plätzen sind sie nicht größer als ein PKW der Mittelklasse.

Abbildung 106: Besonders raumsparend in seiner Trassenführung ist das »Cabinentaxi«-System der deutschen Firmengruppe DEMAG/MBB. Sowohl unter wie auf der Führungsschiene laufen die Kabinen geräuschlos auf elastischen Rädern dahin. Die Bezeichnung »Taxi« verdient dieses öffentliche Verkehrsmittel durchaus, denn ...

Abbildung 107: ... jeder Benutzer kann an den Haltestellen über eine Tastatur eine Kabine für sein ganz spezielles Fahrziel anfordern.

Abbildung 108: Das zukünftige Nahverkehrsmittel von Las Vegas sieht aus wie eine Luxuslimousine. Führerlos steuert es seine Fahrgäste automatisch an das gewünschte Ziel.

106

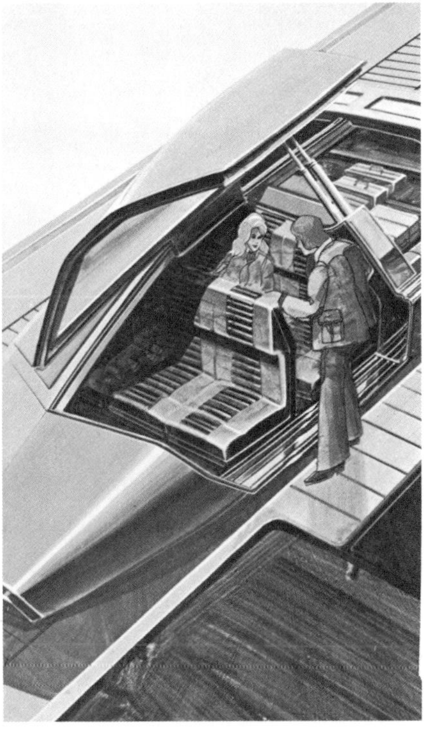

108

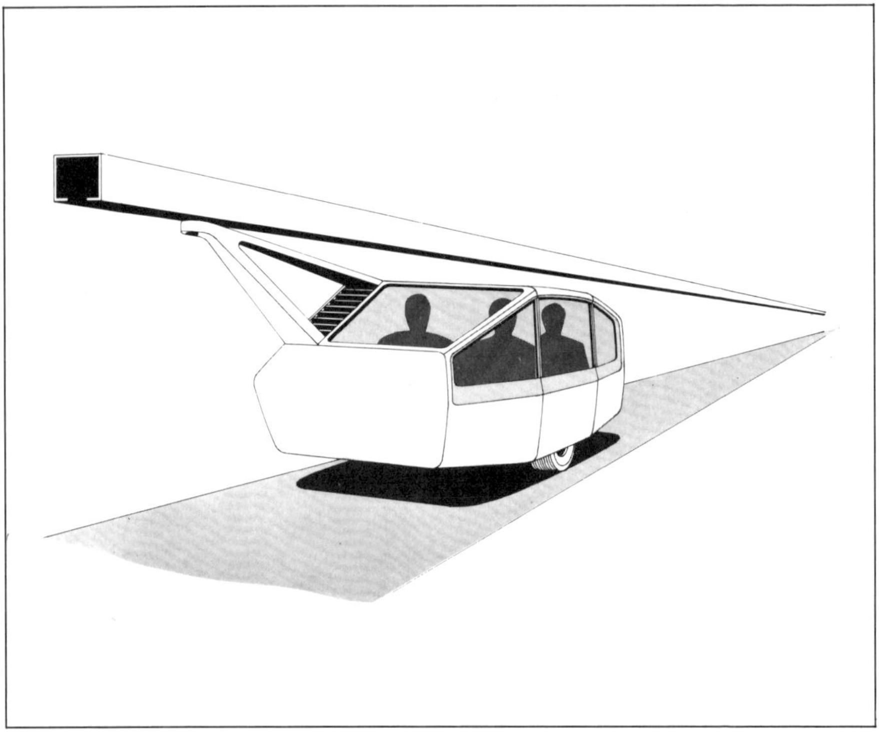

Würden allein die westdeutschen Großstädte über 100 000 Einwohner mit ihren zusammen rund 20-Millionen-köpfigen Bevölkerung derartige People-Mover-Systeme installieren, dann müßten die Steuerzahler dafür 45 Milliarden DM berappen, umgelegt auf die 20 Millionen Nutznießer also pro Kopf 2 250 DM. Dafür kann sich jede dreiköpfige Familie ein eigenes Auto kaufen, was zwar nicht gerade das Verkehrsproblem löst, dafür aber nach wie vor wesentlich attraktiver ist.

Wieder sei das Kapitel mit einer kleinen Kuriosität am Rande abgeschlossen. Es droht die Gefahr, daß Gesetz und Rechtsprechung dem kühnen Vorstoß der Verkehrsplaner in technisches Neuland nicht schnell genug folgen können. Verunsicherte Juristen überlegen sich nämlich allen Ernstes, wie sie entscheiden werden, falls aufgeständerte Stadtbahnen eine moralische Protestwelle auslösen sollten. Die lautlos dicht an den Häusern dahinhuschenden Kabinen könnten schließlich neugierigen Fahrgästen zwar flüchtige, aber äußerst unerwünschte Einblicke in die Intimsphäre der biederen Bewohner erster Stockwerke gestatten.

Über alle sieben Meere

Schluß mit der Seekrankheit Einer der größten Flugzeughersteller der Welt, die Boeing Company, macht sich selbst Konkurrenz. Für den Zwischeninselverkehr in der Hawaii-Gruppe und später auch auf anderen Linien will sie in Zukunft Fluggäste abwerben und zur Schiffahrt überreden. »Fast alle Hawaii-Besucher«, erklären die Boeing-Leute, »reisen auf dem Luftweg von Insel zu Insel.« Davon wollen sie mindestens 20 Prozent für eine Seereise gewinnen; natürlich nicht ohne Eigennutz, denn die Flugzeugbaufirma fabriziert auch Schiffe.

Abbildung 109: Dieses einachsige Auto mit Schienenführung für den öffentlichen Individualverkehr hat die Schweizerische Industriegesellschaft unter dem Namen ELAN entwickelt. Alle 0,7 Sekunden kann so ein Fahrzeug auf die Strecke gehen!

Abbildung 110: Mit dreifacher Marschgeschwindigkeit schleust der vollklimatisierte rollende Bürgersteig von morgen Fußgänger durch große Flughafenanlagen oder die Einkaufszentren der Cities.

BANLIEUE
SNCF
JOURN
4

Wenn sie sich jetzt selbst das Geschäft stehlen will, dann hat das einen guten Grund. Einmal bringt der Kurzstreckenverkehr allen Luftfahrtgesellschaften der Welt die gefürchteten roten Zahlen in der Bilanz, zum anderen verstopfen die regionalen Flüge Flughäfen, Pisten und Luftkorridore für den Fernverkehr. Deshalb sehen die Fluggesellschaften auch neidlos der Entwicklung schneller Magnetkissenfahrzeuge für den Landverkehr entgegen.

Allerdings liegt eine Alternative zum Flugzeug auf dem Festland näher als in Meeresregionen. Die Schiffe sind zu langsam, und bei rauher See ist ihr Fahrplan zu unzuverlässig, als daß sich der eilige Luftreisende für sie entscheiden würde. Und Kreuzfahrer, die bereits bei mittlerer Dünung mit kreidig blasser Nasenspitze und krampfartig zuckendem Magen abgeschlafft über der Reling hängen und wider ihren Willen die Tiere des Meeres mit Vorgekautem füttern, schätzen die schwimmenden Planken schon gar nicht. Die Firma Boeing wäre schlecht beraten, wenn sie nun mit solchen Verkehrsmitteln Flugreisende abwerben wollte, zumal die eiligen Touristensammeltransporte, die auf ihren 21-Tage-Weltreisen der Inselgruppe im Pazifik höchstens 34 Stunden widmen können, Hula-Hula-Tanz, Stadtbesichtigung von Honolulu, Besuch der Vulkane Kilauea und Mauna Loa auf der Hauptinsel, des Haleakala auf der Nachbarinsel Maui und sämtlicher botanischer Gärten sowie mindestens zweier typischer Bars eingeschlossen.

Doch leichtsinnige Spekulationen sind nicht gerade die Schwäche des wohletablierten Industriegiganten. Nach fast zehnjähriger Forschungs- und Entwicklungsarbeit will die Firma jetzt ein neues Passagierschiff bauen, von dem Experten behaupten, es verhalte sich gegenüber allen anderen Wasserverkehrsmitteln wie das Düsenflugzeug zu den alten Propellermaschinen.

Rein äußerlich unterscheidet sich das Boeing-Schiff nicht wesentlich von den bekannten Tragflügelbooten (vgl. Abb. 113). Aber das

Abbildung 111: Am Anfang und Ende haben die rollenden Bürgersteige Brems- und Beschleunigungsstrecken. Wo das Band am breitesten ist, bewegt es sich mit nur drei Kilometern in der Stunde. Im schmalen Bereich läuft es mit dem sechsfachen Tempo. Wie das technisch funktioniert, ...

Abbildung 112: ... zeigt dieses französische Modell eines rollenden Bürgersteigs.

106 Tonnen schwere, 27,5 Meter lange Wasserfahrzeug für 250 Fahrgäste hat es in sich. Bei ruhiger See gleitet es mit einer Geschwindigkeit von 48 Knoten (ungefähr 90 km/h) über das Meer. Der schwere Rumpf hebt sich dabei völlig aus dem Wasser heraus. Das ist weiter nichts Aufregendes, denn andere Tragflügelboote können so etwas auch. Während sie aber bei mäßigem Seegang je nach Bauart überhaupt nicht verkehren oder arg mit den Wellen zu kämpfen haben, macht das dem *Jetfoil*, wie die Boeing-Konstrukteure ihr neues wasserraketengetriebenes Modell nennen, nicht viel aus. Selbst doppelmannshohe Wellenberge durchschneidet das Schiff mit 45 Knoten (fast 85 km/h) so ruhig, daß die Fahrgäste an Bord ungestört schreiben und lesen können. Wer für Seekrankheit anfällig ist, kann jetzt aufatmen. Eine wissenschaftliche Studie beweist das.

Ihre Quintessenz sei den Lesern mit empfindlichem Magen nicht vorenthalten: Nur an durchschnittlich vier Tagen im Jahr herrscht ein Seegang, der mehr als zehn Prozent der Fahrgäste die Schiffsbewegungen als störend empfinden läßt. Bei herkömmlichen Schiffen ist das immerhin an 138 Tagen der Fall, beim Luftkissenboot sogar an 303 Tagen. Wirklich seekrank werden mehr als zehn Prozent aller Reisenden im Luftkissenfahrzeug an 59 Tagen, im üblichen Passagierschiff an elf Tagen und im Jetfoil als einzigem Schiff der Welt überhaupt nie. – Wenn das keine frohe Botschaft ist!

Die Atomfrachter kommen Während die modernen Passagierschiffe immer schneller werden, um auf kurzen Strecken im Konkurrenzkampf mit dem Flugzeug Chancen zu haben, nimmt bei Frachtschiffen nicht nur das Tempo, sondern auch die Größe von Jahr zu Jahr zu. Als Beispiel für die kommenden Giganten der Meere wurde auf Seite 26 schon von den riesigen Flüssig-Naturgas-Tankern berichtet (vgl. Abb. 8).

Abbildung 113: Schluß mit der Seekrankheit sollen ersmals in der Geschichte der Schiffahrt die neuen »Jetfoils« der amerikanischen Boeing-Werke machen. Selbst doppelmannshohe Wellenberge durchschneidet das Schiff mit einer Geschwindigkeit von 85 Kilometern in der Stunde so ruhig, daß die Fahrgäste an Bord ungestört schreiben und lesen können.

Abbildung 114: Das 80 000 Bruttoregistertonnen schwere Containerschiff »Kowloon Bay« gehört zu den größten Schiffen dieser Art auf der ganzen Welt. Ab 1985 werden Kernreaktoren solch riesige Wasserfahrzeuge antreiben.

BOEING

KOWLOON BAY
4

Typische moderne Frachtschiffe sind innerhalb der letzten sieben Jahre doppelt so lang geworden. Sie fahren heute 33 Knoten (61 km/h) statt 20 Knoten im Jahr 1968. Ihre Antriebsmaschinen sind in der gleichen Zeit fast auf die achtfache Leistung gewachsen. 100000 PS sind keine Seltenheit. Die nächsten Jahre werden vielleicht Tankschiffe für eine flüssige Fracht von 750000 Tonnen bringen. Natürlich wirkt sich das Wachstum auf die Preise aus. Während ein modernes großes Frachtschiff 1958 den Besteller knapp 20 Millionen DM kostete, mußte er für den fortschrittlichsten Typ von 1970 schon rund 130 Millionen DM auf den Tisch blättern. Noch teurer wird die nächste Frachtergeneration, das Atomschiff.

Die ersten großen Kernenergie-Handelsschiffe laufen 1980 vom Stapel. Mit je 40000 PS soll ihr Reaktor die beiden Schrauben drehen, die so ein 27 Knoten (50 km/h) schnelles Schiff mit seinen 58000 Tonnen Ladung antreiben (vgl. Abb. 114). Der Preis dieser Atomozeanriesen ist stolz. 160 Millionen DM kostet ein einziger Frachter, fast 70 Prozent mehr als ein Schiff derselben Größe mit konventionellem Antrieb. Verschenken die Reedereien die 65 Millionen DM an Mehrkosten? O nein! Die Eigenschaften des Atomantriebes machen den höheren Kaufpreis im Betrieb wieder wett.

Große Schiffe mit Verbrennungsmaschinen an Bord müssen auf langen Reisen gewaltige Treibstoffvorräte mitführen. Das kostet wertvollen Frachtraum. Nuklearschiffe brauchen statt 60000 Tonnen Bunkeröl nur eine Tonne Uran, das nebenbei noch wesentlich weniger kostet als das teure Öl. Außerdem fallen für Atomfrachter die Liegezeiten während der Treibstoffaufnahme fast vollständig fort. Mit einer einzigen Reaktorladung kann so ein Schiff jahrelang über die Meere kreuzen. Das spart gleich zweimal Geld: einmal ist das Schiff dadurch insgesamt länger auf Fahrt und kann mehr Fracht umschlagen, zum anderen kostet jeder Tag Hafenaufenthalt 50000 DM oder mehr. Da macht sich ein Nuklearschiff mit seinen kurzen Liegezeiten schon bezahlt.

Trotzdem sind die 1980 fertigen teuren Atomfrachter mit ihren 80000 PS Wellenleistung noch zu klein, um insgesamt wirtschaftli-

Abbildung 115: Ein schnelles Luftkissen-Landefahrzeug für die US Navy hat die Bell-Aerospace-Gesellschaft entwickelt. Das 1975 fertiggestellte amphibische 160-Tonnen-Gefährt (hier eine Modellillustration) ist nur die Vorstufe zu einem 12,5 mal so großen »Superding« gleicher Bauart.

172

cher zu sein als gleichgroße Schiffe mit herkömmlichem Antrieb. Die Rentabilität ist etwa die gleiche. Gebaut werden die Nuklearfrachter dieser Größenordnung in erster Linie, um Erfahrungen mit dem neuen Antrieb in der Handelsschiffahrt zu sammeln. Damit sie kommerziell interessant werden, müssen nukleare Ozeanriesen noch gewaltig wachsen. Die vierfache Antriebsleistung, 240000 PS, genug um 4000 PKWs der Mittelklasse zu versorgen, bietet dann wirklich große Vorteile. Eine Studie über Schiffe dieser gigantischen Dimensionen haben deutsche und japanische Experten in Gemeinschaftsarbeit vor kurzem abgeschlossen. Danach könnten etwa 1982 die Dockarbeiten an solchen Superfrachtern beginnen, und 1985 könnte der erste vom Stapel laufen.

Aber auch die Kleinen werden größer. Wenn 1977 die amerikanische Bell Aerospace Gesellschaft der US-Marine ein erstes 2000 Tonnen schweres Luftkissenschiff übergibt, werden sich Sensationsmeldungen in der Presse häufen. Die mit Abstand größten »Hoovercraft«, wie diese Fahrzeuge nach ihrem weltbekannten ersten Hersteller in England auch heißen, sind heute die fünf 190-Tonnen-Fährschiffe, die im Linienverkehr pro Fahrt 254 Fahrgäste und 30 Autos über den Ärmelkanal befördern (vgl. Abb. 84). Neben dem mehr als zehnmal so schweren US-Modell werden sie sich wie Zwerge ausnehmen. Zudem sind die luftgetragenen amerikanischen Riesen auch noch um ein Drittel schneller als die heutigen Größten ihrer Zunft. Mit 80 Knoten (fast 150 km/h) sollen sie für die amerikanische Navy Jagd auf feindliche U-Boote machen.

Und wie geht die Entwicklung weiter?

Der Marketing-Direktor von Bell Aerospace sagt es: »Vorausgesetzt, das 2000-Tonnen-Programm ist erfolgreich, dann werden wir als nächsten Schritt ein Schiff der 10000-Tonnen-Klasse bauen, das 100 Knoten (185 km/h) schnell sein könnte. Mit Start- und Landebahnen für Senkrechtstarter ausgestattet, wäre so ein Luftkissenfahrzeug kleiner, schneller und billiger als die gegenwärtigen Milliar-

Abbildung 116: Schlank wie Pfeile werden die Überschall-Passagierflugzeuge der achtziger Jahre sein. Besonders interessant sind die Entwürfe a, b und e, bei denen sich die Tragflächen während Start und Landung spreizen (gestrichelt). Der Konstrukteur des Typs unter b schlägt ein aerodynamisch besonders günstiges Modell mit zwei Rümpfen vor.

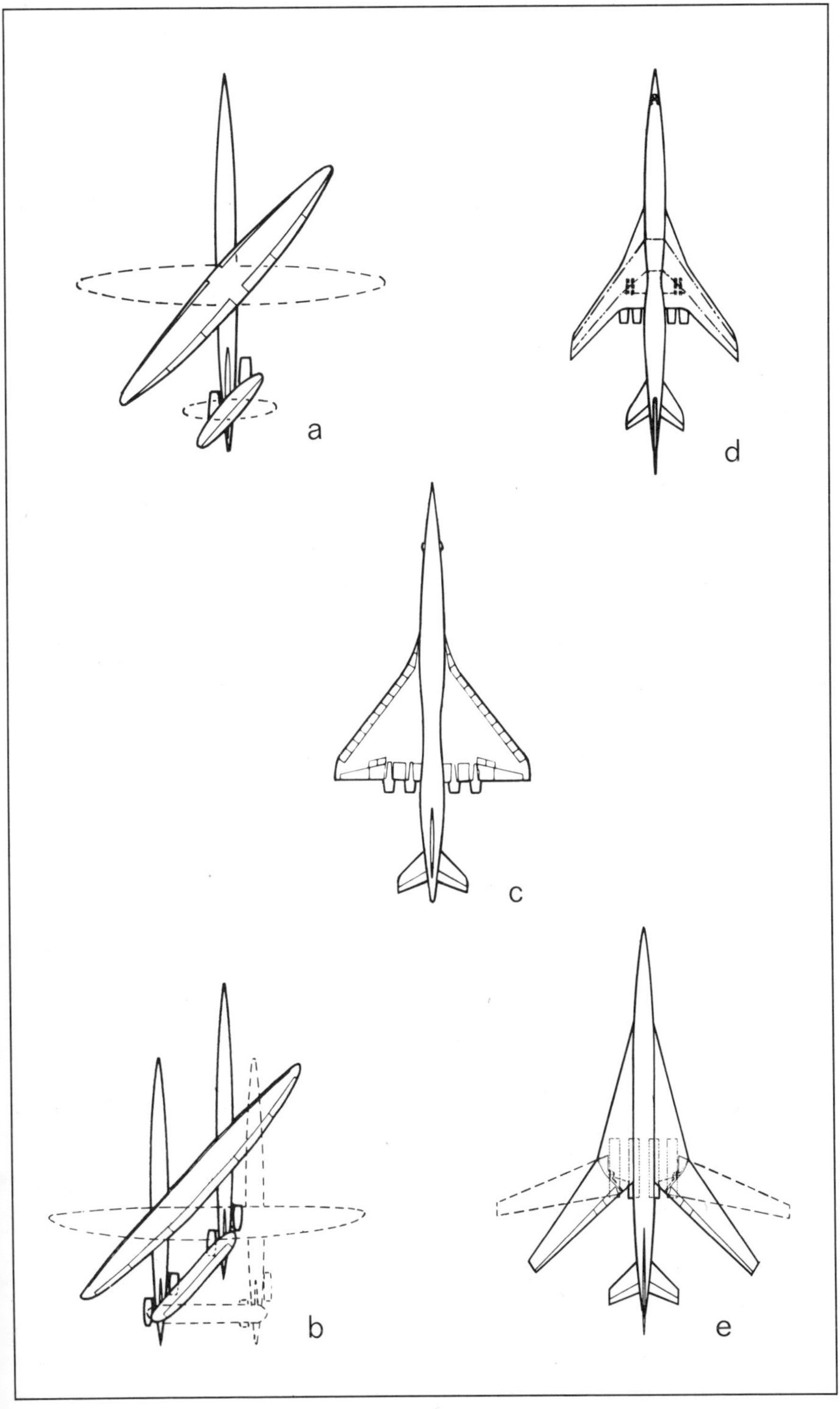
a
d
c
b
e

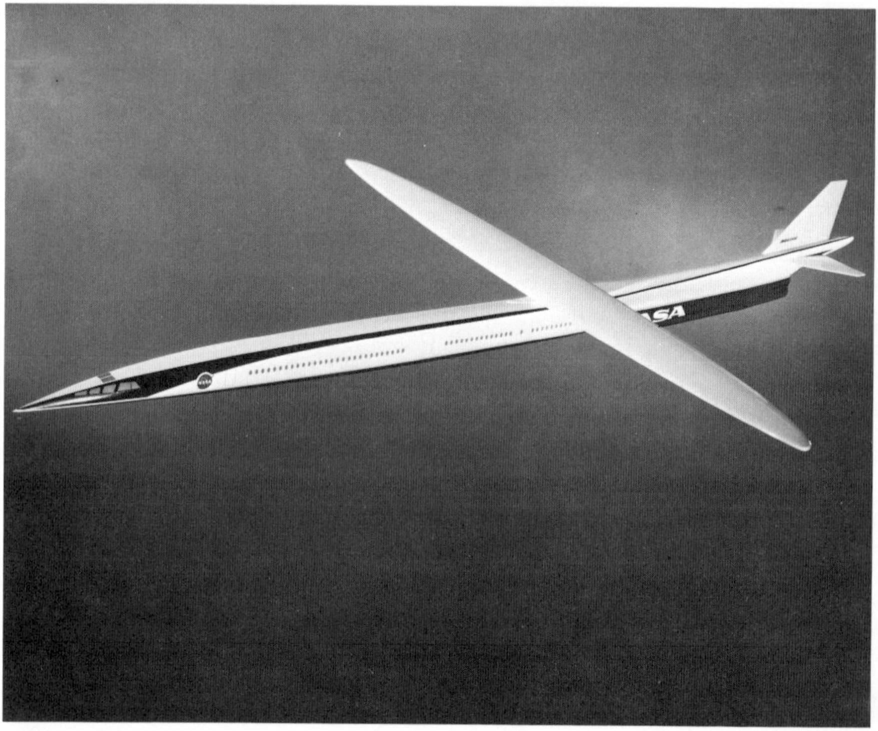

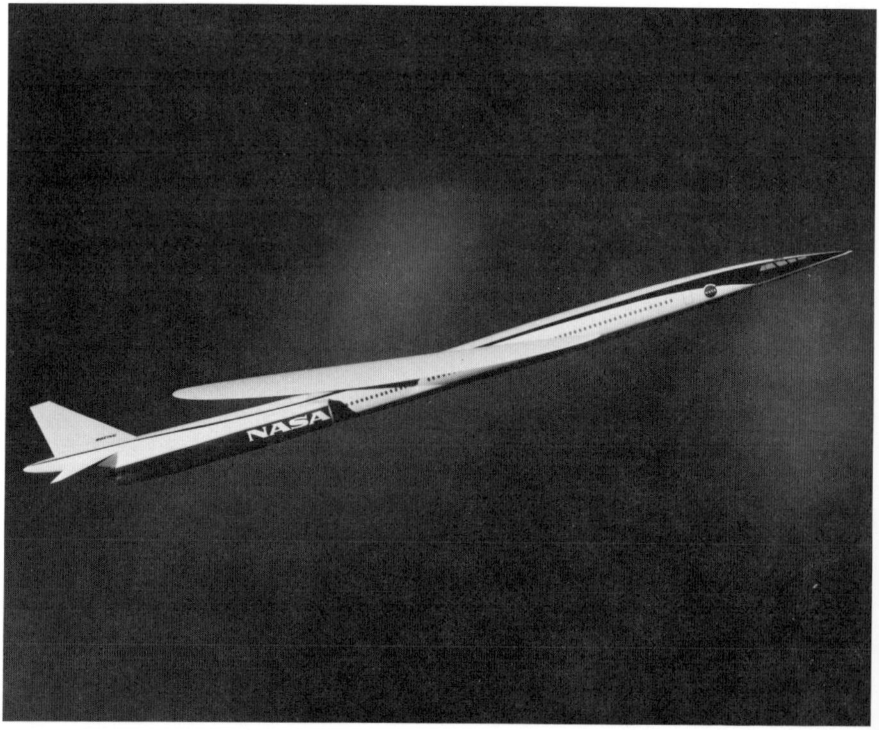
NASA

den-Dollar-Flugzeugträger.« Wer jetzt glaubt, daß sich deshalb die Rüstungsausgaben der USA drastisch verringern werden, irrt allerdings. Die Navy wird entsprechend mehr Schiffe kaufen.

Was tut sich in der Luftfahrt?

Mit »Mach 2,7« über den Atlantik. Am 17. Juni 1974 war eine Concorde in Boston um 8.21 Uhr zum Flug nach Paris gestartet, 9 Minuten vor dem Start eines Boeing-Jumbo-Jets in umgekehrter Richtung. Die Concorde landete nach einer Flugzeit von 3 Stunden und 8 Minuten in Paris. Eine Stunde und 8 Minuten später startete sie zurück nach Boston und landete dort 11 Minuten eher als der von Paris kommende Jumbo. – Das war die spektakulärste Demonstration der Leistungsfähigkeit des anglofranzösischen Überschallflugzeugs in einer Serie von Erprobungsflügen zu Linienverkehrsbedingungen.

Die Concorde ist für eine Reisegeschwindigkeit ausgelegt, die in Höhen zwischen 15000 und 18000 Metern der doppelten Schallgeschwindigkeit entspricht (2032 km pro Stunde). Auf der 6000 Kilometer langen Transatlantikstrecke von Paris nach New York kann das reichlich 60 Meter lange Flugzeug zwölf Tonnen Nutzlast befördern. Das ist nicht eben viel, und wenn die Concorde als erstes Überschallflugzeug den Liniendienst aufnimmt, wird sie deswegen nicht gerade einen Meilenstein in puncto Wirtschaftlichkeit setzen. Dennoch, David Nicolson, der Präsident der British Airways, baut auf den schnellen Vogel: »Je eher, desto besser«, lautet seine neueste Stellungnahme. »Wir werden die Concorde in Dienst stellen, sobald wir die erste Maschine von Hersteller erhalten und unsere Regierung die Streckenrechte erworben hat.« Das wird vermutlich Ende 1975 der Fall sein.

Die amerikanischen Techniker streben von Anfang an nach wirtschaftlicheren Modellen, was sie allerdings noch mindestens ein Jahrzehnt an Entwicklungsarbeit kosten wird. Zu schaffen macht ih-

Abbildungen 117 a und b: So soll die Überschallmaschine aus Abbildung 116a fliegen: Während des Starts steht ihr schmaler Flügel quer zum Rumpf und sorgt für den nötigen Auftrieb (a). Später, beim schnellen Flug, legt er sich schräg an den Körper der Maschine an (b). Dadurch bekommt das rasante Flugzeug Strömungseigenschaften, die an einen Pfeil erinnern.

nen bei ihren besonders großen oder besonders schnellen Maschinen vor allem der berüchtigte Knall, das »Durchbrechen der Schallmauer«. In bewohnten Gebieten läßt er sich grundsätzlich auf zweierlei Weise vermeiden.

Fliegt eine Maschine in großer Höhe nur wenig schneller als der Schall, dann erreicht die Druckwelle den Erdboden nicht, weil Temperaturunterschiede und andere atmosphärische Erscheinungen sie ablenken. Flugzeuge, die sich diesen Effekt zunutze machen, können je nach den momentanen Witterungsbedingungen über dem Festland 5 bis 30 Prozent schneller fliegen als der Schall.

Die Luftfahrtingenieure nennen das Verhältnis der Fluggeschwindigkeit zur Schallgeschwindigkeit »Mach-Zahl«. Eine Maschine, die mit 1,3-facher Schallgeschwindigkeit fliegt, hat demnach die Mach-Zahl 1,3. Sie spart gegenüber den heute üblichen Linienjets mit Mach-Zahlen um 0,85 mehr als ein Drittel der Reisezeit.

Die Flugzeuge dieser Geschwindigkeitsklasse werden sich schon rein äußerlich stark von unseren heutigen Düsenclippern unterscheiden; denn je höher die Mach-Zahl ist, desto schlanker muß die Maschine sein. Das fordern die Gesetze der Strömungslehre, um die kein Konstrukteur herumkommt. Die gleichen Gesetze sagen aber auch, daß schlanke Maschinen mit schmalen, schräg nach hinten gerichteten Tragflächen bei niedrigen Geschwindigkeiten keinen so guten Auftrieb besitzen wie die »dicken Brummer«. Weil sie aber in Bodennähe ihr hohes Tempo nicht erreichen dürfen, bleibt die Frage nicht aus: Wie sollen solche Maschinen starten und landen?

Ein ideales Überschallflugzeug müßte während des eigentlichen Reisefluges aussehen wie ein Pfeil und sich in Pistennähe jeweils in einen Vogel mit großer Spannweite verwandeln. Tatsächlich entwikkeln die Flugzeugkonstrukteure Typen, die das schaffen. Da gibt es Modelle, die ihre Schwingen beim Start und bei der Landung spreizen (s. Abb. 116 e), und solche, die im Schnellflug einfach ihre Tragflächen schräg stellen (s. Abb. 116 a, b und 117 a, b). Gerade die letzten sind allen anderen Formen strömungstechnisch weit überlegen; ob sie aber auch wirtschaftlicher sind, ist heute noch nicht ganz sicher. Zuvor müssen die Experten noch viele Fragen klären, vom möglichen Nutzraum angefangen bis zur Steuerungstechnik solcher Maschinen.

Die zweite Möglichkeit, Fluggäste mit Überschallgeschwindigkeit durch die Luft zu befördern, ohne die Daheimgebliebenen mit lautem Knall aufzuschrecken, liegt darin, sehr schnelle Maschinen zu entwickeln, die jedoch auch bei langsamen Reisegeschwindigkeiten gegenüber den heutigen Jets noch konkurrenzfähig sind. In bewohnten Gebieten verkehren sie mit Unterschallgeschwindigkeit, über Meeren oder Wüsten aber schießen sie mit mehr als doppeltem Schalltempo dahin.

Zwei Mach-Zahlen stehen bei der Entwicklung solcher superschnellen Maschinen im Vordergrund: 2,2 und 2,7. Beide zeichnen sich besonders aus. Flugzeuge für die 2,2-fache Schallgeschwindigkeit lassen sich gerade noch aus preisgünstigen Aluminium-Legierungen fertigen, die den Beanspruchungen noch höherer Geschwindigkeiten nicht mehr gewachsen sind.

Die amerikanische *McDonnell-Douglas*-Gruppe hat ein Konzept für so einen Mach-2,2-Jet entwickelt. Der schnelle Vogel soll 93 Meter lang sein und eine Spannweite von rund 41 Metern haben. Das Startgewicht: ca. 325 Tonnen. Wenn die US-Regierung 1975 oder 1976 Gelder für seine Entwicklungsbeihilfe locker macht, könnte schon Anfang der achtziger Jahre ein Prototyp fliegen. – Die Ingenieure von *Boeing* haben sich dagegen auf Mach 2,7 festgelegt. Die Wahl war, wie sie selbst erklären, »etwas willkürlich«. Sie planen zur Zeit zwei Größen in dieser Tempoklasse, eine Maschine für 234 Fluggäste und eine für 358.

Es gibt allerdings auch einen guten Grund, der gerade für die 2,7-fache Schallgeschwindigkeit spricht. Die Techniker der Konkurrenzfirma *Lockheed* kennen ihn: »Der Überschallknall der Mach-2,7-Transporter stört am wenigsten. Weil Flugzeuge in diesem Geschwindigkeitsbereich 3000 bis 4500 Meter höher kreuzen als Mach-2,2-Flieger, ist die von ihnen ausgehende Druckwelle in Bodennähe um ein Fünftel geringer. Noch schnellere Maschinen müßten wir aber wesentlich größer bauen, wenn sie wirtschaftlich sein sollen; und mit der zunehmenden Größe verstärkt sich die Druckwelle.«

Mach-2,7-Transporter sind teuer. Denn statt der preiswerten Aluminiumlegierungen kommt für sie als Material nur das wertvolle Titan in Frage. Durch die hohe Reibung während ihres schnellen Fluges erhitzen sich die Flügel und der Rumpf nämlich auf 260 Grad

Celsius. Dem sind Aluminiumwerkstoffe auf die Dauer nicht gewachsen. Dennoch macht sich das höhere Tempo bezahlt. »Die Mach-Zahl 2,7 spart gegenüber einer Mach-2,2-Maschine beim typischen Nordatlantikflug 30 Minuten Flugzeit«, beteuert ein Lockheed-Manager. »Ein Transportunternehmer mit acht solchen Maschinen kann deshalb aus ihnen täglich vier zusätzliche Flüge herausquetschen.« Weil der geplante Superschall-Clipper dabei 250 bis 300 Erstklassepassagiere an Bord nehmen kann, dürfte die Kasse stimmen. Die nicht so zahlungskräftigen »Economy«-Fluggäste würden dann auch noch in den achtziger Jahren den Atlantik in den langsameren Flugzeugen der siebziger Jahre überqueren, sehr wahrscheinlich aber in weit mächtigeren Düsenriesen als den Jumbos von heute (vgl. Abb. 118). Vielleicht werden sie im Jahr 2000 auf die Mach-2,7-Flieger umsteigen, denn der finanzkräftige Jet-Snob bringt den 6000-km-Airtrip über den großen Teich dann wahrscheinlich an Bord eines Hyperschall-Clippers mit vier- bis sechsfacher Schallgeschwindigkeit in rund zwei Stunden hinter sich.

Senkrechtstart ins Luftfahrtmuseum Daß Flugzeuge entwickeln nicht gerade ein billiger Zeitvertreib ist, haben die Projektleiter auch der bestsituierten amerikanischen Großunternehmen in dieser Branche schon lange erkannt. Wenn der Staat seine Zuschüsse zu einem Projekt streicht, streichen sie nicht selten das ganze Projekt. Völlig anders arbeiten die deutschen Firmen. Sie entwickeln technisch ausgereifte Konzepte und bauen danach sogar einwandfrei funktionierende Prototypen, um anschließend das unter schweren Wehen der Steuerzahler neugeborene Flugzeug augenblicklich im großen tiefen See der Bürokratie zu ertränken wie eine junge Katze. Besonders durchgesetzt hat sich dieses sonderbare Verfahren bei Senkrechtstartern, die nicht selten ihr Jungfernflug unmittelbar ins Luftfahrtmuseum führte.

Abbildung 118: Die Boeing 747-200 B, den gigantischen »Jumbo-Jet«, den die Ferienfluggesellschaften so gerne als besondere Attraktion preisen, wird der »große Bruder« in den Achtzigern (747 extended body) in den Schatten stellen.

Abbildung 119: Senkrecht in die Luft gehen kann das amerikanische Versuchsflugzeug X-22 A, das mit seinen schwenkbaren Propellerringen aussieht wie ein überdimensionales Insekt aus einem Science-fiction-Film.

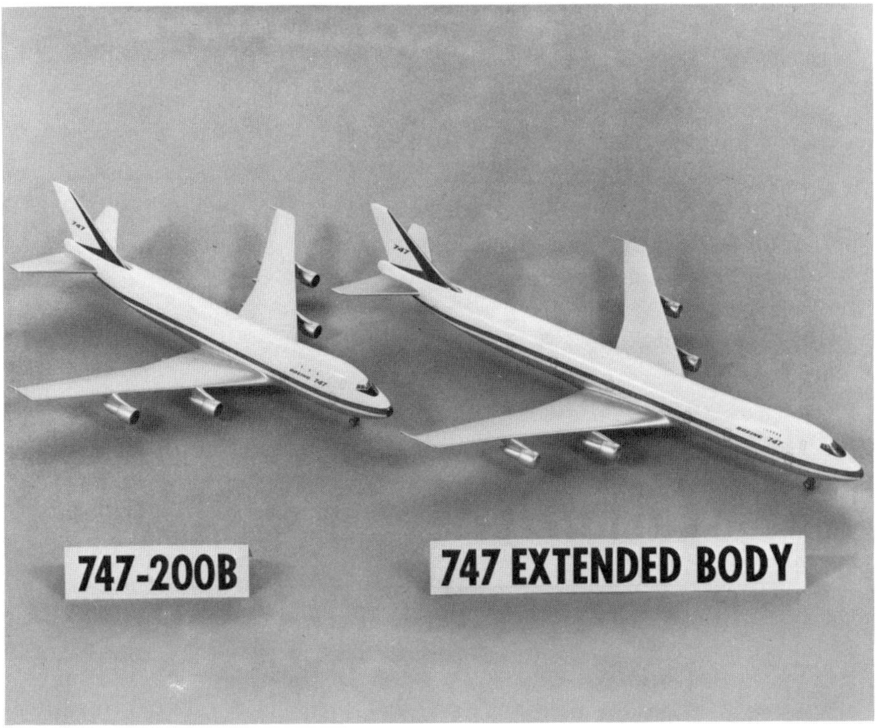

8

Am 10. April 1963 hob sich zum ersten Mal die in München gebaute *VJ 101* senkrecht in die Luft. Bis heute ist sie der einzige Senkrechtstarter, der Überschallgeschwindigkeit erreicht. Die Entwicklungskosten hatten 455 Millionen DM betragen. Acht Jahre später stellte die Firma das Projekt ein. – Am 10. Februar 1967 ging ein Großtransporter der Flugzeugwerft Dornier senkrecht auf seinen Jungfernflug. Diese *DO 31* ist nach wie vor der größte Senkrechtstarter der Welt. Technisch war das Ergebnis der 250 Millionen DM teuren Entwicklung ein voller Erfolg; wirtschaftlich nicht, denn schon drei Jahre später brach Dornier die Flugversuche ab. Später »borgte« sich die US-Weltraumbehörde NASA den großen Vogel als Vorbild für eigene Entwicklungen. – Den dritten deutschen Senkrechtstarter, die *VAK 191 B*, testeten ihre Konstrukteure, Flugzeugexperten der Firma VFW-Fokker, zum ersten Mal am 10. September 1971. Die Versuche begeisterten die Ingenieure. »Das ist der technisch beste Senkrechtstarter der westlichen Welt«, sagten sie und bauten sogleich drei Prototypen von diesem Modell. Das verschlang 700 Millionen DM. Ein Jahr später wurde auch das VAK-Projekt abgeblasen.

Böse Zungen behaupten, an dieser luftfahrttechnischen »Säuglingssterblichkeit« seien einflußreiche Natostrategen nicht ganz unbeteiligt und hinter diesen stecke die amerikanische Flugzeugindustrie, der es bis heute nicht gelungen ist, einen düsengetriebenen Senkrechtstarter erfolgreich vom Boden zu heben. Gewiß kommt das Gerücht nicht von ungefähr, zumindest hat aber der amerikanische Testpilot der deutschen *DO 31*, Drury Wood, recht, wenn er Journalisten anvertraut: »Ihr Deutschen steckt überall Geld hinein, baut hervorragende Prototypen, aber stellt sie dann in den Hangar. Wir Amerikaner bauen die Dinger eines Tages doch, und dann müßt Ihr sie für teures Geld wieder von uns kaufen!« Diese Neigung zur »Entwicklungshilfe« ist unbestreitbar, hat doch die Bundesregierung auch Großbritannien mit 132 Millionen Mark beim Bau des englischen Senkrechtstarters *Harrier* unterstützt, der vor wenigen Jahren als erster Vogel dieses Typs in die Serienfertigung ging.

Eines jedenfalls ist sicher: das Zeitalter der Senkrechtstarter hat noch nicht begonnen. Denn solange die Amerikaner sich mit schwenkbaren Propellern Auftrieb verschaffen (vgl. Abb. 119), statt mit Düsentriebwerken, wird die NATO ihre Kampfflieger sehr wahrscheinlich auch noch nicht auf Steilaufstiege umstellen, und senkrecht startende Passagiermaschinen gibt es bis jetzt weder diesseits noch jenseits des Atlantiks. Senkrechtstarter sind deshalb nach wie vor ein Zukunftsprojekt. Allerdings gibt es sowohl in Deutschland wie in den USA bereits die ersten Entwürfe für große Transportflugzeuge dieser Bauart.

Die Firmengruppe Messerschmidt, Bölkow, Blohm will für eine Milliarde DM ein großes senkrecht startendes Passagierflugzeug, die *BO 140*, entwickeln, und Boeing hat ein Konzept für eine 147-plätzige Maschine in petto, die zwar nicht vollkommen senkrecht in die Luft gehen soll, aber mit einer extrem kurzen Piste auskommt. Kommerziell fliegen werden diese Maschinen in der Mitte der achtziger Jahre. Bis dahin haben übrigens auch so »komische Vögel« wie der in Abbildung 119 gute Chancen für einen wirtschaftlichen Betrieb. Solche relativ langsamen Senkrechtstarter können eines Tages gut den Zubringerverkehr aus den Herzen der Großstädte zu den immer weiter hinauswandernden Mammutflughäfen besorgen.

Fliegende Lagerschuppen Welche Luftgiganten uns vielleicht schon in den nächsten zwei Jahrzehnten der Güterflugverkehr bringen wird, hat schon der Bericht über den Großraumtransporter für arktisches Gas und Öl auf Seite 33 gezeigt. Während dieser spezielle Riesenvogel mit seinen 146 Metern Spannweite abgesehen von seiner Größe aber noch aussieht wie ein normales Flugzeug (vgl. Abb. 10), gleichen die von Boeing geplanten universell verwendbaren Containermaschinen der nächsten Generation eher einem Lagerschuppen mit Flügeln.

Wenn so ein Ungetüm seinen breiten Rachen aufsperrt, können zehn schwere Sattelschlepper ihre komplette Huckepackfracht hineinschieben. Zwar ist noch nicht entschieden, ob die Großtransporter ihre sperrige Ladung in drei, vier oder fünf Reihen nebeneinander an Bord nehmen sollen, was sich nicht zuletzt auf die Länge der Vögel auswirkt, aber höchst aktuell sind die Arbeiten an diesem Modell mit Sicherheit. Das beweist schon die Tatsache, daß die Boeing-Ingenieure seit Ende 1973 kein Sterbenswörtchen mehr über das Projekt an die Öffentlichkeit dringen lassen und auch keine Pressefotos dazu mehr freigeben. Das letzte authentische Bild, das den großen Plan illustriert, enthielt eine Schrift, die Boeing am 17. Oktober 1973 einem internationalen Gremium von Flughafenbetreibern präsentierte (vgl. Abb. 120). »Nachdem wir dieses Papier in Dalles vorgelegt hatten«, erklärte mir dazu der Pressechef des Unternehmens, Thomas R. Cole, »haben wir beschlossen, keine reproduzierbaren Bildvorlagen und auch keine weiteren Informationen mehr über diesen Frachter herauszugeben, obwohl die Arbeit daran Fortschritte macht. Unsere Geschäftsleitung möchte nicht, daß das Projekt zu bekannt wird.«

Coles Sätze lassen auf eine sehr zukunftsreiche Entwicklung schließen und wohl auch darauf, daß die Konkurrenz in dieser richtungweisenden Sparte des Luftverkehrs nicht schläft. Ein paar technische Daten des fliegenden Lagerschuppens sind trotz allem bekannt geworden: Der Frachtraum wird 54 Zoll (1,37 m) hoch sein. Das entspricht der Ladehöhe moderner Sattelschlepper. Während des Fluges ist das Innere der Maschine geheizt, aber ein Druckausgleich fehlt. Unterdruckempfindliche Waren müssen deshalb in Spezialbehältern an Bord gehen. Weil die Riesentransporter bei täglich 15 Stunden reiner Flugzeit rund um die Uhr verkehren sollen, will Boeing sie mit extrem leisen Triebwerken ausstatten, damit die Nachtflüge nicht übermäßig stören.

Leben sollen die Vögel rund 100000 Stunden, bei ihrem Dauereinsatz also etwa 20 Jahre. Für den Start und die Landung brauchen sie ein gut zwei Kilometer langes Rollfeld, von dem die ersten sehr wahrscheinlich schon Anfang der achtziger Jahre abheben werden. Bis dahin muß auch das hochspezialisierte Computersystem betriebsbereit sein, das die Frachtbuchungen und damit die präzisen Einsatzzeiten für die teuren Maschinen zuverlässig abwickelt.

Häfen für Schiffe und Flugzeuge

Wenn die Schiffe größer und zugleich zahlreicher werden, und wenn auch die Flugzeuge an Umfang und Anzahl zunehmen, dürfen

Abbildung 120: Nicht gerade extrem scharf, dafür aber authentisch ist dieses Bild von den »fliegenden Lagerschuppen«, an denen die Boeing-Werke fieberhaft arbeiten. Unmittelbar nachdem die Firma ihr neues Projekt mit dieser Systemskizze im Oktober 1973 einem internationalen Gremium von Flughafenbetreibern vorgestellt hatte, erklärte es die Geschäftsleitung zum Firmengeheimnis.

die See- und Lufthäfen nicht zurückbleiben. Das Chaos wäre sonst unvermeidlich. Wie aber die Projekte für immer schwerere Flotten zu Wasser und in der Luft nicht über Nacht Wirklichkeit werden, so schießen auch die großen Häfen nicht eben wie Pilze aus der Erde, sondern wollen langfristig geplant, sorgsam dem Verkehrsstrom von übermorgen und der Raumnot von heute angepaßt und dann in jahrelanger Arbeit gebaut werden.

Welche Riesenflächen moderne Airports und Überseehäfen einer dichtbesiedelten Großstadt abzwacken, zeigt eindringlich die Luftaufnahme von Los Angeles (vgl. Abb. 121). Woher den zusätzlichen Platz nehmen, wenn die kalifornische Metropole jetzt ihren Weltflughafen noch beträchtlich erweitern will?

Der Städteplaner William L. Pereira, dem Los Angeles die Projektierung seiner neuen Airportanlagen übertragen hat, fand des Puzzels Lösung. Er verlegt die meisten Neubauten unter die Erde. In fünf unterirdischen Stockwerken, das tiefste 22 Meter unter dem Boden, entsteht eine komplette Flughafencity mit Autostraßen, Parkhäusern, Einkaufszentren, Restaurants, Clubs und Hotels und natürlich mit allem, was zur eigentlichen Abwicklung des Luftverkehrs gehört, wie Reisebüros, Buchungsagenturen, Gepäcksammelstellen und -verteileranlagen. Personenfließbänder (vgl. Seite 236 und Abbildungen 110 bis 112) verbinden – ebenfalls unterirdisch – das Zentralgebäude mit den dreizehn Abflughallen, die natürlich auch in die Erde versenkt sind. Nur der Kontrollturm und die Sicherheitseinrichtungen, der zentrale Verwaltungsbau und die Terminalgebäude, an denen jeweils acht bis elf Düsenriesen anlegen wie Schiffe am Pier, ragen aus dem Boden heraus. Das ganze restliche Gelände ist frei für Rollfelder und Pisten.

Eine andere Antwort auf die Frage »wohin mit Großflughäfen?« hat die britische Hauptstadt gefunden. Zusammen mit dem gewaltigsten Seehafenneubau Europas verbannen die Engländer Londons dritten Großflughafen vor die Küsten ihres Landes*. 1973 begannen die Hafenbehörden, für dieses Mammutvorhaben dem Meer etwa

Abbildung 121: Das Luftbild von Los Angeles zeigt eindrucksvoll, welchen großen Raum moderne Flug- und Seehäfen (weiß und schwarz umrandet) in Anspruch nehmen.

7300 Hektar Gezeitensandflächen abzuringen, die sonst nur bei Ebbe aus dem Wasser auftauchen. Und nicht nur die Flutwasser müssen die baufreudigen Hafenplaner vertreiben, sondern auch das Verteidigungsministerium ihres eigenen Landes, das in unmittelbarer Nähe der 80 Quadratkilometer großen Maplin-Sandbank bisher einen Schießplatz unterhielt.

Maplin wird ein kombinierter Flug-* und Seehafen der Superlative. Das setzt allerdings voraus, daß ihn auch die großen Frachtschiffe der kommenden Jahrzehnte anlaufen können, die, würden sie schon existieren, heute noch nicht einmal auf 50 Kilometer an die auserwählte Sandbank herankämen. Der Maplin-Sand liegt rund 65 Kilometer östlich vom Stadtzentrum Londons, am Nordrand der Themsemündung. Dorthin führt kein natürlicher Tiefwasserweg. Also müssen die Hafenbauer einen ausbuddeln. Die neue Fahrrinne, an der die Arbeiten schon begonnen haben, wird auf 55 Kilometer Länge zunächst so weit ausgebaggert, daß sie Seeschiffe mit 20 Metern Tiefgang befahren können. Das ausgehobene Material ist sehr willkommen, denn damit läßt sich der Gezeitensand aufschütten.

Weil die Schiffe Maplin nicht gerade im Einbahnverkehr anlaufen sollen, muß die Tiefwasserfahrrinne recht breit sein. 300 Meter soll sie auf die ersten zehn Kilometer ihrer Länge messen, für die restlichen 45 Kilometer wird sie eine Breite von 180 Metern haben. Später wollen die Hafenbaubehörden die ganze Rinne noch so weit vertiefen, daß auch Ozeanriesen mit 26 Metern Tiefgang Maplin erreichen können, das sind zum Beispiel vollbeladene 500000-Tonnen-Tanker.

Die ersten Schiffe sollen den Maplin-Seehafen schon 1976 anlaufen. Bis zu diesem Zeitpunkt werden die Briten für rund 35 Millionen Pfund (280 Millionen DM) Tiefwasserliegeplätze für Öltanker, Containerschiffe und andere moderne Frachter gebaut, einige Kilo-

* Während der Drucklegungsarbeiten zu diesem Buch strich die britische Regierung den Flughafenbau des Maplin-Projektes.

Abbildung 122: Zum ersten Mal in der Geschichte des Seehafenbaus arbeitet die Port of London Authority bei der Planung des »Maplin-Sand«-Projektes mit künstlichen Wellenerzeugern, die im Modell alle möglichen Auswirkungen von Wasserbewegungen auf die später im wirklichen Hafen festgemachten Schiffe vorauserkennen lassen.

meter Pipelines fertiggestellt und schnelle Straßen- und Bahnverbindungen nach London angelegt haben.

Schon bei den Vorarbeiten wandte das Londoner Hafenamt, die *Port of London Authority*, die modernsten Planungstechniken an, deren sich Hafenbauer je bedient haben. Dazu gehören beispielsweise solche Details wie Untersuchungen des Welleneinflusses auf verankerte Schiffe mit einem eigens dafür entwickelten Modell-Wellenerzeuger. »Soweit wir wissen«, beteuerte mir J. N. Black, der Direktor des Maplin-Projektes, »ist es das erste Mal, daß einer eingesetzt wurde.« Das von der Hydraulischen Forschungsstation in Wallington ausgeklügelte Gerät kann maßstäblich alle im zukünftigen Hafen zu erwartenden Wellenformen und -höhen getreu nachbilden (vgl. Abb. 122).

Äußerst raffiniert sind auch die Pläne für Navigationshilfen im künftigen Tiefwasserweg. Das technisch perfekte Ortungssystem wird es den Kapitänen der ein- und auslaufenden Schiffe gestatten, an einem Instrument auf ihrer Kommandobrücke selbst bei Nacht und Nebel auf fünf Meter genau ihre jeweilige Position abzulesen. Ein zentraler Computer soll den Offizieren an Bord außerdem jederzeit Auskunft darüber geben, wie sich ihr Schiff gerade in Abhängigkeit von der Uhrzeit und den Gezeiten in der Tiefwasserfahrrinne bewegt und welcher Kurs für sie der beste ist, um sicher in den Hafen einzulaufen.

Wenn 1980 die erste Phase des Maplin-Projektes fertiggestellt ist, verfügt Großbritannien damit über ein internationales Seehafenzentrum, mit dem sich in Europa einzig Rotterdam messen kann. Das wird für die Wirtschaft des Inselstaates ein nicht zu unterschätzender Gewinn sein.

Städte für Heute und Morgen

Das Experiment von Hawaii

Die meisten Großstädte der Welt sind ähnlich entstanden wie Krebsgeschwüre: sie wuchern. Von einer Keimzelle aus sind sie gewachsen und gewachsen, haben sich wirr nach allen Seiten weitergefressen, und während ihre Peripherie wie ein Pilzring von Jahr zu Jahr mehr hinauswächst, beginnen die inneren Gebiete zu »faulen«. In den muffigen licht- und luftlosen Altstädten entstehen Slums, deren desolate Bewohner den weiteren Verfall eher beschleunigen als ihm entgegenwirken. Genau im Zentrum keimt dann schließlich eine monströse City, hektisch, automobilverseucht, anonym; unter einer Dunstglocke aus Staub und Schwefelgasen.

Nur am äußersten Rand dieses Geschwürs krankt das Leben noch nicht an sich selbst. Hier gibt es noch Gärten mit Villen, Grundstücke mit Swimmingpools, blühenden Rabatten und großen Bäumen. Aber nur zu bald wuchert das Geschwür mit lärmenden Flughäfen und Verkehrswegen, mit rauchender Industrie über diese Idylle hinweg und schiebt an seinem Rand graue Betonwohnsilos vor sich her wie eine öligtrübe Hafenwoge leere Flaschen und rostige Konservendosen. Und schon bald müssen die Bewohner der Peripherie von gestern stundenlang auf verstopften Autostraßen dahinschleichen, bis sie die neue Peripherie erreichen, bis sie ins Grüne kommen.

Wachsende Städte fressen die Landschaft erbarmungslos auf. So hat sich New York ausgebreitet, so wuchsen London, Paris und Tokio, und so weiten sich bald Tausende namenloser Großstädte, die das Register der Weltmetropolen nicht nennt, weil es zu viele geworden sind und weil kaum noch eine der anderen den traurigen Rang aschfahler Größe streitig macht.

Nehmen wir Honolulu. Manche halten die Hauptstadt Hawaiis noch für ein zauberhaftes idyllisches Städtchen inmitten einer pazifischen Wunderwelt. 1977 wird der Inselstaat insgesamt mehr als vier Milliarden Dollar für den Städtebau investiert haben, 1981 das Doppelte. Der Zeitpunkt, zu dem die Hauptinsel nahezu lückenlos von Straßen und Häusern bedeckt sein wird, läßt sich voraussehen. Sieben Millionen Feriengäste erwartet Honolulu 1977. Liegt der letzte Reiz Hawaiis erst einmal unter Beton begraben, wird die Zahl wohl merklich zurückgehen. Dann ist die Welt wieder um einen schönen Flecken ärmer.

Städteplaner an der Universität von Honolulu, unter ihnen Hugh Burgess und Kiyonori Kikutake, haben die drohende Gefahr erkannt und wollen sie rechtzeitig bannen. Mehr als zwei Drittel der Erdoberfläche bedecken die Weltmeere. Dort ist Raum für die wachsende Menschheit, und dort läßt sich eine in doppelter Hinsicht neue Stadtform schaffen. Meeressiedlungen schwimmen; das ist das Hauptmerkmal, in dem sie sich von Landstädten unterscheiden. Es ist aber nicht ihre wesentlichste Eigenschaft. Entscheidender ist: Sie sind dreidimensional.

Auch moderne Cities mit ihren wolkenkratzenden Wohn- und Verwaltungstürmen scheinen das auf den ersten Blick zu sein. Im Grunde aber erstrecken sie sich flach auf dem Erdboden. Wer vom 48. Stockwerk eines Bürohauses zur 62. Etage eines anderen will, muß zuerst zum Erdboden hinunter, denn die einzig mögliche Verbindung liegt in der Ebene. Meeresstädte wollen die Architekten von Hawaii dagegen mehrlagig aufbauen, in vier oder fünf Ebenen.

Das hat entscheidende Vorteile. Zur wuchernden Flächenausdehnung tragen wesentlich Gebäude bei, die zwar für die Stadt als Ganzes unentbehrlich sind, von denen aber der einzelne Bewohner keinen unmittelbaren Nutzen hat. Denken wir an große Lagerhäuser, Gaskessel, elektrische Umspannstationen, Schlachthöfe, automatisierte Fertigungsanlagen und ähnliche Baukomplexe. In unseren Großstädten müssen wir sie umgehen oder umfahren. Deshalb stehlen sie uns außer dem Raum auch Zeit. Bei einer dreidimensionalen Stadt verbannen die Architekten sie in die sonnenlosen unteren Lagen, bei einer schwimmenden Stadt heißt das, unter das Wasser. Meeressiedlungen sind deshalb wesentlich kleiner und freundlicher als vergleichbare Landstädte.

In einem Modell für 15 000 Einwohner, das Burgess und Kikutake entwickelt haben, liegen alle Alltagsziele so nahe beieinander, daß sie sich bequem zu Fuß erreichen lassen. Der Arzt, die Schule, der Arbeitsplatz, Buchladen, Supermarkt, Schwimmbäder, Sport- und Freizeitanlagen, Theater und Klubhäuser und schließlich die Wohnung der Freunde, alles liegt im Umkreis von höchstens zehn Fußgängerminuten. Das macht Autos, Omnibusse und Straßenbahnen überflüssig. Die einzigen Verkehrsmittel sind leise und saubere Aufzüge, Rolltreppen und Fließbandtrottoirs. Mit ihnen läßt sich mühelos auch schweres Gepäck befördern.

Die Verbindung zum Festland und von Stadt zu Stadt unterhalten Luftkissenfahrzeuge, Tragflügelschiffe, Unterseeboote und senkrecht startende Überschallflugzeuge. Trotz der dichten Bevölkerung bieten solche Meeresstädte nach Ansicht der Architekten ihren Bewohnern mehr individuelle Entfaltungsmöglichkeiten als Landstädte. Einer Familie mit zwei Kindern beispielsweise steht ein eigenes Grundstück von rund 1000 Quadratmetern zu, in das niemand einsehen kann und das eine unmittelbare Aussicht auf das Meer und die ferne Küste garantiert. Weil sich die schwimmende Stadt bewegt, ändern sich das Panorama und die Sonnenseite außerdem ständig. Trotz der Kosten für die von großen Auftriebskörpern getragene Plattform ist der Quadratmeter schwimmenden »Baulandes« billiger als der im Herzen einer dichtbesiedelten Landstadt.

Werden Stadtteile später einmal alt und baufällig, lassen sie sich nach Meinung der Architekten ohne Schwierigkeiten einfach in das über hundert Meter tiefe Meer versenken und durch vorgefertigte Austauscheinheiten ersetzen. Meeresstädte sind sauber, abgasfrei und umweltfreundlich.

Aber sind diese synthetischen Gebilde nicht extrem »steril«?

Im Gegenteil, behaupten ihre Planer, großzügige Piazzas und Straßencafés, die seit einem halben Jahrhundert in den Cities unserer Landstädte immer mehr abnehmen, und die es in den modernen Vororten überhaupt nicht gibt, fördern menschliche Kontakte wie die Caféhäuser des alten Wien oder die Boulevardrestaurants im Paris der letzten Jahrhundertwende. Neue Sport- und Unterhaltungsmöglichkeiten wie Unterwasser-Meeresaquarien, alle Arten von Wassersport oder Meeresgärten sorgen für die nötige Abwechslung und Entspannung, und wer auf die freie Festlandnatur mit ihren Bergen und Wäldern nicht verzichten will, erreicht sie schneller als vom Wohngebiet in einem kontinentalen Ballungszentrum aus. Er braucht nämlich nicht mehr stundenlang auf den wenigen dichtverstopften Ausfallstraßen dahinzukriechen, sondern erreicht mit schnellen Wasserfahrzeugen rasch das vielleicht zehn oder zwanzig Kilometer entfernte Festland. Ein Verkehrschaos auf den Wasserwegen braucht er dabei nicht zu befürchten, denn sie greifen nicht gleich den Autostraßen wie vereinzelte dünne Spinnenbeine in die Umgebung hinaus, sondern sind allgegenwärtig.

Das alles klingt sehr nach Utopie. Wird es solche schwimmenden

Städte je geben? Und werden sie alles halten, was ihre Erfinder versprechen? – Es wird sie geben, die erste sogar schon 1976 (vgl. Abb. 123). Sie wird etwa 5,5 Kilometer vor der Küste Waikikis liegen, aus ringförmigen Elementen von insgesamt 720 m Durchmesser aufgebaut sein und sich aus 28 schwimmenden Einheiten zusammensetzen. Jeweils drei flaschenförmige Schwimmkörper aus Stahlbeton, die fast 30 Meter unter den Meeresspiegel hinabreichen, tragen eine Einheit.

Ob sich die schwimmenden Städte bewähren, bleibt abzuwarten. Ganz unwahrscheinlich ist es nicht, denn die Baumeister auf dem Wasser haben sich gründliche Gedanken über die Funktion einer Stadt als Ganzes gemacht und planen zunächst nur schwimmende Großgemeinden, die ihrem Zweck besonders gut gerecht werden, Universitätsstädte, Meeresfarmen, ozeanographische Forschungszentren, Siedlungen für »Meeresbergwerke«, von denen aus sich der Rohstoffreichtum in den Ozeanen fördern läßt, oder Messestädte.

Der Architekt Justus Dahinden plant beispielsweise ein großes schwimmendes Hotel im Mittelmeer vor Athen. Er nennt es »Seatel«. Eine ähnliche Attraktion entsteht nach den Plänen des Meeresforschers Hans Hass vor Spaniens Küste sogar unter dem Wasser.

Natürlich bietet sich die erste schwimmende Stadt der Welt besonders als Ausstellungscity an; denn als absolute Neuheit wird sie selbst ein sehenswertes Objekt sein und viele Interessierte aus aller Welt anziehen. Warum also sollen die Aussteller und die vielen Angestellten der Restaurants, Behörden, Verkehrsunternehmen, des Kraftwerkes oder des Krankenhauses nicht in ihr wohnen?

Die erste schwimmende Stadt ist gewiß ein Experiment, und sie muß sich nicht sofort als die Idealform zur Besiedlung des großen ungenutzten Raumes Ozean erweisen. Aber sie ist ein erster Schritt dazu, für vielleicht zehn Prozent der 10-Milliarden-köpfigen Weltbevölkerung des 21. Jahrhunderts und für 90 Prozent der möglicherweise 360 Milliarden Weltbürger im Jahre 3000 einen weiten neuen Lebensraum zu erobern.

Abbildung 123: Schwimmende Städte – sind sie die zukünftige Alternative zu den monströsen Wucherungen menschlicher Siedlungen auf dem Festland? Die Konstrukteure dieser Meeressiedlung, die vor der Küste Hawaiis entsteht, behaupten es.

Weniger als futuristisches und großangelegtes Modell betrachten offenbar die Russen schwimmende Städte. Küstenferne Erdölfelder im Kaspischen Meer lassen eine Wasserstadt für 20000 Menschen, Öltechniker mit ihren Familien und Angestellte der notwendigen Versorgungsdienste, zweckmäßig erscheinen; also wird auch hier eine gebaut.

Gesundheit Heute und Morgen

Ein Biochemiker aus Uruguay revolutioniert die Medizin

Abgesehen von dem Bestreben, internationale Computerzentren mit Daten aus der ärztlichen Praxis aller Länder zu füttern und damit einen raschen, reibungslosen Erfahrungsaustausch unter Medizinern und Apothekern zu ermöglichen, war die Heilkunde niemals ein Feld für Großprojekte. Ihre Triebkräfte sind die mühsamen Forschungsarbeiten in den tausend Labors der pharmazeutischen Industrie und der Universitäten, die unzähligen klinischen Einzelerfahrungen mit Millionen kranker Menschen und gelegentlich die geniale aber meist sehr spezielle Idee eines klugen Praktikers. Im Verein haben diese Kräfte die ärztliche Kunst während der letzten hundert Jahre ein großes Stück weitergebracht, daran gibt es keinen Zweifel.

Aber die mühsame Fleißarbeit im Kleinen war es auch, die fast allen Ärzten und Pharmazeuten den Blick für das Große raubte. Statt Gemeinschaftsforschung zu betreiben, entwickeln Hunderte von Firmen parallel zueinander Zehntausende von verschiedenen Präparaten gegen ein- und dasselbe Leiden. Und die Fleißarbeit auf engsten medizinischen Spezialgebieten führt zugleich auch zur Scheuklappenforschung: Während Legionen von Pharmazeuten in aller Welt mit ihren Medikamenten immer neue chemische Schlüssel zum verzwickten Schloß der Heilung suchen, denkt kein einziger von ihnen daran, daß sich möglicherweise viel leichter die ganze Tür aushängen läßt.

Wer in einem hochspezialisierten Einbahnforschungssystem neue elementare Wege finden will, die offen, aber unerkannt vor aller Augen liegen, muß das Format eines Genies besitzen.

Der 1923 als Bankiersohn in Montevideo geborene Alejandro Zaffaroni besitzt es. Mit klarem Blick sieht er, woran vor ihm alle Mediziner und Pharmazeuten gedankenlos vorübergingen, weil sie keinen Moment lang ihre kleinen, speziellen Ziele aus den Augen verlieren wollten. Ausgesprochen klingt Zaffaronis Erkenntnis so plausibel, so selbstverständlich, daß sie fast vordergründig banal wirkt. Gerade darin liegt ihre Größe und Universalität, die in der Lage ist, mit einem einzigen Geniestreich die gesamte Pharmazie zu revolutionieren. Hier ist die Philosophie des Biochemikers aus Uruguay:

Es gibt tausenderlei verschiedene Drogen gegen alle möglichen

Leiden. Der sogenannte medizinische Fortschritt besteht heute zum großen Teil darin, Jahr für Jahr zu diesen Mitteln noch Tausende weiterer Medikamente hinzuzufügen. Das bringt nicht viel. Wirkliche Verbesserungen gelingen selten.

Bessere Produkte finden die Forscher nicht oft, stärkere wirken zwar intensiver, haben dafür aber meistens auch wesentlich gefährlichere Nebenwirkungen. Und noch eine böse Folge hat die ständig wachsende Drogenflut: ihren Mißbrauch.

In den USA halten sich mehr als vier Zehntel der Patienten nicht an die ärztlichen Dosierungsvorschriften. Vierzig Prozent von ihnen schlucken regelmäßig Überdosen. Aber selbst wenn der Kranke die Anweisungen seines Arztes streng befolgt, pumpt er seinen Organismus mit weit mehr chemischen Substanzen voll, als zur Heilung seines Leidens erforderlich wäre. Nehmen Sie einen Patienten, der an Schüttellähmung (sogenannte *Parkinsonsche Krankheit*) leidet. Ein Heilmittel für ihn ist *Levodopa.* Der Bruchteil eines Milligramms täglich genügt, um ihm zu helfen. Doch sein Arzt verordnet ihm die zehntausendfache oder hunderttausendfache Dosis, die in seinem Körper herumvagabundiert, das Blut in 100000 Kilometern feiner und feinster Adern vergiftet und das Zellgewebe der verschiedensten Organe angreift.

Schadet der Mediziner seinem Patienten bewußt? Durchaus nicht! Er hat keine andere Wahl. Will er die Schüttellähmung erfolgreich bekämpfen, dann muß er den Körper des Kranken mit einigen Gramm *Levodopa* überschwemmen und unerwünschte Nebenwirkungen in Kauf nehmen, denn wie soll er sonst die erforderlichen zehntausendstel Gramm genau an den Ort bringen, wo sie wirken sollen, ins Gehirn?

Dr. Zaffaroni schließt aus solchen Überlegungen: »Gute Pharmaka haben wir mehr als genug. Über ein Jahrhundert lang haben die Apotheker in ihren Labors nichts anderes getan, als welche zu entwickeln. Sie können damit aufhören. Aber niemand hat sich Gedanken darüber gemacht, wie er all die Wundermittel genau dorthin bringen kann, wo der Organismus sie wirklich braucht.«

Wirklich sind die meisten unserer Arzneiverabfolgungsmethoden mittelalterlich, wenn nicht noch älter. Pillen haben vor dreieinhalb Jahrtausenden schon die alten Ägypter geschluckt. Salben und flüssige Einreibungen verordneten die Arztpriester in Ur und Sumer ihren Königen bereits um das Jahr 2000 vor Christi. Zäpfchen sind seit Jahrhunderten bekannt. Die Inhalation von Wirkstoffen wurde spätestens im Mittelalter zum ersten Mal praktiziert. Injektionsspritzen und Transfusionsapparate gab es mit Sicherheit schon im 17. Jahrhundert. Seither ist alles beim Alten geblieben, mit Ausnahme vielleicht der Infusion, die aber im Grunde nichts anderes als eine zeitlich sehr verlängerte Injektion ist.

Kein Wunder, sagte sich Zaffaroni, daß die besten und modernsten Medikamente wirkungslos bleiben oder gefährliche Nebenerscheinungen produzieren, wenn wir sie auf so antiquierte Art und Weise anwenden. Denken Sie an Augentropfen. Drei bis viermal täglich überschwemmt ein Glaukomleidender seine Augen mit *Pilocarpin*, um den hohen Innendruck im Augapfel, den sein Grüner Star ihm beschert, abzuschwächen. Mehr als die Hälfte der Tropfen fließt ohne jeden Effekt sofort wieder durch die Tränenkanäle ab. Der Rest senkt als Überdosis für kurze Zeit rasch und drastisch den Innendruck im Augapfel weit unter den Normalwert beim Gesunden. Diese Wirkung ist ebenso unnatürlich wie kurz. Gelänge es, dem Auge eine weitaus geringere Dosis über einen langen Zeitraum gleichmäßig zu verabreichen, dann ließe sich der Augendruck beständig auf dem normalen Wert halten, und der Kranke wäre ständig frei von Beschwerden.

Nehmen wir ein anderes Beispiel: Im Blut eines Kranken vermehrt sich irgendein Erreger. Um ihn zu bekämpfen, spritzt der Arzt ein Antibiotikum. Injiziert er zu wenig, überleben die Bakterien, und was noch viel schlimmer ist – sie werden resistent und sind in Zukunft auch gegen Höchstdosen immun. Um alle Erreger zu vernichten, muß der Arzt dem Kranken aber nicht nur eine bestimmte Mindestmenge des Antibiotikums in die Adern spritzen, das Mittel muß auch über längere Zeit im Blutkreislauf wirksam bleiben.

Weil der Körper es jedoch nach und nach abbaut, ist eine so hohe Anfangsdosis notwendig, daß auch nach 24 Stunden noch ein ausreichender Drogenspiegel im Blut vorhanden ist. Dann kann ihn eine neue Injektion auffrischen. Neben der Gefahr der Über- und Unterdosierung gibt es auch hier wieder den so schädlichen Wechsel zwischen augenblicklichen Medikamentenschocks und langsamem Abklingen. Ließe sich über Stunden und Tage die Blutbahn gleichmäßig mit geringen Antibiotikamengen versorgen, dann wäre die

Wahrscheinlichkeit der wirkungsvollen Erregervernichtung viel größer als heute.

Ein nach wie vor sehr aktuelles Thema ist die Antibabypille. Zur wirkungsvollen Empfängnisverhütung muß eine Frau sie täglich schlucken. Dabei genügten die Inhaltsstoffe von nur drei Pillen für ein ganzes Jahr, wenn . . . ja, wenn es gelänge, sie kontinuierlich direkt dort abzugeben, wo sie wirken sollen, an den Geschlechtsorganen oder, wie manche Präparate, an der Hirnanhangdrüse.

Aus drei Gründen läßt sich die Dosis so drastisch senken. Einmal gelangt beim Einnehmen überhaupt nur ein ganz geringer Prozentsatz des empfängnisverhütenden Hormons in die Gebärmutter, der Rest vagabundiert unkontrollierbar irgendwo im Körper herum, zweitens verliert das Präparat auf seinem Weg durch den Magen mit seinen aggressiven Säften, durch die Magenwand, die Blutgefäße und die Zellwände in den Geschlechtsorganen viel von seiner Wirksamkeit, und drittens muß es von vornherein so hoch dosiert werden, daß davon, genau wie beim Antibiotikum, von dem gesprochen wurde, noch nach 24 Stunden genügend vorhanden ist.

Eine fortwährende gleichmäßige Hormonabgabe direkt in die Gebärmutter würde all diese Überlegungen überflüssig machen, und sie hätte darüber hinaus noch zwei weitere entscheidende Vorteile: Das körperfreundlichste Verhütungsmittel ist *Progesteron*, ein Hormon, das der weibliche Organismus während der Schwangerschaft selbst erzeugt. Gerade weil *Progesteron* so körperverwandt ist, zersetzt es sich aber in der Gebärmutterschleimhaut so rasch, daß eine 24-stündige Pille mit diesem Wirkstoff gar nicht lange genug vorhalten würde. Pillen enthalten deshalb weitaus stärkere, körperfremde Hormone, die im Gegensatz zu Progesteron Nebenwirkungen nicht ausschließen. Noch aus einem zweiten Grund macht aber die dosierte Abgabe von Hormonen direkt in der Gebärmutter jede unerwünschte Wirkung von Anfang an unmöglich. Die Uterusschleimhaut wirkt wie eine Falle auf die befruchtungshemmenden Stoffe. Sie werden in ihr abgebaut und können überhaupt nicht in die Zellsäfte anderer Körpergewebe oder Organe gelangen.

Das sind nur wenige Beispiele für die Segnungen, die von einer Revolution der mittelalterlichen Medikamentenverabreichungsmethoden ausgehen. Dr. Zaffaroni hat das erkannt und begann 1968 neue, bessere Wege zu suchen. Er gründete mit zwei Millionen Dollar Startkapital die Alza Gesellschaft in Kalifornien und warb und gewann Dutzende amerikanische Wissenschaftler von Rang und Namen für seine Idee, Männer wie Jerome B. Wiesner, den wissenschaftlichen Berater Präsident Kennedys. Zu seinen freien Mitarbeitern zählen Nobelpreisträger und Harvardprofessoren. Fünf Jahre nach der Gründung hat die Alza Aktiengesellschaft bereits Wertpapiere für 37 Millionen Dollar in Umlauf gebracht. Ihre Aktionäre setzen Vertrauen in Zaffaronis Ideen, denn Dividende gibt es vorerst nicht. Aber die Entwicklungen sind so erfolgversprechend, daß sich zur gleichen Zeit der Marktwert des inzwischen über 120 Mann starken Forschungsunternehmens mit 100 Millionen Dollar beziffern läßt. Ausländische Pharmaziekonzerne wie die namhafte deutsche Firma Grünenthal haben sich die Vertriebsrechte gesichert.

Das Mittel, mit dem der Wissenschaftler und zugleich glänzende Organisator, der mit seinen silbergrauen Schläfen aussieht wie ein südamerikanischer Diplomat (vgl. Abb. 124), die Medizin revolutioniert, nennt er *Therapeutisches System.* Es kann genau das, was alle anderen Verabreichungsmethoden nicht können: die verordneten Drogen genau dosiert in beständigem Fluß dorthin bringen, wo sie der Körper wirklich braucht.

Natürlich gibt es nicht nur ein Therapeutisches System, sondern beinahe unendlich viele. Jedes Medikament, jede spzielle Anwendung verlangen ein anderes. Aber das Prinzip ist bei allen gleich. Zaffaroni unterscheidet zwischen *passiven, aktiven, extern programmierten* und *aktiven, selbstprogrammierten* Systemen. Das erste *passive* System, das er entwickelt hat, heißt *OCUSERT* und dient der Behandlung von Augenleiden. Es besteht aus einem winzigen ovalen Membranbeutelchen, das sich bequem hinter das untere Augenlid schieben läßt und dort in der Tränenflüssigkeit des Bindegewebssakkes schwimmt, ohne den Patienten zu stören. Das spezielle *OCUSERT* gegen den Grünen Star enthält in einem von mehreren Kunststoffmembranlagen umgebenen Reservoir den Wirkstoff *Pilocarpin.* Die Membrane ist so ausgewählt, daß automatisch ständig ein gleichmäßiger Strom der Droge durch sie hindurchwandert, sobald der Patient das *OCUSERT* in sein Auge einlegt (vgl. Abb. 125). Eine Woche lang verrichtet es dort ohne Unterbrechung seinen Dienst.

Ein anderes *passives* System, das sich wie das *OCUSERT* bereits in klinischer Erprobung bestens bewährt hat, ist ein empfängnisver-

hütendes T-förmiges hohles Plastikgebilde, das seinen Platz in der Gebärmutter bekommt. Pausenlos gibt es geringste Mengen des körperfreundlichen Hormons *Progesteron* ab, das sich in nichts von der völlig unschädlichen organischen Substanz unterscheidet, die der weibliche Organismus während der Schwangerschaft selbst erzeugt. Weil die ganze Oberfläche des kleinen Gebildes ständig mit organverwandten Wirkstoffen durchtränkt ist, empfindet es die Gebärmutter auch nicht als Fremdkörper. Die Wahrscheinlichkeit, daß sie mit einer Reizung darauf reagiert oder es gar ausstößt, ist praktisch gleich Null. Nie scheidet das Verhütungskörperchen mehr *Progesteron* aus, als dem natürlichen Milieu entspricht, nicht mehr also, als die Schleimhäute biologisch fortwährend abbauen können. Weil dafür eine äußerst geringe Menge genügt, reicht ein einziges Membranreservoir für ein ganzes Jahr. Allein dieses kleine Gerät, das sich vielleicht einmal für eine weltweite zuverlässige und biologisch absolut unbedenkliche Geburtenkontrolle einsetzen läßt, ist eine biotechnische Glanzleistung.

In der Entwicklung *aktiver* Systeme steht Zaffaroni noch am Anfang, aber die Vorarbeiten seiner Forscher sind so gründlich und zugleich so ergiebig, die ersten klinischen Tests so verheißungsvoll, daß auch auf diesem Gebiet der Durchbruch vor der Tür steht. Viele Drogen verlangen keine gleichförmige Verabreichung, sondern müssen nach einem ganz bestimmten Programm gegeben werden, beispielsweise in rhythmischen Stößen oder langsam abklingend nach einer relativ hohen Anfangsdosis. Dieses Problem lösen die Alzawissenschaftler unter anderem mit elektronischen Subminiaturschaltungen, die, fest programmiert, die Abgabemenge der therapeutischen Systeme über lange Zeit präzise steuern.

Kein Wunder, daß die Männer um Zaffaroni deshalb oft alles andere sind als Pharmazeuten. Zu seinem ausgesprochenen Individualistenteam gehören Forscher, die sich ihre Sporen in der Raumfahrt, der Fotochemie, der Elektronik oder auf dem Gebiet des Gefriertrocknens von Orangensaft verdient haben. Einmalig wie diese

Abbildung 124: Alejandro Zaffaroni, Bankierssohn und Biochemiker aus Montevideo, hat es sich in den Kopf gesetzt, die mittelalterlichen Methoden mit denen alle Patienten der Welt noch heute ihre Medikamente beigebracht bekommen, zu revolutionieren. Die Fülle seiner genialen Ideen und seine ersten klinischen Erfolge beweisen, daß es ihm gelingen wird.

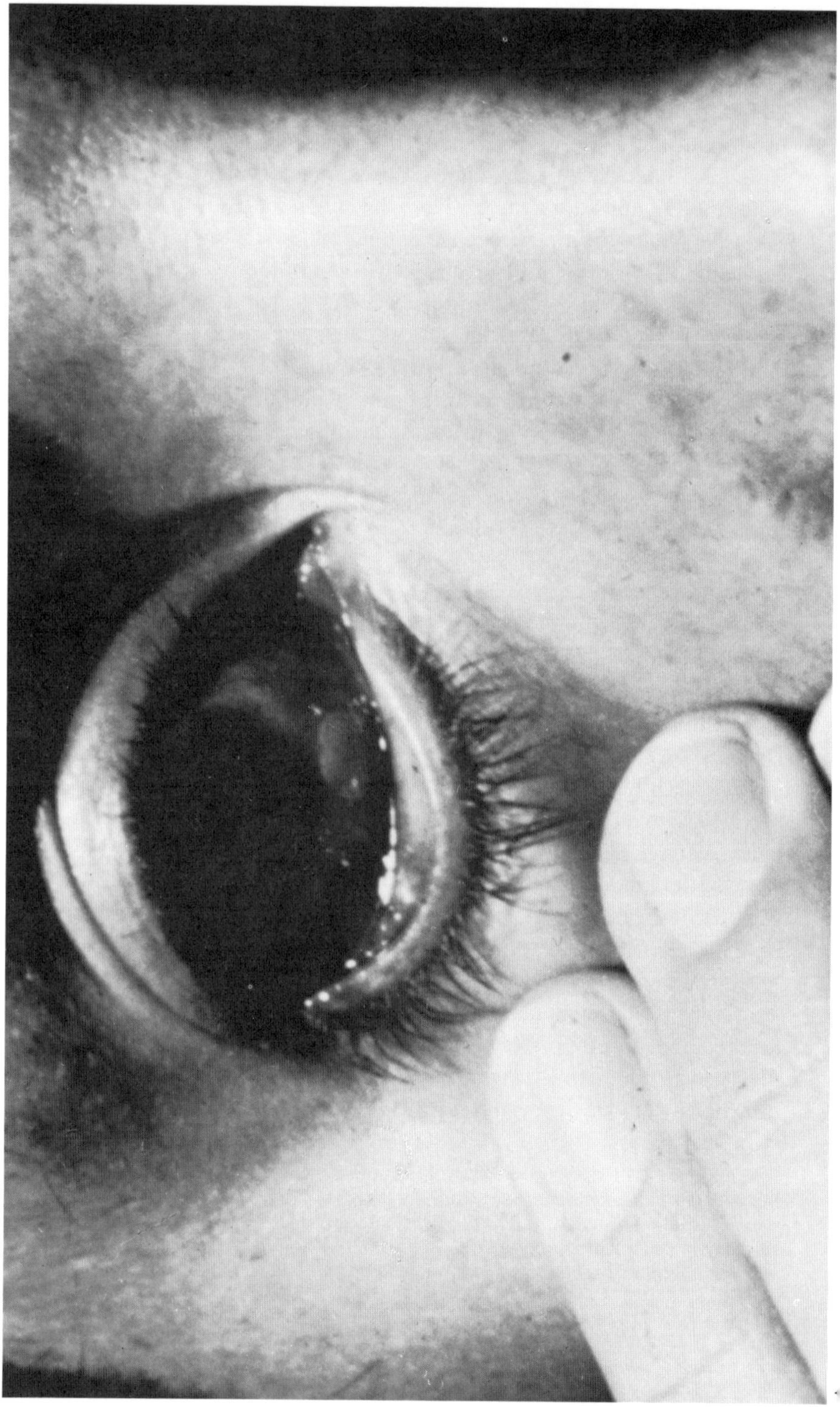

Zusammenstellung sind die Ergebnisse ihrer Arbeit. So haben die Männer von Alza winzige elektrochemische Sonden entwickelt, die wenige Millimeter unter die Haut reichen und dort exakt bestimmte Bestandteile der Körpersäfte analysieren, den Harnstoffgehalt beispielsweise oder den Zuckerspiegel. Solche Detektoren vereinigen Zaffaronis Leute mit elektronisch steuerbaren Wirkstoffreservoirs zu *aktiven, selbstprogrammierten* Systemen. Einen Zuckerkranken versorgt so ein System beispielsweise immer exakt nur mit soviel Insulin wie seinem Organismus gerade fehlt; denn wenn seine Körpersäfte wenig Zucker enthalten, merkt das die kleine Sonde und drosselt über die Elektronik die Insulinzufuhr. Bei dieser speziellen Behandlung wandert der Wirkstoff von seinem Reservoir direkt durch die Haut in den Körper des Kranken.

Ein System, das immer genau die benötigte Menge abgibt, ist das Ausgetüfteltste, was sich auf biotechnischem Gebiet überhaupt denken läßt. Anders arbeiten auch die körpereigenen Drüsen nicht. Deshalb ist es Zaffaronis erklärtes Ziel, später einmal wirkliche künstliche Drüsen zu entwickeln, die in den Körper eingepflanzt werden wie heute schon andere künstliche Organe. Eine künstliche Bauchspeicheldrüse ist nur ein Beispiel von vielen.

Zugleich arbeiten die Forscher bei Alza an elektronischen Sonden, die im Körpersaft exakt die Konzentration eines bestimmten verabreichten Medikaments messen und überwachen sollen. Das ist für die Entwicklung vieler *aktiver, selbstprogrammierter* Systeme überaus wichtig. Ein Arzt kann sich nämlich bei seinen Dosierungsvorschriften meist nur nach allgemeinen Erfahrungswerten richten. Doch die Drogenmengen, die verschiedene Kranke bei völlig gleichem Krankheitsbild brauchen, sind äußerst unterschiedlich. Kinder bauen viele Stoffe wesentlich langsamer ab als Erwachsene, Patienten mit einer kranken Leber langsamer als solche mit einer gesunden. Aber auch organisch Gesunde scheiden Medikamente je nach ihrer Erbveranlagung verschieden rasch wieder aus, manche 30 mal so schnell wie andere.

Abbildung 125: Ein winziges ovales Foliensäckchen schwimmt unter dem Augenlid auf dem Augapfel. Fortwährend gibt es genau dosiert den Wirkstoff »Pilocarpin« ab und macht damit dem Hazardspiel der viermal täglichen Augentropfen mit ihren unvermeidlichen Überdosen ein Ende. Den an Grünem Star leidenden Patienten erlöst das OCUSERT-Säckchen damit von den Symptomen seiner Krankheit.

Eine individuelle Behandlung kann der Arzt deshalb nur durch sorgfältiges und oft langwieriges Probieren erreichen. Dazu haben die meisten Mediziner heute gar keine Zeit. Und außerdem bringen solche Experimente am Kranken fast immer unerwünschte Nebenwirkungen mit sich. Zaffaronis *aktive, selbstprogrammierte* Systeme machen mit der »Probierometrie« ein Ende; sie geben automatisch für jeden Patienten individuell immer nur soviel Wirkstoff ab, wie sein Körper wirklich verarbeitet. Das ist nicht hoch genug einzuschätzen, denn wie verbreitet die unsichere Probiermethode in der Medizin ist, zeigt allein schon die Tatsache, daß es im ärztlichen Vokabular einen eigenen, gelehrt klingenden Ausdruck für die Behandlung durch Probieren gibt: Polypragmasie.

In diesem Abschnitt wurde nur an wenigen Beispielen ein kleiner Ausschnitt aus Zaffaronis Arbeit und seinen Zielen gezeigt. Ein spannendes Buch ließe sich über die revolutionierenden Entwicklungen bei Alza schreiben. Was dort geschieht, gehört zu den großartigsten Pionierleistungen in der Medizin- und Biotechnik aller Zeiten. Es ist ein völlig anderes Großprojekt als die meisten in diesem Buch, anders als vielleicht die Förderung von Manganknollen aus den Tiefen des Pazifik, aber es ist ein Projekt, das kranken und gesunden Menschen auf der ganzen Welt mehr und unmittelbarere Hilfe bringen wird als die großtechnische Erschließung neuer Erzlagerstätten.

Wissen für Heute und Morgen

»Wissen ist Macht«

Drei große Quellen halten die Mühlen der Forschung, der Industrie und der gesamten Wirtschaft in fortwährender Bewegung: Energie, Rohstoffe und Wissen. Ohne diese drei Faktoren ist der Mensch nicht existenzfähig. Jeder einzelne von ihnen ist absolut unentbehrlich, doch bis zu einem gewissen Grad lassen sie sich gegenseitig austauschen. Erhöhter Rohstoffeinsatz, beispielsweise beim Bau eines Hauses, senkt den Heizenergieverbrauch. Die zukünftige Nutzung der Sonnenenergie drosselt den Konsum von Erdöl, das dann der chemischen Industrie als Rohstoff zur Verfügung steht. Wissen um rationelle Fertigungsverfahren spart Material und Energie. Andererseits läßt sich durch größeren stofflichen Aufwand oft eine schlechtere Technologie wettmachen.

Zwischen den drei großen Quellen unseres Seins bestehen also lebhafte Wechselwirkungen. Sie heißt es erkennen und gezielt steuern, um aus dem Gesamtsystem den größtmöglichen Nutzen für uns alle zu ziehen. Die Frage, in welche Richtung wir am sinnvollsten steuern sollten, beantwortet sich beinahe von selbst, wenn wir an die verschiedene Natur der drei Quellen denken. Rohstoffe lassen sich nicht beliebig vermehren, Energie auch nicht. Ihre Reserven nehmen ständig ab. Allein der menschliche Geist ist eine Quelle, die um so mehr leisten kann, je mehr sie schon geleistet hat.

Wissen baut sich auf Wissen auf und vermehrt sich schneller und schneller. Wissen ist deshalb unsere ergiebigste, bedeutendste und wertvollste Quelle. Um sie aber voll zu nutzen, müssen wir ihren Strom kanalisieren und dorthin leiten, wo er die größtmögliche Fläche fruchtbaren Bodens bewässert. Das ist nicht leicht, denn der Fortschritt der Kanalisationsarbeiten hat aufgehört, mit der Wissensproduktion Schritt zu halten.

Was hilft einer großen Elektrofirma eine Forschergruppe, die phänomenale neue Elektronikbauteile entwickelt, wenn der Apparatekonstrukteur im selben Haus sie nicht in seinen Geräten einbauen kann, weil er nie davon erfährt? Was hilft einem amerikanischen Chemiker, der nach einem Verfahren zur Aufbereitung von Manganknollen sucht, die geistvolle Doktorarbeit eines jungen französischen Forschers über ganz spezielle Flotationsmethoden, die, richtig abgewandelt, vielleicht auch das Manganknollenproblem lösen könnte, wenn der Amerikaner nicht von der Arbeit des Franzosen weiß und der Franzose die Probleme des Amerikaners nicht kennt? Was helfen Hunderttausende von Meßdaten, die ein Satellit an die NASA funkt, wenn die Raumexperten mit ihren wissenschaftlichen Mitteln mehr als zwei Jahrzehnte für die Auswertung der Daten benötigen? Was hilft ein weltweites Literaturverzeichnis über neue Schriften auf dem Gebiet der Chirurgie einem Facharzt, der Monate braucht, um allein das dicke Verzeichnis über die Publikationen eines einzigen Jahres gründlich zu studieren?

Das zentrale Problem zur vollen Erschließung der Quelle Wissen heißt nicht Wissenserzeugung, sondern Wissensauswertung. Hier können nur Großprojekte helfen, die in ihrem Umfang und ihrer Bedeutung den kühnsten Energiekonzepten und Rohstoffgewinnungsplänen in nichts nachstehen. Ihre Elemente heißen: Wissen gezielt sammeln, Wissen weitervermitteln und Wissen jederzeit und für jedermann wiederfindbar zu speichern. Über aufregende Projekte zu allen drei Themen will ich in diesem Abschnitt meines Buches berichten.

Die Jagd auf Daten

Zum Beispiel Landkarten Nichts ist so vielfältig wie die Form des Wissens. Für einen Sprachforscher mag es überaus interessant sein, ob das Wort *ignorieren* schon im 16. oder erst im 18. Jahrhundert bekannt war; für ein kartographisches Institut ist dagegen entscheidend, ob das graue Rechteck in der linken unteren Ecke eines Luftbildes eine Schule ist oder eine Kirche. Nicht nur fachlich unterscheiden sich beide Erkenntnisse voneinander sehr, sondern auch in ihrer Gültigkeit. Hat der Sprachforscher seine Frage gelöst, dann ist die Antwort in hundert Jahren noch genauso verbindlich wie heute. Hat der Landkartenhersteller das interessierende Gebäude als Kirche bestimmt, dann kann es morgen schon abgebrannt oder einer neuen Schnellstraße gewichen sein. Für ihn ist es also wichtig, nicht einmal, sondern ständig auf ein und demselben Gebiet neues Wissen zu sammeln, um Altes zu korrigieren oder zu ergänzen. Bei den immer schneller wachsenden Städten und Straßennetzen, den zunehmenden Bahnlinien, Flußbegradigungen oder Tunnelbauten ist das nicht leicht, und die Kartographen schaffen es allein durch

Vermessungen schon lange nicht mehr, ihre Pläne immer auf dem neuesten Stand zu halten. Einmal gedruckte Karten lassen sich nur mit großer Mühe und hohen Kosten fortwährend korrigieren.

In Frankreich bahnt sich jetzt ein Umbruch an, der größte Umbruch in der französischen Landkartenherstellung seit dem Katastersystem aus napoleonischer Zeit.

Das größte Problem für jeden Kartenproduzenten ist die Datengewinnung. Sie kostet 60 bis 90 Prozent der gesamten Arbeitszeit und verschlingt entsprechend viel Geld. Die optische Abteilung *SFOM* der Firmengruppe *ENGINS MATRA* hat deshalb eine sogenannte »Numerische Datengewinnungskette« entwickelt, die dem phantastischsten Wunschtraum aller Kartographen gerecht wird. Sehr vereinfacht läßt sich das System so beschreiben: Eine elektronische Bildleseanlage bekommt zur Auswertung die Luftaufnahme eines zu erfassenden Gebietes vorgelegt (vgl. Abb. 126).

Automatisch tastet das Gerät alle Strukturen auf der Vorlage ab und speichert ihre genaue Lage in einen Computer ein. Liegen zwei Stereobilder vor, errechnet der Computer aus den erfaßten Daten selbständig die Höhenschichtenangaben für die anzufertigende Landkarte. Flüsse, Straßen, Wälder, Stadtgebiete und ähnliche oft wiederkehrende Strukturen erkennt die Anlage und setzt sie automatisch in die entsprechenden kartographischen Symbole um. Dinge, die der Bildleser gemeinsam mit dem Computer nicht eindeutig erkennen kann (zum Beispiel eine Sägemühle oder einen Aussichtsturm) »erklärt« ihm der Kartograph, indem er über eine Tastatur die jeweilige genaue Bezeichnung eingibt. Genauso teilt er der Anlage Straßennamen, Ortsbezeichnungen und andere Textangaben mit.

Im Luftbild nicht sichtbare Linien und Flächen wie Grenzen, Truppenübungsplätze oder Naturparks kann die Anlage aus Handzeichnungen oder schon vorhandenen Karten ablesen und in den Datenspeicher übertragen. Zusätzlich zu den Strukturen des Luftbildes merkt sich der Computer auf diese Weise pro Stunde 250 bis 300 Details. Hat er alle notwendigen Informationen erhalten, dann entzerrt er das Luftbild rechnerisch, setzt sein kartographisches Wissen auf einen bestimmten Maßstab um und zeichnet in Windeseile über ein Ausgabegerät die fertige Landkarte (vgl. Abb. 127). Um ein übriges zu tun, vergleicht er sie sogleich selbständig mit bereits vorhandenen, älteren Karten und stellt Abweichungen fest, die der Karto-

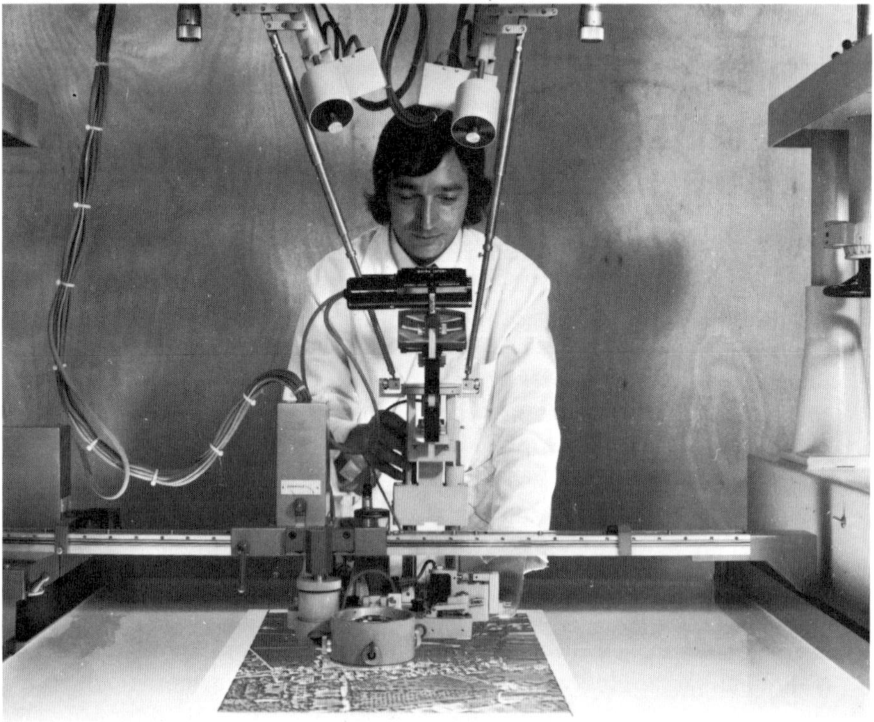

MATRA-SFOM

graph dann überprüfen kann. Ist alles richtig, gibt der Computer sein neu erworbenes Wissen an ein Magnetband weiter, das ins Archiv wandert und sich später jederzeit rasch und leicht korrigieren läßt, zum Beispiel durch die neue Eingabe von Detaildaten oder durch den Vergleich mit einem neuen Luftbild. Nichts braucht der Kartenhersteller mehr umzuzeichnen, denn sofort nach der Korrektur zeichnet die automatische Anlage eine brandneue komplette Landkarte.

Frankreich hat damit begonnen, das Kartenbild seines ganzen Landes nach dem neuesten Stand in so einer Computerdatenbank zu speichern. Etwa 1982 werden diese Arbeiten abgeschlossen sein. Dann besitzt das Land einen elektronischen Atlas, der nicht mehr veraltet, denn er läßt sich mit dem geringsten technischen Aufwand immer »à jour« halten.

Satelliten jagen Thunfische Die Wurzeln des Wissens sind sehr verschieden. Wissen sammeln kann bedeuten, Informationen zu gewinnen, etwa über die Erdtemperatur in 10000 Metern Tiefe, über die jährliche Zuckerrohrproduktion in Cuba oder den momentanen Aufenthalt großer Thunfischschwärme. Wissen sammeln kann aber auch heißen, schöpferisch tätig zu sein, ein neues Prinzip zur Milchtrocknung zu entwickeln oder einen neuen Motor zu erfinden. Entsprechend unterschiedlich sind die Wege, die zu den Quellen des Wissens führen.

Eine der interessantesten Methoden, Informationen der verschiedensten Art zu sammeln, ist die Fernerkundung. Ihr Prinzip ist einfach, ihre Technik äußerst vielfältig, und ihre Anwendungsgebiete sind beinahe unbegrenzt. Der Grundgedanke dabei ist, daß ein Beobachter von einer Sache um so mehr sieht, je weiter er sich von ihr entfernt. Er gewinnt die Übersicht, die er nicht hat, wenn er aus der Nähe den Wald vor Bäumen nicht erkennt. Typische, schon heute

Abbildung 126: Auch ohne die Hilfe des freundlichen jungen Mannes, der hier für die Kamera posiert, erkennt das eigentümliche Gerät, was man ihm vorgelegt hat. In wenigen Minuten tastet es die Luftaufnahme einer Landschaft ab ...

Abbildung 127: ... und übermittelt seine neuen Erkenntnisse einem Computer (im Bild links) der sie in die Zeichensprache des Kartographen umsetzt und das elektronische Schreibgerät (im Bild rechts) veranlaßt, automatisch eine komplette Landkarte von dem fotografierten Gebiet zu zeichnen.

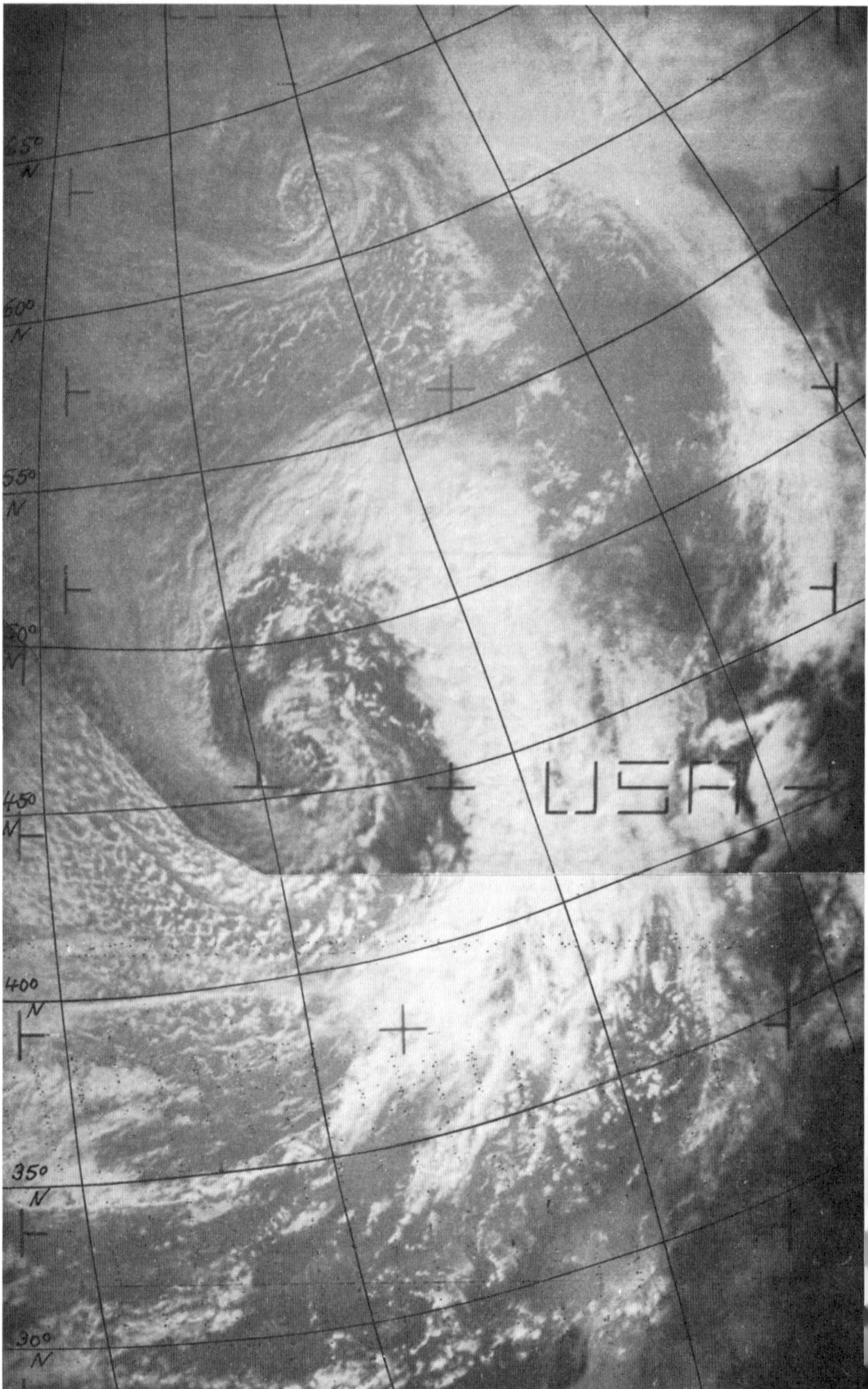
65° N
60° N
55° N
50° N
45° N
40° N
35° N
30° N
USA

praktizierte Beispiele für Fernerkundungen sind die Wettersatellitenbeobachtungen (vgl. Abb. 128) oder Flugzeugaufnahmen für kartographische Zwecke.

Als Ganzes jedoch ist die Fernerkundung eine Arbeitstechnik von morgen. Es läßt sich aber nicht sagen: »Ab 1978 oder ab 1997 setzt Japan oder setzen die USA die Fernerkundung kommerziell ein«. Der sicher zu erwartende Siegeszug dieses neuen Weges zur Informationssammlung kommt nicht über Nacht. Er wird langsam an Boden gewinnen, nach und nach technisch immer mehr ausreifen und immer mehr Anwendungsgebiete finden.

Seit Jahren entwickelt die Fotoindustrie beispielsweise »Falschfarbenfilme«, die in Landschaftsfotos bestimmte Einzelheiten ganz besonders hervorheben. Da gibt es Filme, die feuchten Boden oder von Schädlingen befallene Waldbestände in Kontrastfarben zu allen sonstigen Bildelementen wiedergeben. Andere Filme sind empfindlich für Wärmestrahlungen. Mit ihnen kann der Geofotograf durch Dunstschichten hindurchfotografieren, warmes Industrieabwasser in Flußläufen verfolgen oder Laubwaldbestände deutlich von Nadelgehölz unterscheiden. Jeder Fortschritt in der Filmentwicklung, jeder Start eines neuen Erkundungssatelliten läßt die Fernerkundung wirkungsvoller werden oder erschließt ihr neue Anwendungsbereiche. Hier seien nur einige Gebiete genannt, auf denen die noch recht junge Wissenschaft in absehbarer Zukunft Großes leisten wird. Um zugleich ein Maß für ihre Bedeutung zu geben, ergänze ich die einzelnen Anwendungsmöglichkeiten mit geschätzten Zahlen von Fachwissenschaftlern, die aussagen, welchen jährlichen Gewinn weltweit der Einsatz der Fernerkundung etwa bringen wird.

Abbildung 128: 31. Januar 1974: Über dem nördlichen Atlantik haben sich zwei mächtige Tiefdruckwirbel gebildet. Ein Wettersatellit hat sie aus 1450 km Höhe fotografiert und in zwei Bildern zur Erde gefunkt. Den unteren Teil dieses Gesamtbildes hat der künstliche Mond genau 5 Minuten und 52 Sekunden später aufgenommen als den oberen. In der Zwischenzeit ist er einmal um die Erde herumgewandert und ein wenig weiter nach Süden gelangt. – So raffiniert und präzise diese Satelliten auch arbeiten mögen, der letzte Stand der Technik sind sie schon seit Jahren nicht mehr. Heute funken die kosmischen Beobachter nicht nur Bilder, sondern eine Fülle exakter Meßdaten zur Erde, die elektronische Rechenanlagen in den Wetterzentralämtern sofort automatisch auswerten.

1. Bestandsaufnahmen über landwirtschaftlich genutzte Flächen (jährlicher Rationalisierungsgewinn 11,3 Milliarden Dollar)
2. Früherkennung und Verhütung von Ernteschäden (jährliche Einsparungen 28,6 Milliarden Dollar)
3. Früherkennung und Verhütung von Forstschäden (nur USA) (jährliche Einsparungen 9 Millionen Dollar)
4. Entdeckung von Waldbränden (nur USA) (jährliche Einsparung 20 Millionen Dollar)
5. Herabsetzung der Verluste bei der Gewinnung von Öl, Erdgas und Mineralien (jährlicher Gewinn 42 Millionen Dollar)
6. Erforschung der Luft- und Wasserverschmutzung (jährlicher Nutzwert 8 Millionen Dollar)
7. Kartographische Arbeiten für den Fernstraßenbau (nur USA) (jährlicher Rationalisierungsgewinn 114 Millionen Dollar)
8. Überwachung der Wasserwirtschaft (Wasserkraft, Bewässerung, Überschwemmungsschutz) (jährliche Einsparungen und Gewinn 373 Millionen Dollar)
9. Landkartenerstellung (jährlicher Nutzwert 9 Millionen Dollar)
10. Erkundung von Schiffahrtswegen (jährlicher Nutzwert 37 Millionen Dollar)
11. Erkundung von Fischschwärmen für den Hochseefischfang (jährlicher Gewinn 1,5 Milliarden Dollar)
12. Früherkennung und Bekämpfung von Seuchengefahren durch feste Abfallstoffe (Typhus, Pest, Schlafkrankheit) (jährliche Einsparung 189 Millionen Dollar und Rettung von 3450 Menschenleben)
13. Früherkennung und Bekämpfung von Seuchengefahren durch Wasserverpestung (Malaria, tropische Wurmkrankheiten, Hirnhautentzündung, Gelbfieber) (jährliche Einsparungen 1,7 Milliarden Dollar und Rettung von 23 330 Menschenleben)
14. Such- und Rettungsaktionen (jährliche Einsparungen 37 Millionen Dollar und Rettung von 25 000 Menschenleben)
15. Früherkennung von Naturkatastrophen und Rettungsmaßnahmen (Rettung von 315 Menschenleben)
16. Eisbergüberwachung
17. Strukturuntersuchungen bei der Städteplanung
18. Erkundung neuer Erzlagerstätten

»Tele« hat Zukunft

Breitbandtechnik: Ein Menschheitsexperiment mit ungewissen Folgen Es ist Sonntag nachmittag, 14.55 Uhr, für die Elektrizitätswerke eine ruhige Zeit. Die Büros und Fabriken arbeiten nicht, die elektrischen Herde sind abgestellt, denn die Mittagszeit ist vorbei, und künstliches Licht braucht am hellen Nachmittag auch niemand. Zudem steht gerade Juli auf dem Kalender, ein Monat ohne großen Heizstrombedarf. Der Schaltingenieur vom Dienst hat deshalb von seiner Netzwarte aus die meisten Stromgeneratoren abgeschaltet, nur wenige Maschinen laufen noch. Er selbst rechnet mit einem ruhigen Nachmittag, liest Zeitung und trinkt seinen Kaffee dabei.

Fünf Minuten später beginnt in der Warte ein technischer Teufelstanz. Die Nadeln der Meßinstrumente spielen verrückt, schnellen in die Höhe, zittern aufgeregt und fallen wieder zurück. Rote Lampen leuchten auf oder fangen plötzlich an, rhythmisch zu flackern. Und dann meldet dem Ingenieur ein Warnlicht: Totalausfall im Generatorblock vier.

Automatisch schalten sich zwei der gerade stillgelegten Stromerzeugergruppen ein. Doch noch ehe sie hochlaufen können, fällt der nächste Block aus, und dann noch einer und noch einer. Das überlastet auch die frisch angefahrenen Maschinen. Schwere Sicherungstrenner in den Unterstationen schalten die gefährdeten Generatoren mit lautem Knall wieder ab. Die Automatik versucht, eine Verbindung mit dem Verbundnetz der benachbarten Elektrizitätswerke herzustellen; vergeblich, auch sie sind überlastet. Einige Minuten darauf herrscht absolute Stille.

Das E-Werk hat aufgehört, Strom zu liefern. Was ist geschehen? – Genau um 15 Uhr begann die Fernsehübertragung eines Fußballländerspiels von internationaler Bedeutung. 30 Millionen Zuschauer schalteten beinahe gleichzeitig ihre Geräte an. Aber die wenigen Generatoren, die an dem ruhigen Sonntag nachmittag laufen, können die plötzlich geforderten zusätzlichen sechs Millionen Kilowatt nicht liefern. Sie brechen unter der Überlast zusammen. Weil das im selben Augenblick alle Kraftwerke des Landes betrifft, scheitert der sonst übliche Versuch, lokale Überlastungen aus dem Verbundnetz zwischen den einzelnen Kraftwerken auszugleichen.

Noch ahnt niemand, daß am nächsten Wochenende die Wasserwerke des Landes ein ähnliches Dilemma erleben werden. Wieder kommt der Zusammenbruch zu einer völlig unerwarteten Zeit: nachts um 23.05 Uhr. Eine Stunde vor Mitternacht hatte ein Hitchcockkrimi im Fernsehen sein dramatisches Ende gefunden. Die 35 Millionen Zuschauer erheben sich wie ein Mann aus ihren Sesseln, von ihren Sofas und Stühlen und tun, woran sie der spannende Streifen während der letzten 90 Minuten gehindert hat. Sie gehen auf die Toilette und ziehen anschließend die Wasserspülung. Mehr als 400 Millionen Liter Wasser verbraucht die Nation mitten in der Nacht innerhalb weniger Minuten, und der Wasserdruck in den Rohren sinkt schlagartig auf einen Bruchteil seines Normalwerts.

Das Fernsehen hat unsere Lebensgewohnheiten von Grund auf verändert. Es bewirkt, daß 35 Millionen Menschen mitten in der Nacht gleichzeitig ihr WC benutzen, es erreicht, daß am nächsten Tag in allen Büros des Landes ein und dasselbe Gesprächsthema akut ist. Es führt zu Ehekrisen oder vereinigt Abend für Abend zwei Partner, die sonst ihre eigenen Wege gehen würden, in stummer Gemeinschaft. Es vermittelt Wissen über Eingeborenenstämme in Brasilien oder über neue Formen des Theaters und macht zugleich unkritisch und passiv.

Massenmedien üben einen Einfluß auf die Massen aus, das liegt in der Natur der Sache. Solange er darin besteht, daß über Nacht Millionen von Teenagern für einen bisher unbekannten langhaarigen Gitarristen zu schwärmen beginnen, der seine Beatsongs unter Zukkungen vorträgt, als plagen ihn dabei heftige Magenkrämpfe, ist das unbedenklich. Wenn Politiker es schaffen, das Fernsehen geschickt für ihren Wahlkampf einzusetzen und die Zuschauer zu manipulieren, ist das ebenfalls kein Beinbruch; geschickte Politiker sind nicht die schlechtesten. Wenn allerdings Psychologieprofessoren feststellen, daß das Fernsehen zu einer »halbinformierten« Gesellschaft führt, die über alles Bescheid weiß, aber über nichts gründlich, und daß gerade in dieser Gesellschaftsform die meisten Gewaltverbrechen vorkommen, dann sollte das zu denken geben.

Diese Überlegungen werden nicht etwa aus Kritik am Fernsehen angestellt. Sie sollen nur zeigen, daß eine Änderung im Bereich der Massenkommunikationsmittel wie die Einführung des Fernsehens die menschliche Gesellschaft viel tiefgreifender unformt und unsere Lebensformen nachhaltiger beeinflußt als die Eroberung des Mondes, die Entdeckung riesiger arktischer Erdölfelder, die Einführung von Überschallverkehrsflugzeugen oder der zukünftige Abbau von Tiefseeerzen. Sie alle sind Mittel zum Zweck oder einfach Ersatz für ausgehende Reserven. Ob unsere Autos mit Benzin fahren oder mit Dampf, ist uns letztlich gleichgültig, solange sie überhaupt fahren. Ob aber ein bekannter Fernsehsprecher Bart trägt oder nicht, erregt Millionen Gemüter zutiefst. Daran sollten wir denken, wenn wir uns vergegenwärtigen, daß sich sehr wahrscheinlich innerhalb der nächsten zwei bis drei Jahrzehnte eine Revolution *aller* Massenkommunikationsmedien abspielen wird, wie es sie bis jetzt noch nicht gab. Die Einführung des Rundfunks vor rund einem halben Jahrhundert oder der Siegeszug des Fernsehens in den letzten Jahrzehnten sind dagegen vergleichsweise bedeutungslos.

Das neue Universalmedium heißt *Breitbandkommunikation.* Für den Benutzer wird es nicht gerade als spektakuläre neue Technik in Erscheinung treten. Seine gewaltige Bedeutung liegt in den beinahe unbegrenzten Möglichkeiten dieses Systems. Das beginnt ganz bescheiden mit dem Kabelfernsehen. Statt der Funkverbindung vom Sender zur Antenne auf dem Dach fließen die Fernsehwellen dann durch ein Erdkabel in die Wohnung wie die Telefonate zu dem Fernsprecher. Auf diese Weise kann nicht nur in ungünstigen Antennenempfangslagen, zum Beispiel im Wellenschatten von Hochhäusern oder in abgeschiedenen Bergtälern das TV-Programm des Heimatsenders ungestört empfangen werden. Man wird auch zwischen weitaus mehr Programmen wählen können als heute.

In den USA bestehen einige Fernsehkabelnetze heute schon seit mehr als 20 Jahren. Eines der größten europäischen Verteilernetze dieser Art gibt es im Ballungsgebiet von Zürich. Ihm sind rund 50 000 Wohnungen angeschlossen. In der Satellitenstadt Etterbeek bei Brüssel können 25 000 Haushalte auf diese Weise neun verschiedene Fernsehprogramme empfangen: zwei aus Belgien, zwei aus Frankreich, zwei aus Holland und drei aus Westdeutschland.

Der nächste Schritt ist eine Verbindung zwischen Sender und Empfänger in zwei Richtungen. Die Fernsehanstalt liefert Ihnen nicht nur das Programm. Der Fernsehzuschauer kann über dasselbe Kabel auch jederzeit mit dem Sender sprechen. Dadurch werden beispielsweise Studienprogramme mit einer direkten Verbindung zwischen Lehrer und Schülern möglich.

Aber das Drahtfernsehen leistet noch mehr. Mit einer kleinen Tastenwahlautomatik kann man vielleicht schon 1985 nicht nur zwischen zwei Dutzend verschiedenen internationalen Sendern wählen, sondern sich jederzeit auch in öffentliche Veranstaltungen, die ständig über Fernsehkameras an das Kanalnetz angeschlossen sind, einschalten. Ein Knopfdruck, und die laufende Szene aus dem Städtischen Schauspielhaus gelangt ins Wohnzimmer, oder der dritte Akt aus Rigoletto, der gerade in der Staatsoper aufgeführt wird. Genauso wird man sich in das Geschehen im nächsten großen Fußballstadion einblenden können oder die Vorgänge auf dem öffentlichen Spielplatz, auf dem die Kleinen herumtollen, auf die »Mattscheibe« bannen.

Über das besondere Rückrufkästchen, mit dem der Fernsehlehrer angesprochen werden kann, lassen sich per Bildtelefon später einmal auch Freunde und Bekannte erreichen, die man dann nicht nur hören, sondern zugleich auf dem Fernsehschirm sehen kann. Andere werden auf Knopfdruck mit dem Fernsehauge in die Wohnung von Freunden und Bekannten hineinsehen können. Keine Angst, die Intimsphäre bleibt dabei unberührt. Nur die Wasser-, Gas- und Elektrizitätswerke werden per Breitbandkommunikation die Gebührenzähler ablesen. Die Rechnung buchen die Werke dann über Kabel von dem Kunden-Konto ab, und den jeweiligen Kontostand bei seiner Bank kann man natürlich ebenfalls durch Knopfdruck jederzeit auf seinen Bildschirm zaubern.

Tippt man auf die Ziffern 5823 seiner Wahlautomatik, dann erscheinen die Warenangebote des nächsten Supermarktes auf dem Fernsehgerät. Man wählt vom Sessel aus und kauft über den Draht.

Ab Mitte der achtziger Jahre läßt sich dann noch ein Kopiergerät an das Heimkommunikationszentrum anschließen. Die Bank gibt den Kontostand durch; man drückt auf die Kopiertaste, und schon hat man den Kontoauszug gedruckt in den Händen. Große Firmen lassen sich die tägliche Korrespondenz auf demselben Weg zukommen. Faksimiletechnik nennen die Breitbandfachleute diesen neuen Dienst. Er wird mit Sicherheit das Pressewesen verändern. Noch vor 1990 bringen die ersten großen Tageszeitungen nämlich nicht mehr die Zusteller ins Haus. Auf dem Bildschirm wird man nacheinander die Politikseiten, den Wirtschaftsteil, den Sport, Lokales, den täglichen Roman und was eine Zeitung sonst zu bieten hat, sehen.

Bei allen Seiten, die man lesen möchte, drückt man einfach die Kopiertaste, und in wenigen Minuten erhält man eine ganze Boulevardausgabe in Originalgröße. Natürlich läßt sich auch aus verschiedenen Blättern das Interessanteste zusammenstellen: die Tagespolitik und den Leitartikel aus der Frankfurter Allgemeinen, den Wirtschaftsteil aus dem France-Soir, den Sport aus der Daily Mail. Oder wer sich überhaupt nur für Kulturelles interessiert, läßt sich die Kulturseiten aus gleich fünf großen Zeitungen kopieren und liest alles andere gar nicht. Wer gerade eine neue Stellung sucht, ruft den Inseratenteil der verschiedenen Pressehäuser ab, geordnet nach Arbeitsgebieten und örtlichen Bezirken. Neben den Tele-Tageszeitungen bringt das Fernsehen auf Wunsch auch Fachzeitschriften ins Haus, deren Redaktionen mehr und mehr zu Informationszentren werden. Wer zum Beispiel 72835 wählt, erhält auf seinem Bildschirm eine Zusammenstellung aller neueren Aufsätze über innere Medizin.

Alles Utopie?? Das haben unsere Großväter vor der Einführung des Fernsehens von der Television auch behauptet. Die größte japanische Tageszeitung *Asahi Shimbun* stellt sich schon heute auf das Faksimilesystem ein. Zusammen mit einem japanischen Elektrokonzern und einer großen Papierfabrik hat sie bereits ein Verfahren für die elektronische Zeitungszustellung fix und fertig entwickelt. Fünf Minuten nach dem ersten Signal kann der Leser die Zeitungsseiten im Boulevardformat aus seinem Empfangsapparat ziehen.

Die äußerst fortschrittliche kanadische Presse diskutiert schon seit Jahren die Auswirkungen der Telezeitung auf ihre journalistische Arbeit. Einerseits spart der neue Verteilerweg teure Rotationsmaschinen und Tausende von Zustellern. Andererseits müssen neue Fachkräfte ausgebildet werden, die statt mit Setzmaschinen mit Computern umgehen können, und Journalisten, die täglich fünfmal sämtliche neuen Tagesereignisse zusammenstellen statt bisher einmal. Denn wer nachmittags seine Zeitung aus der Steckdose bezieht, soll die Ereignisse des Vormittags ebenso frisch ins Haus geliefert bekommen wie der Morgenleser die Vorkommnisse aus der vergangenen Nacht.

Die elektronischen »Einspeisegeräte« in das Telenetz werden die Zeitungshäuser Millionen kosten. Deshalb glaubt ein französisches Pressefachorgan, das *fiej-bulletin*, daß nur die allergrößten Zeitungshäuser die umwälzende Neuerung überleben werden, während kleinere Blätter sich entweder zusammenschließen müssen oder zu Grunde gehen dürften. Vollkommen entgegengesetzt sind die Prognosen führender deutscher SPD-Politiker, zum Beispiel des ehemaligen Forschungsministers Professor Horst Ehmke. Sie erwarten, daß die Breitbandtechnik das Pressemonopol nicht kräftigen, sondern entthronen wird, wenn auch mittellose journalistische Gruppen über öffentliche, zentrale Eingabeeinheiten ihre Meinungen und Berichte in das große Kommunikationsnetz schicken können.

Stimmt aber die Behauptung wirklich, die Breitbandtechnologie werde die Massenmedien und damit die Gesellschaft vielleicht stärker verändern als je ein neues Kommunikationsmittel zuvor? Bringt sie denn in Wirklichkeit mehr als einige Dutzend Fernsehprogramme statt bisher drei oder vier? Ist es nicht gleichgültig, ob der Bote die Zeitung ins Haus bringt oder ob sie durch die Steckdose kommt? Ändert es die Gesellschaft, wenn sie über den Bildschirm einkauft statt an Ort und Stelle im Supermarkt? Meine Meinung: die Breitbandkommunikation ist ein Menschheitsexperiment größten Ausmaßes, dessen Folgen heute niemand übersehen kann. Es ist nicht zu befürchten, daß in manchen freiheitlichen Ländern vielleicht radikale Gruppen ein erwünschtes Sprachrohr in dem neuen Medium finden könnten. Mehr als ein geringer Prozentsatz der Teleteilnehmer wird sie kaum hören. Es ist auch nicht zu befürchten, daß es mit der Volksgesundheit noch mehr bergab geht als bisher, weil in der Freizeit niemand mehr aus seinem Sessel vor der Heimkommunikationszentrale herauskommt. Wer keinen Bewegungsdrang hat, sitzt heute schon stundenlang vor dem Bildschirm. Auch die sicher zunehmenden familiären Streitigkeiten darüber, wer gerade was sehen, hören oder empfangen darf, werden ganz bestimmt nicht zu einem zentralen Problem. Zu befürchten ist aber, daß die Kontaktarmut der Massengesellschaft durch die Breitbandkommunikation ungeahnte Formen annehmen wird. Die gemeinsamen Bürogespräche über den TV-Film von gestern abend wird es nicht mehr geben, denn jeder hat etwas anderes gesehen. Die politische Landschaft wird in Splittergruppen zerfallen, denn keine große Partei kann mehr über ein allgemeines Medium ihre Wähler erreichen und – positiv oder negativ – beeinflussen. Weltanschauliche Moden, die, so verrückt sie auch sein mögen, die unkritischen Massen einen, werden es schwer haben, sich durchzusetzen. Welche Chance hat ein Beatstar, den nicht gleichzeitig 30 Millionen Zuschauer sehen und hören, weil sein Programm mit einigen hundert anderen Kanälen konkurrieren muß.

Wer hindert Individualisten, die heute Gemeinschafts-TV-Sendungen und einheitliche Zeitungen Tag für Tag an die Masse koppeln, daran, sich in Zukunft jeden Abend über Breitband von einem großen Schallplattenzentrum ein halbes Dutzend Langspielplatten mit Gregorianischen Gesängen vorspielen zu lassen und damit langsam aber sicher eine völlig eigene Traumwelt aufzubauen. Wer hindert einen jungen politischen Hitzkopf, sich durch unbewußte Selbsttäuschung aus dem Überangebot der Telemedien ein Weltbild zusammenzuzimmern, das mit der Realität nicht das geringste zu tun hat. Kurz gesagt, wie wird eine Gesellschaft aussehen, in der jeder einzelne anders informiert ist? Verliert sie den inneren Zusammenhang und zerfällt in Millionen von Partikularisten, oder wird sie sich, unsicher geworden, um so mehr an die wenigen Leitbilder klammern, die mit vollem Einsatz von Kapital oder politischer Macht versuchen werden, auch in der neuen Lage mehr und mehr Boden zu gewinnen?

Wenn eine der beiden Möglichkeiten wahr wird, welche ist gefährlicher? Oder wird sich am Ende vielleicht gar nichts ändern, weil sich ohnehin nur jeder Breitbandbürger genau das ins Haus holt, was ihm vertraut und bekannt ist. Dazu ein Beispiel: Wird ein Fußballfan im Breitbandzeitalter beginnen, politische Kommentare oder Börsenkurse aus seinem Kopiergerät zu zaubern, oder wird er lediglich drei Sportberichte mehr lesen als bis jetzt und dafür noch weniger auf die Lageberichte aus Nahost oder Nordirland achten als zuvor? Das wäre von allem das geringste Übel.

Eine aufregende Sache ist unsere Telezukunft auf jeden Fall, warten wir ab, wie wir alle darauf reagieren.

Hauchdünne Glasfasern verändern die Welt Was technisch möglich ist, muß sich noch lange nicht wirtschaftlich durchführen lassen. Was sagen die Finanzbosse zu den kühnen Visionen der Breitbandtechniker? Verstopft nicht allein der Telefonverkehr heute schon weite Netze? Wer soll also die unzähligen zusätzlich erforderlichen Leitungen für die neuen Breitbanddienste bezahlen? Eine einzige

Fernsehverbindung macht immerhin ebensoviel Übertragungsaufwand wie 2000 gleichzeitige Telefonate.

Mit herkömmlichen Telefonleitungen ist das gewiß nicht zu schaffen. So ein Aufwand wäre unbezahlbar. Doch die Ingenieure haben auch hier schon Mittel und Wege gefunden, die zwar nicht ganz billig sind, sich aber durchaus finanzieren lassen. Es ist nicht einfach, sie genau zu erklären, denn die Nachrichtentechnik ist eine Welt für sich, und die Funk- und Fernsehleute unterhalten sich in einer völlig eigenen Sprache. Das beweisen schon Abkürzungen wie VHF und UHF auf den Knöpfen und an den Antennensteckern jedes Fernsehgeräts. Da gibt es Dinge wie Frequenzmodulation oder Pulscodemodulation, Bandpässe und Wellenfilter.

Hier seien nur zwei der wichtigsten Ausdrücke erklärt, um Ihnen dann einen kleinen Einblick in die phantastische Welt der Breitbandtechnik mit ihren unglaublichen Möglichkeiten geben zu können. Das eine ist der Begriff Frequenz, unter der Sie sich sicher noch etwas vorstellen können. Radio- und Fernsehprogramme kommen in Form von Radiowellen ins Haus, vom Sender durch die Luft oder, später, durch ein Kabel. Die Zahl der Wellenberge in einer Sekunde ist die Frequenz und wird in Hertz gemessen. Diese Frequenzzahlen stehen auch auf den Senderskalen jedes Radios. 92,7 MHz heißt beispielsweise, daß ein Sender Wellen mit einer Frequenz von 92,7 Millionen Hertz, also 92,7 Millionen Schwingungen in jeder Sekunde ausstrahlt. Der andere Begriff, der erklärt werden soll, ist die Bandbreite. Wenn ein Sender ganz genau immer nur ein und dieselbe Frequenz abgibt, dann hört man in dem Empfänger nichts als einen gleichmäßigen Summton. Bei der Musik- oder Sprachübertragung ändert sich die Frequenz fortwährend innerhalb bestimmter Grenzen, zum Beispiel zwischen 92,69 und 92,71 Millionen Hertz. Den Unterschied zwischen der niedrigsten und der höchsten vorkommenden Frequenz, in unserem Beispiel also 20000 Hertz, nennen die Nachrichtentechniker Bandbreite. Für die Übertragung menschlicher Sprache in der bekannten Telefonqualität ist beispielsweise eine Bandbreite von 4000 Hertz erforderlich. Eine zweiadrige Telefonleitung kann insgesamt eine Bandbreite von 252000 Hertz übertragen. Deshalb lassen sich auf ihr gleichzeitig 252000 : 4000 = 63 Gespräche führen. Üblicherweise sind 24 solche Doppelleitungen zu einem Kabelbündel zusammengefaßt, das dann gleichzeitig rund

1500 Telefonate übertragen kann, aber nicht in der Lage ist, auch nur ein einziges Fernsehprogramm weiterzuleiten. Statt 4000 Hertz für ein Telefongespräch benötigt die TV-Übertragung nämlich eine Bandbreite von acht Millionen Hertz, während die 24 Doppelleitungen zusammen nur etwas mehr als sechs Millionen Hertz zur Verfügung stellen. Kabel, die uns gleichzeitig einige Dutzend Fernsehprogramme, dazu die Stereosendungen vieler Rundfunkanstalten, eine Vielfalt kompletter Zeitungen und Bilder aus Oper, Theater und Kinderspielplatz ins Haus liefern können, müssen deshalb ganz anders aufgebaut sein als die üblichen Telefonleitungen. Sie müssen eine größere Übertragungsbandbreite haben. Deshalb sprechen die Ingenieure ja schließlich von der zukünftigen »Breitbandtechnik«.

Ein erster Schritt vom normalen Telefonkabel zum Breitbandsystem ist das sogenannte Koaxialkabel. Bei ihm laufen nicht einfach zwei Drähte für die Hin- und Rückleitung parallel, bei ihm liegt ein drahtförmiger Leiter kunststoffisoliert in der Mitte eines rohrförmigen Leiters. Diese Anordnung erhöht die Bandbreite ganz enorm. Die erste reguläre Koaxialverbindung der Welt mit 60 Millionen Hertz Bandbreite ging Ende November 1972 zwischen Västeràs und dem 90 Kilometer entfernten Örebro in Schweden in Betrieb. Über nur zwei Koaxialpaare laufen hier gleichzeitig bis zu 10800 Gespräche. Ein einziges Doppelkabel dieser Art kann sieben Fernsehprogramme weiterleiten. Den unterschiedlichen Aufbau eines herkömmlichen »bündelverseilten« Telefonkabels und eines Mehrfachkoaxialkabels zeigt Ihnen die Abbildung 129.

Der nächste Schritt in der Breitbandübertragungstechnik ist das Hohlkabel. Es ist im Prinzip etwas ähnliches, als wollte man die Radiowellen, die bisher frei durch den Luftraum laufen, kanalisieren und durch Röhren zum Empfänger leiten.

Die erste zehn Kilometer lange Hohlkabelversuchsstrecke der Welt haben 1970 die Franzosen gebaut. Erst 1975 stellen die Amerikaner ihre erste Verbindung her. Sie soll 30 Kilometer lang sein. Etwa zur gleichen Zeit baut Japan eine sehr ausgereifte Hohlkabelstrecke. Deutschland experimentiert seit 1969. Demnächst hoffen die Techniker der Bundespost auf eine erste funktionstüchtige 45 Kilometer lange Leitung zwischen Heidelberg und Darmstadt. Die britischen Postbehörden nahmen 1972 ihre erste 15 Kilometer lange Versuchsstrecke in Betrieb.

Was leisten diese 50 bis 70 Millimeter weiten Röhren? Die verschiedenen Hersteller rechnen pro Rohr mit 100000 bis 200000 gleichzeitigen Sprechverbindungen oder 200 bis 400 Fernsehkanälen. Was soll man mit 400 Fernsehprogrammen, werden Sie vielleicht fragen. Über ein Hohlkabel sollen aber nicht nur ein gutes Dutzend Unterhaltungssendungen laufen. Über dasselbe Hohlkabel will die Polizei oder die Wach- und Schließgesellschaft in Zukunft nach Feierabend die Schalterräume von Banken oder die Geschäfte von Juwelieren und Pelzhändlern überwachen. Und all die neuen Dienste vom Ferneinkauf bis zur Telezeitung brauchen auch ihren Anteil an der Bandbreite. Rund 1500 gleichzeitige Bildtelefonate können selbst so ein leistungsfähiges Hohlkabel »verstopfen«. Nun lassen sich zwar viele solcher Kabel parallel legen, aber die Hunderttausenden von Abzweigungen zu allen einzelnen Empfängern der vielen verschiedenen Tele-Dienste sind in dieser Technologie beinahe unerschwinglich teuer.

Doch keine Angst, das Beste kommt noch. Alle Radiowellen zusammen verkörpern eine Bandbreite von rund 100 Milliarden Hertz; aber es ist nicht sinnvoll, das ganze Band kommerziell für Massenkommunikationszwecke zu nutzen, weil die Sender und die Empfänger für die verschiedenen Frequenzen technisch zu unterschiedlich sein müßten. Allein die Empfangsantennen würden in ihrer Größe zwischen einem Strohhalm und den Ausmaßen eines Güterzuges schwanken. Ganz anders ist das, wenn es gelänge, von den Radiowellen zur Lichttelefonie überzugehen. Die Bandbreite des Lichtes ist hundertmal so groß wie die aller denkbaren Radiowellen zusammengenommen, und innerhalb dieses riesigen Gebiets der Lichtfrequenzen läßt sich ein und dieselbe Technologie verwenden! Außerdem sind die Lichtwellen in ihren Abmessungen so winzig, daß

Abbildung 129: Während die heutigen Telefonkabel aus verseilten Bündeln mit unzähligen einzelnen »Strippen« aufgebaut sind, von denen je zwei nicht mehr als 63 Gespräche übertragen können (im Bild rechts), laufen durch ein einziges Koaxialkabel gleichzeitig mehrere Tausend Telefonate. Links im Bild sehen Sie ein ganzes Bündel solcher »Koax«-Kabel.

Abbildung 130: Ein Strauß aus 12000 nur 0,14 mm dicken Glasfasern steckt bei dieser Zierleuchte mit seinen Stielen in einer »Blumenvase« voller Licht. An den unteren Enden treten die Strahlen in die Fasern ein, laufen in ihrem Inneren entlang und schießen in Tausenden winziger Sternchen an ihren freien Enden wieder heraus. Das Interessante daran: In dünnen Glasfasern läßt sich Licht kanalisieren und um Ecken leiten.

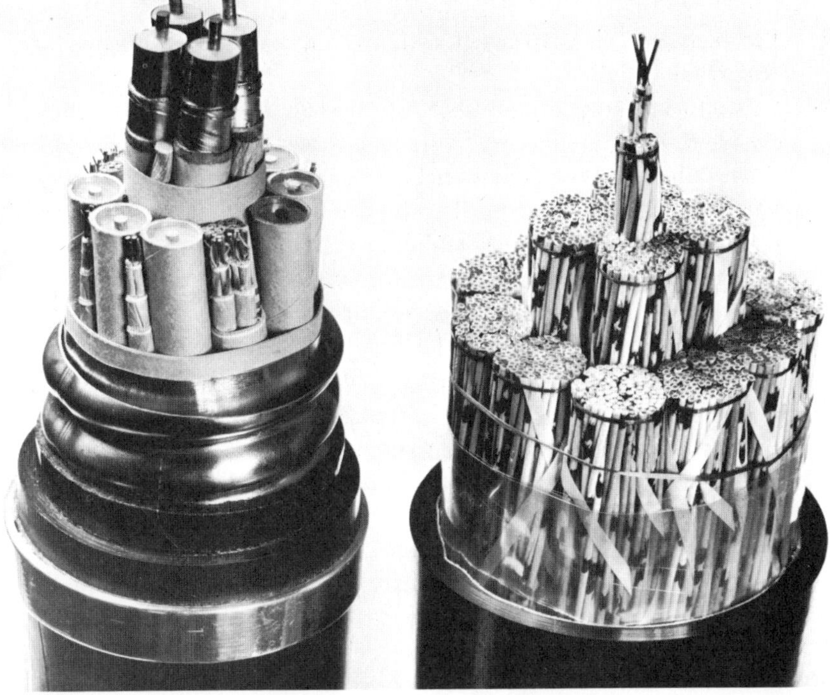

Lichtkabel nur einen Bruchteil so dick sein müssen wie Hohlkabel für Rundfunkwellen.

Mit Licht Nachrichten zu übertragen, ist aber ein recht verzwicktes Problem. Es setzt ein Gerät voraus, das aus der bunten Fülle von Lichtwellen der verschiedensten Farben und Richtungen eine einzige herausfischen und diese im Rhythmus der zu übertragenden Nachricht verändern kann. Das gelingt zwar nicht, doch ist es seit der Erfindung des sogenannten LASERS im Jahre 1960 möglich, solche einzelnen Lichtwellenzüge ganz gezielt zu erzeugen.

Später hat dann der deutsche Wissenschaftler Dr. Börner auch eine Methode gefunden, so einem Lichtstrahl die gewünschte Nachricht aufzuprägen und sie am anderen Ende einer Übertragungsleitung wiederzugewinnen. Das Prinzip ist einfach, das Verfahren ist es nicht. Die Herstellung eines geeigneten Lichtsenders bereitet heute noch große Schwierigkeiten. Einwandfrei funktionierende Geräte arbeiten bis jetzt nur wenige Stunden, höchstens aber ein paar Tage oder Wochen. Die besten Exemplare standen bis jetzt drei Monate durch. Ihre Lebensdauer müssen die Forscher für den Bau wirtschaftlicher Systeme noch ganz wesentlich verbessern. Das zweite große Problem liefert die Übertragungsstrecke. Ein fein gebündelter Lichtstrahl ließe sich zwar sehr einfach von einem Sender zu einem Empfänger frei durch die Luft schicken, doch schon eine vorbeifliegende Krähe oder leichter Regen unterbrechen so eine Verbindung. Da bieten sich schon eher Glasfasern an. Die modernen Zierleuchten, bei denen ein Büschel von Tausenden feiner langer Glashaare aus einem Kasten mit einer Glühbirne herausragt und am Ende jedes einzelnen Haares ein winziger Lichtpunkt tanzt (vgl. Abb. 130), sind bekannt. Sie beweisen, daß sich Licht in Glasfasern kanalisieren und auch in gebogenen Bahnen leiten läßt. Durch solche dünnen »Glaskanäle« schicken die Wissenschaftler ihre Nachrichtenlichtstrahlen. Allerdings muß das Glas unvorstellbar rein sein. Denn während die Glasfasern der Zierleuchte nur 20 oder 30 Zentimeter lang sind, messen die von den amerikanischen *Corning Glaswerken* hergestellten besten Lichtkabel der Welt heute schon bis zu 20 Kilometer. Das bedeutet das gleiche, als wenn ein Lichtstrahl, noch dazu mit einer ganz bestimmten Nachricht beladen, durch eine 20 Kilometer dicke Fensterscheibe wandern und am anderen Ende zwar geschwächt, aber in allen Einzelheiten seines Wellencharakters völlig unverfälscht ankommen muß! Nach dieser Strecke läßt er sich verstärken und in ein neues Glaskabel schicken. Aber das ist noch nicht alles. Mit der Glasscheibe geht es nämlich nicht. Die Fasern müssen ganz extrem dünn sein, damit der Lichtwellenzug in allen Biegungen genau dem Kabel folgt und nicht lose in der Faser »hin und her pendelt« und beim Anstoßen an die Wände Störwellen erzeugt. Eine einzelne Faser darf deshalb nicht mehr als ein bis drei Tausendstelmillimeter dick sein. Rundum muß sie aus physikalischen Gründen ein Glasmantel mit anderen Brechungseigenschaften umgeben, der möglichst dick sein soll, trotz allem aber so dünn, daß der gesamte Strang sich biegen läßt und nicht bricht. Die ganze Faser hat dann einen Durchmesser von rund 50 Tausendstelmillimeter. Unvorstellbar, nicht wahr! Trotzdem gelingt es, solche Fasern herzustellen.

Die Abbildung 131 zeigt ein Stück davon im Vergleich zu einem Streichholz. Und nun kommt das Unfaßbarste an der ganzen Glasfasertechnik: Über ein einziges Haar dieser Art lassen sich gleichzeitig 15000 Telefongespräche mit einem Lichtstrahl führen (vgl. Abb. 132). Ja, es gibt heute schon erfolgreiche Versuche mit Datenströmen, die 30000 bis 40000 Ferngesprächen entsprechen. Dabei sind die einzelnen Telefonate nicht nur in ihren Frequenzbändern gestaffelt, es laufen sogar verschiedene Gespräche in ein und demselben Bandbreitengebiet zugleich durch die Faser. Daß sie sich gegenseitig nicht stören, ermöglicht ein Trick, der ebenso phantastisch erscheint wie die ganze Lichttelefonie. Statt ein komplettes Telefongespräch zu übertragen, verbindet eine raffinierte elektronische Schaltung die beiden Gesprächspartner nur für die Dauer von 0,0000016 Sekunden miteinander, dann unterbricht sie das Gespräch und verbindet zwei andere Gesprächspartner, dann die nächsten, bis sie insgesamt zehn verschiedene Gespräche hergestellt hat. Anschließend bringt sie wieder die ersten beiden Partner zusammen und der Zyklus wiederholt sich. Am Empfangsort baut eine andere Schaltung aus den winzigen Gesprächsbruchstücken wieder das komplette Telefonat auf. Natürlich muß die Zeitschachtelung auf millionstel Sekunden genau klappen, sonst kommen die Gespräche durcheinander. Und bei der Übertragung von Fernsehprogrammen wird das nicht gerade einfacher!

Natürlich lassen sich die hauchdünnen Fasern nicht ungeschützt verlegen. Deswegen betten die Techniker sie in eine Plastikhülle ein

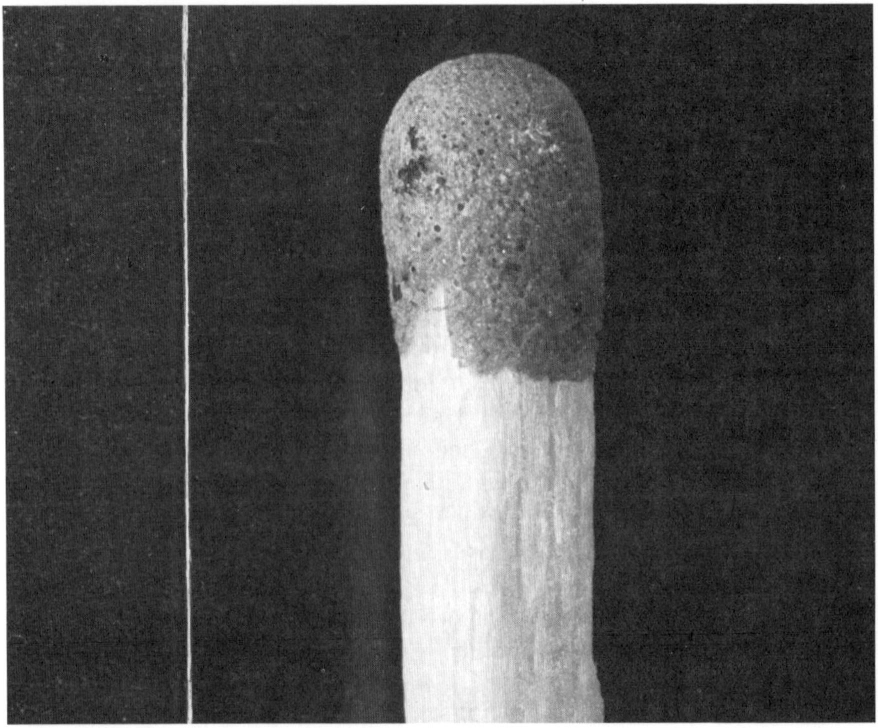

(vgl. Abb. 133). So ein Kabel von einem Kilometer Länge enthält dann ganze fünf Gramm Glas. Ein Bündel von 10000 solcher Glasfasern ist gerade so dick wie ein normaler Kugelschreiber. Das reicht für 40 Millionen Telefonate. Da von zehn Postapparaten im Durchschnitt nie mehr als einer gleichzeitig benutzt wird, lassen sich theoretisch an das kugelschreiberdicke Bündel vier Milliarden Telefone anschließen. Statt dessen könnte man auch 200000 verschiedene Fernsehprogramme damit übertragen oder 80 Millionen Rundfunksendungen. Und wer hindert uns daran, zwei oder mehr Kugelschreiberbündel nebeneinander zu legen? Nun, so viele Verbindungen brauchen wir nie. Im Gegenteil, das Interessante am Glaskabel ist, daß es auch für Leitungen mit relativ wenigen Kanälen wirtschaftlicher sein wird als alle anderen Nachrichtenübertragungswege.

Noch sind nicht alle Probleme der kommerziellen Lichttelefonie technisch gelöst, aber vermutlich werden Sie schon vor 1985 mit Ihrer Tante oder Ihrem kleinen Neffen über Glasfasern plaudern können. Und im darauffolgenden Jahrzehnt eröffnen uns die durchsichtigen Fäden dann sehr wahrscheinlich alle Teledienste, vom Bildtelefon bis zur Zeitung aus der Steckdose, und verändern damit unsere Welt.

Alles Wissen dieser Welt

Vom Olympiacomputer zur Lomonossow-Universität Die folgende unglaubliche Begebenheit spielte sich 1972 im Industriestaat Westdeutschland ab:

Ein Chemiekonzern bestellte bei einem großen Hersteller meßtechnischer Geräte eine komplette Regeleinrichtung zur Automatisierung eines pharmazeutischen Herstellungsverfahrens. Zwei

Abbildung 131: Kommerzielle »Kabel« für die Lichttelefonie sind nur 50 Tausendstel Millimeter stark. Der Größenvergleich mit einem Streichholz zeigt das deutlich. Und von diesen haarfeinen Fasern sind 98 Prozent ungenutzter Mantel. Der eigentliche Lichtwellenleiter ist nur ein Tausendstel Millimeter dick, verhält sich also zu der hier abgebildeten Faser ungefähr ebenso, wie diese zu dem Streichholz. Durch diesen Hauch aus Glas befördern Laserstrahlen gleichzeitig bis zu 40000 Ferngespräche!

Abbildung 132: Das Koaxialkabel ist unseren heutigen Telefonleitungen weit überlegen (vgl. Text zu Abb. 129). Aber die haarfeine Glasfaser, die in diesem Bild ein Laserstrahl hell aufleuchten läßt, überträgt ebensoviele Gespräche wie ein ganzes Bündel der modernen Koaxialleiter (im Bild rechts).

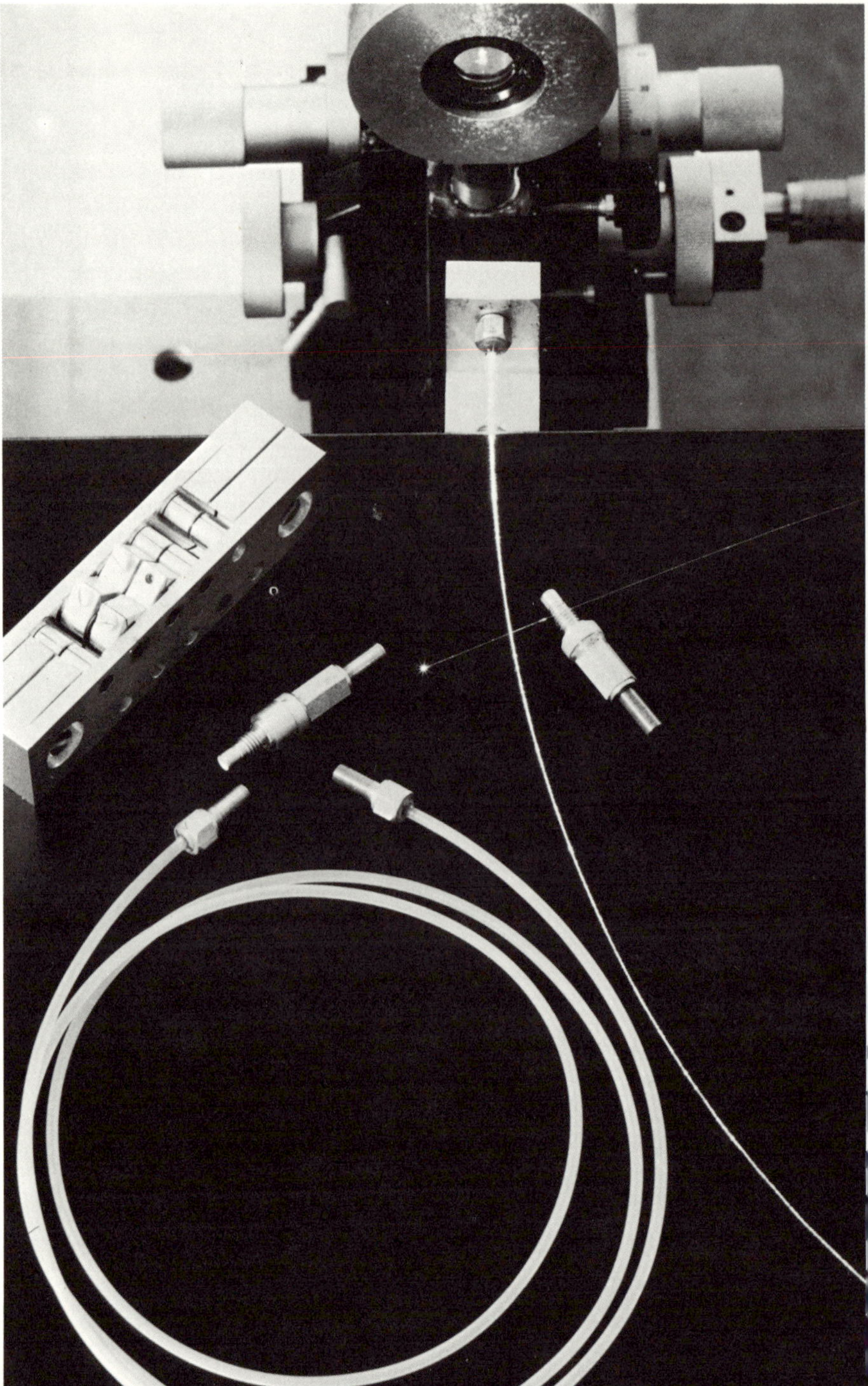

Wochen später suchten Berge bedruckten Papiers die Einkaufsabteilung des Chemiewerks heim: 2438 Auftragsbestätigungen! Einige Monate später wiederholte sich die Flut. 2438 Versandanzeigen, 2438 Lieferscheine, 2438 einzelne Rechnungen und ebenso viele Rechnungsduplikate stellte der Postpaketdienst den Chemikern zu. Das Groteske an dem Ereignis ist der Grund, warum die Lieferfirma statt fünf Dokumenten insgesamt 12190 ausstellte. Sie hatte ihre Vertriebsbuchhaltung rationalisiert. Den Platz des Auftragssachbearbeiters nahm jetzt ein Computer ein, der einfach für jedes Einzelteil der Gesamtanlage gesonderte Papiere ausgeschrieben hatte.

Dieser »Mehraufwand durch Rationalisierung« ist leider bei der Einführung von elektronischen Datenverarbeitungsanlagen in der Industrie nicht gerade selten. Er beweist zweierlei: einmal, daß Computoren in kürzester Zeit große Datenmengen handhaben können, und zum zweiten, daß sie genau den Unsinn liefern, den ihr Betreiber von ihnen verlangt. Nicht der Computer war nämlich an der sinnlosen Papierflut schuld, sondern sein Programmierer. Wirklich gute Programmierer sind selten, und ihr Mangel wird um so schmerzlicher, je mehr Computoren es gibt.

Elektronische Datenverarbeitungsanlagen (kurz EDV genannt) zu bauen, ist heute kein Problem mehr. Die Aufgabe für die Zukunft ist, sie sinnvoll zu nutzen. Dabei stehen zwei Dinge im Vordergrund. Erstens muß das Programmieren einfacher werden, sonst gibt es sehr bald mehr Computoren als Menschen, die sie füttern können. Zweitens sollten wir uns die spezielle Fähigkeit der EDV, große Datenmengen rasch zu verarbeiten, da zunutze machen, wo wir sie in Zukunft am dringendsten brauchen, bei der Bewältigung der Wissenslawine.

Beide Aufgaben greifen stark ineinander, und beide sind äußerst schwierig zu lösen. Ein Beispiel soll das zeigen. 1972 trafen sich Tausende von Sportlern aus aller Welt in München zu den Olympischen Sommerspielen. Journalisten, Fernsehreporter, Sportärzte, Massenpsychologen, Nachrichtendienste, Olympiaenthusiasten und

Abbildung 133: Hauchdünne Telefonkabel aus optisch besonders reinem Glas lassen sich nicht einfach verlegen wie gewöhnliche Leitungsdrähte. Zu ihrem Schutz betten sie die Hersteller in einen Kunststoffmantel ein und bringen an den Enden spezielle Präzisionssteckverbindungen an.

Zehntausende neugieriger Besucher hatten Fragen über Fragen zu den Spielen. Wer hat mit welcher Zeit den Tausendmeterlauf der Olympiade von 1952 gewonnen? Gab es Länder, die noch bei keinem Spiel Gold erwarben? Ist der Olympiasieger im Kugelstoßen zugleich auch amtierender Weltmeister und wie heißt seine Frau? Oder ist er gar nicht verheiratet?

Erstmalig bei einer Olympiade gab es eine Stelle, die auf beinahe alle Fragen sofort die richtige Antwort parat hatte, das Olympische Informationssystem GOLEM. Mit Hunderttausenden gespeicherter Informationen, unterteilt in zwölf verschiedene Fachgebiete, enthielt sein »Gedächtnis« das komplette Wissen über die Olympischen Spiele der Neuzeit (ab 1896). Doch wer bedenkt, daß so ein Computer nicht ein einziges Quentchen mehr »weiß«, als ihm ein Heer emsiger Archivare in monatelanger Arbeit eingegeben hat, kann ermessen, daß sich eine derartige Datenbank nicht einfach beliebig erweitern läßt.

Die Europäische Atomgemeinschaft *EURATOM* hat in Wien eine Computerdatei für alle kerntechnischen Fragen eingerichtet. Jährlich speichern Mitarbeiter dieses Dokumentationszentrums Stichwörter aus 100000 neuen Fachpublikationen in das elektronische Supergedächtnis ein, anhand derer sich später rasch wieder die Titel und die Archivnummern der dazugehörigen Schriften finden lassen. Doch die Sache hat einen Haken. Der Benutzer so einer Computerdatenbank muß dieselben Stichwörter verwenden wie der Archivar. Hat die EDV einen Artikel über *Schnelle Brutreaktoren* nur unter dieser Bezeichnung registriert, und fragt ein interessierter Kernphysiker nach einer Arbeit über *Natriumbrüter* (was dasselbe ist), dann erhält er keine Antwort. Dabei ist es auf einem einzelnen Fachgebiet noch gar nicht so problematisch, »richtig« formulierte Fragen an den Computer zu stellen, denn die Auswahl an Fachausdrücken ist mit einigen Tausend relativ klein.

Schwieriger ist das schon bei der viel allgemeiner gehaltenen Olympiadatenbank. Fragt ein Benutzer sie beispielsweise, welche Läufer über 1,82 Meter groß sind, dann kann der Computer mit dieser Frage nicht viel anfangen. Meint der Fragende Kurzstrecken- oder Langstreckenläufer, Hürdenläufer oder vielleicht sogar Eisschnelläufer? Möchte er die Daten von allen »Läufern« sämtlicher Olympiaden oder nur die der Spiele von 1972? Dazu kommen mögliche Mehrdeutigkeiten. Die Frage »Wie viele Springreiter mit Pferden, die aus England stammen, konnten 1968 die ersten zehn Plätze belegen?« kann der Computer unmöglich eindeutig beantworten, denn er weiß nicht, ob nur die Pferde aus England stammen sollen oder die Springreiter mit den Pferden.

Um trotzdem alle gewünschten Auskünfte geben zu können, mußten 300 Hostessen die Frageflut der neugierigen Olympiagäste erst in »Computerdeutsch« übersetzen, mit Wörtern, die im begrenzten Sprachschatz der Maschine vorkommen, und mit Sätzen, die sich nicht mißdeuten lassen. Drei Monate lang hatte die Firma Siemens die charmanten Dolmetscherinnen zwischen Mensch und Maschine geschult, bis sie ihrer nicht ganz leichten Aufgabe gewachsen waren. Das läßt die Grenzen der Datenbanksysteme ahnen.

Vermittler für ein elektronisches Archiv mit einer Million Daten brauchen schon eine Schulung von einem Jahr. Allein die Bibliothek einer durchschnittlichen Universität enthält aber ein Vielfaches an Informationen. Vorausgesetzt, es gelänge, diese Wissensfülle überhaupt computergerecht aufzuschlüsseln und in einer Datenbank zu speichern, wäre es dann jemals möglich, genügend Übersetzer auszubilden, die zwischen so riesigen elektronischen Bibliotheken und ihren Benutzern vermitteln könnten? Und ließe sich die Voraussetzung selbst realisieren? Nach dem heutigen Stand der Technik heißt die Antwort auf diese Frage: Nein.

Allein um alle Unterlagen des Deutschen Patentamtes in einem Computer zu speichern, müßten 50 Dokumentatoren 100 Jahre lang arbeiten, und das Patentarchiv in München ist bei weitem nicht das größte »Wissenssilo« der Welt. Die Bibliothek des amerikanischen Kongresses, das *Library of Congress*, enthält umgerechnet nicht weniger als 10 000 000 000 Millionen Einzeldaten. Doch schon bei einer Million beginnt das Problem des Übersetzers zwischen Mensch und Maschine unlösbar zu werden. Außerdem gibt es bis heute keinen praktischen Datenspeicher, der leistungsfähig genug wäre, das gewaltige Wissen auf einem so kleinen Raum unterzubringen, daß es für einen einzigen Computer zugänglich wäre. Nehmen Sie zehn Kongreßbibliotheken, und Sie haben den Bücherbestand der weltberühmten Moskauer Lomonossow-Universität. So imponierend die Leistungen des Münchner Olympiacomputers sein mögen, gegenüber solchen Wissensarsenalen verblassen sie im gleichen Zahlenverhältnis wie die Masse der Erde gegenüber der Sonnenmasse. Dennoch wollen die Computerexperten die Firma Siemens diese gewaltige Dokumentationsaufgabe bewältigen, und sie sind sogar sicher, dazu einen gangbaren Weg gefunden zu haben. Martin Wolters, wissenschaftlicher Chefberater im Hause Siemens, hat ihn mir erklärt und gestattet, in diesem Buch über eine Glanzleistung linguistischer Datenverarbeitung zu berichten, über das Programm *CONDOR*.

Sprechen Sie mit CONDOR Wer ein alle Wissensgebiete umfassendes akzeptables und praktikables elektronisches Informationssystem aufbauen will, muß drei bisher nicht befriedigend gelöste Probleme bewältigen. Er muß einen geeigneten Speicher finden, er muß in der Lage sein, alles Wissen unserer Zeit computergerecht aufzubereiten, und er muß ein System finden, das es jedermann gestattet, die gespeicherten Informationen ohne Kenntnis des Systems und spezieller Computersprachen wieder aus dem Speicher zu gewinnen. Jede einzelne dieser Aufgaben scheint nur schwer und mit unwirtschaftlichem Aufwand lösbar. Die raumsparendsten Magnetspeicher sind der Datenflut nicht gewachsen, und bereits ab einer Million Informationen stößt die Ausbildung der Übersetzer auf Schwierigkeiten, ganz abgesehen davon, daß sich gar nicht genügend Personal für diesen eintönigen und zugleich hohe Anforderungen stellenden Posten finden läßt. Dazu kommt ein weiteres Problem. Computerprogramme ändern sich mit den zu lösenden Problemen. Schon heute fehlt es aber an Programmierern, die alle Programme ständig auf dem neuesten Stand halten.

Um mit dieser scheinbar aussichtslosen Situation fertig zu werden, mußten die Ingenieure erst einmal nach einem grundlegend neuen Datenspeicher suchen. Das gelang nicht nur im Hause Siemens. Auch die Forschungsgruppen anderer Firmen haben erkannt, daß einer dieser Auswege optische Speicher sind, mit denen die bisher üblichen Magnetbänder, Magnetkarten und Magnetplatten nicht konkurrieren können. Die komplette Bibel beispielsweise läßt sich auf drei Magnetbändern von je tausend Metern Länge und 13 Millimetern Breite speichern. Das optische Verfahren aber zeichnet sie auf der Fläche einer Briefmarke auf.

Wie wichtig dieser Unterschied im Platzbedarf ist, wird verständlich, wenn ich sage, daß allein das Wissen aus den Büchern einer mittleren Universität 500000 Tonbänder füllen würde, während sich bei dem optischen Aufzeichnungsverfahren sogar die komplette Lomonossow-Bibliothek mit einfarbigem Licht auf 2000 Blättern DIN A4 aufzeichnen ließe. Bedienen sich die Speicherexperten der sogenannten Holographie, dann können sie auf demselben Raum sogar 10 Lomonossow-Bibliotheken unterbringen; das ist zehnmal soviel wie wie die Texte aller existierenden und zukünftig denkbaren Bücher und Zeitschriften der Welt zusammen. Und all das paßt in einen Kasten von der Größe eines Schreibtisches. Natürlich müssen die Ingenieure ihr geniales System noch vom Experiment zur zuverlässigen technischen Anlage weiterentwickeln. Aber das Wesentlichste, das Prinzip, haben sie gefunden.

Die anderen drei Probleme, die Frage nach den Übersetzern, den Dokumentatoren und den Programmverbesserern, löst CONDOR*. CONDOR ist ein Rechnerprogramm, das Menschen in bisher nicht gekanntem Maße entlastet, und zwar gerade die Übersetzer, Dokumentatoren und Programmierer. Das ist doch nicht möglich, werden Sie sagen. Wie kann ein Maschinenprogramm Gespräche zwischen Menschen und Computoren vermitteln, wie kann es entscheiden, ob eine Frage mehrdeutig ist oder nicht?

Um das zu erklären, muß ich Ihnen sagen, was das Ziel von CONDOR ist. In seiner Funktion als Übersetzer muß es in der Lage sein, jede von einem Laien formulierte Frage in Computersprache zu übersetzen. Das bedeutet zweierlei. Einmal muß CONDOR alle deutschen Wörter verstehen (entsprechende Programme sind auch für die englische, russische und französische Sprache in Vorbereitung) und sie selbständig durch solche Ausdrücke ersetzen, die zum Wortschatz des Computers gehören. Dann muß CONDOR feststellen, wie die Wörter zusammengehören. Dazu ein Beispiel: Nehmen Sie an, jemand fragt den Computer »Kommen Hunde mit Hängeohren, die lange Haare haben, und blauäugige Katzen in Afrika vor?« Die Ausdrücke *Hunde, Ohren, lange Haare, Katzen* und *Afrika* kennt der Computer. Damit allein kann er aber noch nichts anfangen. Zunächst muß ihm CONDOR die unbekannten Vokabeln erklären: *Hängeohren*, das sind *Ohren*, deren Eigenschaft das *Herabhängen* ist;

* Experten der Datenverarbeitung sei die Bedeutung des Wortes CONDOR nicht vorenthalten. Es ist eine Abkürzung und bedeutet »*Co*mmunication in *n*atürlicher Sprache mit *d*ialog-*o*rientiertem *R*etrievalsystem«

blauäugig bedeutet Augen haben, deren Eigenschaft *blau* ist. Dann muß CONDOR die scheinbaren Mehrdeutigkeiten aus dem Satz ausräumen. Da heißt es zuerst: »Hunde mit Hängeohren, die lange Haare haben«. Wer hat lange Haare, die Hunde oder die Hängeohren? Weiter formulierte der Fragende: »Hunde mit Hängeohren, die lange Haare haben, und blauäugige Katzen«. Bezieht sich das *haben* nur auf die langen Haare oder auch noch auf die blauäugigen Katzen, also in dem Sinn »Hunde, die Katzen haben«? Und noch etwas liest der Mensch automatisch zwischen den Zeilen, der Computer aber ohne CONDORs Hilfe nicht: »Kommen Hunde . . . und Katzen in Afrika vor?« Was bedeutet in diesem Satz *vorkommen*, heißt es *dort leben* oder *von irgendwo hervorkommen?*

CONDOR muß also die richtigen Zuordnungen finden und aus dem Zusammenhang den gerade gemeinten Sinn mehrdeutiger Wörter erkennen.

Das trauen Sie einem Computerprogramm nicht zu? Ich werde Ihnen an einem einfacheren Beispiel erklären, wie CONDOR so etwas macht. Nehmen Sie den Satz »Ein Junggeselle ist ein Mann, dem zum Glück die Frau fehlt.« Diese Aussage ist nicht nur scheinbar zweideutig, sie ist es wirklich. Es kann ja heißen »dem *glücklicherweise* die Frau fehlt« oder »dem die Frau *zum Glücklichsein* fehlt«. Wie betrachtet CONDOR so einen Satz? Das Programm stellt zunächst einmal fest, daß ein vieldeutiges Wort vorkommt, nämlich *zum. Zum* kann in der deutschen Sprache fünf grundverschiedene Bedeutungen haben. Es kann als Richtungsbestimmung gemeint sein wie in »Ich gehe *zum* Bahnhof«. Diese Möglichkeit schaltet CONDOR aus, denn hinter *zum* steht das Hauptwort *Glück*, und CONDOR stellt fest, daß *Glück* ein abstrakter Begriff ist, zu dem keine Richtungsangabe paßt. *Zum* kann aber auch zeitbestimmend sein wie in »Ich kündige *zum* 30. April.« Wieder stellt CONDOR fest, daß diese Bedeutung nicht zutreffen kann, weil sie ebenfalls nicht zu einem abstrakten Hauptwort paßt. Die dritte Möglichkeit wäre, daß *zum* eine Menge bezeichnet wie in »*zum* hundertsten Mal«. Hier hilft die Erkenntnis, daß *Glück* ein abstrakter Begriff ist, nicht weiter, denn das *hundertste Mal* ist auch ein abstrakter Begriff. CONDOR weiß aber, daß *Glück* nicht nur ein abstraktes Wort, sondern außerdem keine Mengenbezeichnung ist. Deshalb scheidet auch diese Bedeutung von *zum* aus. Zwei Möglichkeiten bleiben offen: *zum* kann die Art und Weise bezeichnen, wie etwas ist (»Ich liebe dich *zum* Zerspringen«), oder es kann auf ein Ergebnis hinweisen (»Ich komme *zum* Schluß«). Beides läßt sich mit dem Hauptwort *Glück* vereinbaren. Fehlt dem Junggesellen die Frau *glücklicherweise*, dann beschreibt *zum* in der Zusammensetzung *zum Glück* die Art und Weise; fehlt die Frau aber *zum Glücklichsein*, dann gibt *zum* das Ziel, das Ergebnis an. Erst hier kann CONDOR mit seiner Sprachanalyse nicht weiter und stellt eine Zweideutigkeit fest. Also fragt das Programm den menschlichen Gesprächspartner, ob er *glücklicherweise* meint, oder bittet ihn einfach, seine Aussage mit anderen Wörtern neu zu formulieren. So vermittelt CONDOR ein wirkliches Zwiegespräch zwischen Mensch und Maschine und macht die Hostessen des Olympiacomputers überflüssig.

Allein durch seine Fähigkeit der Sprachanalyse könnte CONDOR bei konsequenter Weiterentwicklung auch in der Lage sein, selbständig – wenn auch noch unperfekte – Programme automatisch zu erstellen. Wer ein Computerprogramm ändern will, beschreibt CONDOR seine Wünsche in normaler deutscher (oder englischer oder französischer . . .) Sprache, und CONDOR übersetzt die Wünsche nach entsprechendem Dialog mit dem Menschen in ein aufbaufähiges Programm.

Bleibt noch das letzte Problem zu lösen. Wie läßt sich überhaupt eine allumfassende Datenbank schaffen. Kann CONDOR denn auch die 50 Dokumentatoren ersetzen, die allein mit den deutschen Patentschriften 100 Jahre lang zu tun hätten? Im Prinzip kann CONDOR auch das. Es analysiert einfach die vorliegenden Texte, stellt fest, welche Ausdrücke darin für den Sinngehalt wesentlich sind, ersetzt sie durch gleichbedeutende Begriffe aus dem Computerwortschatz und veranlaßt ihre Aufnahme in ein Suchregister. Soweit ist das schön und gut. Diese Methode setzt aber voraus, daß CONDOR die Texte, die es untersuchen soll, überhaupt lesen kann. Und eben das schafft CONDOR nicht, denn CONDOR versteht nur Lochkartentexte oder Magnetbandaufzeichnungen, aber keine gedruckten Bücher.

Hier helfen sogenannte Klarschriftlesegeräte weiter. Das fortschrittlichste unter ihnen heißt *SCANDATA*, wird von der Firma *Digiscan* hergestellt und kostet rund 1,5 Millionen DM.

SCANDATA kann eine Reihe verschiedener Schreibmaschinen-

und Druckschriften lesen und in eine elektronische Zeichensprache umwandeln, die das CONDOR-Programm versteht. Um also alle zukünftigen Dokumente automatisch auswerten zu können, müssen die Verleger nach einer internationalen Absprache sämtliche Bücher und Zeitschriften in ganz bestimmten Druckschriften setzen. Was aber geschieht mit der Fülle der schon vorhandenen Literatur? Ein Weg wäre, sie in Schreibbüros auf maschinenlesbare Schriften umsetzen zu lassen. Doch wer kann schon den Buchbestand großer Universitäten abschreiben?

Hier springt wieder CONDOR ein. Das SCANDATA-Gerät kann nur die Schriften lesen, auf die es programmiert ist. Von anderen Schriften entziffert es beispielsweise nur 70 bis 80 Prozent der Buchstaben. Nehmen wir an, der Klarschriftleser bekommt in einer noch nicht programmierten Schriftart den Satz »Das Heer ist siegreich« vorgelegt, er kennt aber aus dem Wort »das« nur die kleinen Buchstaben »d« und »s«. Also kann es das Wort »Das« nicht entziffern. Jetzt hilft CONDOR weiter. CONDOR weiß, daß Heer ein sächliches Hauptwort ist, vor dem ein nicht lesbares Wort mit drei Buchstaben steht. Das könnte der Artikel *Das* sein. Weil das *D* und das *s* stimmen, muß der Buchstabe, den SCANDATA nicht lesen kann, ein *a* sein. Damit ist aber nicht nur das Wort *Das* entziffert, sondern das Schriftlesegerät hat gelernt, in der unbekannten Schrift einen neuen Buchstaben zu verstehen. So bilden SCANDATA und CONDOR zusammen ein lernendes System, das auch Schriften entziffern kann, für die SCANDATA allein noch nicht programmiert ist. Dieses raffinierte »Gespann« ersetzt mit seinen beinahe detektivischen Fähigkeiten dann auch Dokumentatoren, die ältere Veröffentlichungen computergerecht aufbereiten. »NOITATNEMUKOD« nennen die Siemensexperten das verblüffende System. Sie fragen, was das merkwürdige Wort bedeutet? Lesen Sie es rückwärts, und Sie wissen nicht nur, wie es zustande kam, sondern auch, was es leistet: Es bereitet die Literatur zurückliegender Zeiten für die Computerdokumentation auf.

Bis 1974 haben sechs Sprachforscher drei Jahre lang an CONDOR herumgetüftelt, und es wird noch zwei bis drei Jahre dauern, bis das Programm perfekt ist. »Einen großen Teil dieser Zeit«, erklärt Martin Wolters, »benötigt CONDOR einfach dazu, anhand von vorgelegten Texten aus allen Wissensgebieten selbständig einen relevanten, computerverständlichen Fachwortschatz zu entwickeln, also zu lernen.« Hierzu soll es sich zunächst an eine relativ kleine Aufgabe heranwagen und rund 100 000 Dokumente aus den EDV-Schrifttum und aus juristischen und medizinischen Fachschriften durcharbeiten, um sie mit Hilfe eines Computers zu speichern. Später soll CONDOR Schritt für Schritt alle Wissensgebiete erschließen, die es überhaupt gibt. Das wird nicht billig sein. Noch vor dem Jahr 2000 können Sie dann über CONDOR sogar mit der Datenbank telefonieren. Eine Spracherkennungsautomatik versteht, was Sie fragen, CONDOR übersetzt es für den Computer. Der Computer sucht die Antwort auf Ihre Frage sekundenschnell aus einem riesigen Informationsspeicher heraus, CONDOR übersetzt sie in grammatikalisch richtiges Deutsch, und ein künstlicher Sprachgenerator antwortet Ihnen über den Draht. Hierbei können weitere psychologische Probleme auftauchen: Man muß immer daran denken, daß so ein System auch beim Gebraucher »ankommen« soll. Bei Versuchen mit programmierten Lehr- und Lernsystemen kann der menschliche Korrespondent dann Angstzustände bekommen, wenn er feststellt, daß er von einem Automaten belehrt wird, der dann auch noch seine Antworten in der gepflegten Sprache einer Frau vorträgt. Statt dessen: Es erscheint hier zweckmäßig, daß sich der Computer im Dialog mit dem Menschen deutlich als Automat zu erkennen gibt, indem er etwa im Telegrammstil und mit einer »mechanischen« Stimme antwortet. Ja, soweit kann es kommen, wenn Computer für uns eines Tages Bücher lesen.

Forschung Heute und Morgen

Erkenntnis hat kein Ziel

Es wäre besser, die Sahara zu bewässern als Expeditionen zum Mond auszurüsten, und statt unterirdische Kernexplosionen zu zünden, sollte man lieber mehr Krankenhäuser bauen. Solche Vorwürfe müssen sich Wissenschaftler oft anhören. Zu recht? Manchmal gewiß; es gibt immerhin Forscher, die verlangen, solange keine Manganknollen aus den Tiefen der Weltmeere zu fördern und wirtschaftlich zu verarbeiten, bis die Wissenschaft deren Entstehung erklärt hat. Diese Einstellung hemmt eindeutig den technischen Fortschritt. Aber gegen den Versuch selbst, das Rätsel der Manganknollenbildung zu lösen, läßt sich gewiß nichts einwenden, auch, wenn das dafür ausgegebene Geld nicht unmittelbar Zinsen trägt oder dem Wohlleben der Menschheit dient.

Man muß nur daran denken, wie viele Zufallsentwicklungen und Zufallserfindungen Jahre oder Jahrzehnte später zu einem nicht wegdenkbaren technischen Fortschritt geführt haben. Denken wir an die zunächst völlig ziellosen Versuche mit elektrischen Strömen in stark verdünnten Gasen, aus denen dann die Leuchtstoffröhren hervorgingen; an die Experimente, die Wilhelm Röntgen Ende des 19. Jahrhunderts zur zufälligen Entdeckung der nach ihm benannten Strahlen führten, und die sich heute aus der Praxis keiner Klinik mehr wegdenken lassen; oder an die zunächst ebenfalls ziellose Forschertätigkeit des Wissenschaftlerehepaares Pierre und Marie Curie, das 1898 das Radium entdeckte und den Charakter der radioaktiven Strahlen ergründete. Auf ihrer Arbeit fußt die gesamte moderne Kernphysik, der wir nicht nur Atomreaktoren verdanken, sondern auch so subtile Dinge wie plutoniumbetriebene Herzschrittmacher.

Ohne wissenschaftliche Forschung, die frei von jedem kommerziellen Zweck und Ziel Erkenntnisse sammeln kann, verändert sich der Stand der Technik kaum. Eine Kultur von Holzhausbauern wird zwar im Laufe der Zeit immer größere, stabilere und luxuriösere Holzbauten errichten, aber ohne die zunächst planlose Erfindung des Zements nie zu einem neuen, besseren Baumaterial kommen. Die reine wissenschaftliche Forschung war deshalb zu allen Zeiten die Wurzel der angewandten Wissenschaft, und sie ist es auch heute noch. Ein Buch über zielgerichtete technische Großprojekte der wahren Weltverbesserer wäre deshalb unvollständig, wenn es nicht wenigstens in einem kurzen Abschnitt auch einige der rein auf wissenschaftliche Erkenntnis gerichteten Großprojekte streifen würde. Denn eines Tages werden aus ihnen neue technische Ziele erwachsen, oder sie werden das Rüstzeug zur Lösung altbekannter technischer Probleme liefern, die wir heute noch nicht bewältigen können.

Vom Meeresgrund bis zu den Sternen

Weite unbekannte Ozeane Daß die Ozeane als größter »Kontinent« der Erde mit ihren unterseeischen Erdölvorkommen und ihrem Reichtum an Erzen und Nahrungsmitteln, ihrem ungeheuren Vorrat an Wasser, an Gezeiten- und Wärmeenergie wirtschaftlich immer bedeutender werden, wurde bereits aufgezeigt. Wir beginnen, das Meer auszubeuten. Aber kennen wir es eigentlich? Wissen wir, was geschieht, wenn wir eines Tages in Meerwasserkraftwerken den Ozeanen große Wärmemengen entziehen? Wissen wir, wie sich langfristige Störungen im biologischen Gleichgewicht durch unsere modernen Fischereifloten auswirken oder wie das Meer auf die immer stärkere Verschmutzung reagiert? Kennen wir alle Zusammenhänge zwischen der Meeresbodenstruktur und den Erzvorkommen? – Hunderte von Fragen warten noch auf eine Antwort. Eine Fülle von ihnen hat F. L. Boschke in seinem Buch »Unerforschtes« aufgezeigt.

Die Wissenschaft hat das Forschungsfeld *Meer* in Angriff genommen. Mit den modernsten Mitteln der Elektronik und Meßtechnik, mit Flachwasserüberwachungsgeräten (vgl. Abb. 134) oder automatischen Tiefseesonden (vgl. Abb. 135) schafft sie Mittel, den uns noch so unbekannten Raum in jeder Hinsicht zu erkunden. Das ist eine aufwendige und mühsame Arbeit. Sie wird viele Ergebnisse liefern, die zunächst nur rein wissenschaftliche Neugierde befriedigen. Aber sie wird uns auch Erkenntnisse bescheren, die sich eines Tages wirtschaftlich oder ökologisch bezahlt machen.

Grenzenloser Raum Die Raumforschung als Kind unserer Zeit zeigt besonders gut, wie reine wissenschaftliche Forschung und prak-

Abbildung 134: Ein »Argusauge« für Meeresforscher haben die Erno-Werke in Bremen entwickelt. Der 30 Meter lange Meßmast tastet von Bord eines Forschungsschiffes aus flache Küstengewässer und Flußläufe ab und liefert Daten für Meeresphysiker und Umweltschützer.

ARGUS I

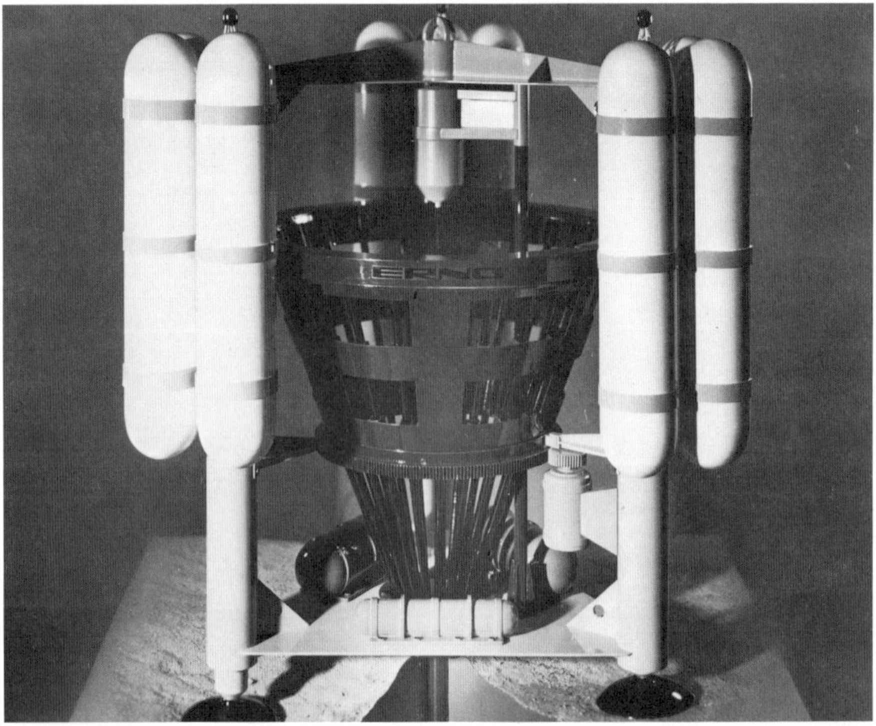
ERNO

NASA
USA
ESRO
UNITED
USA
NASA

tische Nutzanwendung ineinander verzahnt sind. Den ersten künstlichen Forschungsmonden, die unsere Erde umkreisen, sind kommerzielle Nachrichtensatelliten gefolgt. Die Weiterentwicklung des amerikanischen Weltraumlabors Skylab wird das europäische Spacelab sein, das nicht mehr allein wissenschaftliche Aufgaben lösen soll. Was sich die Industrie unter anderem von der neuen Werkstatt im Weltall verspricht, wurde auf den Seiten 159 bis 163 berichtet. Daß sie diese berechtigten Hoffnungen haben darf, verdankt sie allein den Fortschritten in der Raumfahrt.

Die amerikanische Trägerrakete, die das Spacelab in seine Umlaufbahn in 185 Kilometern Höhe bringen soll, nimmt zugleich auch einen sogenannten *Orbiter* mit. Dieses flugzeugähnliche Gebilde ist 18 Meter lang und hat einen Durchmesser von 4,5 Metern. Das komplette Raumlabor Spacelab paßt genau in seinen Rumpf (vgl. Abb. 136) und läßt sich von ihm nach beendeter Mission wieder unbeschädigt im Gleitflug zur Erde zurückbringen. Das gesamte Startsystem, bestehend aus der Trägerrakete und dem im Huckepack auf ihr reitenden Orbiter, wiegt einschließlich Treibstoff 1861 Tonnen und kann 29,5 Tonnen Nutzlast in die Umlaufbahn befördern. Weil sich der Orbiter und das Spacelab wiederverwenden lassen, ist dieses Transportsystem viel billiger als alle anderen vor ihm. Mit 15 Millionen Dollar kostet ein Flug nur ein Drittel von dem mit der bisher größten Saturnrakete, die außerdem nur knapp 20 Tonnen Nutzlast mitnehmen konnte.

Dank dieser ganz wesentlichen Einsparung werden Weltraumlabors ab etwa 1980 nicht länger das Privileg experimentierfreudiger Regierungen großer Weltmächte bleiben. Auch die Industrie wird sich Versuchsreihen im All leisten können. Insgesamt rechnen die in-

Abbildung 135: So arbeitet eine automatische Tiefsee-Forschungssonde. Das Gerät (hier ein Modell) sinkt auf den Meeresgrund hinab und entnimmt ihm eine Bohrprobe. Anschließend füllen sich die langen Gasflaschen aus Preßgaspatronen und geben der Sonde Auftrieb. An die Meeresoberfläche zurückgekehrt, meldet sie ihre Position durch Funksignale.

Abbildung 136: Die Raumfähre »Orbiter« (im Modell mit geöffneten Ladeluken) soll in den achtziger Jahren »Spacelabs«, Weltraumlaboratorien, im Gleitflug unbeschädigt zur Erde zurückbringen (siehe auch Abbildung 68). Fähre und Labors lassen sich wiederverwenden und bringen deshalb enorme Kostenersparnisse gegenüber den bisherigen Systemen für nur einmaligen Gebrauch mit sich.

ternationalen Weltraumbehörden für die achtziger Jahre mit 10 bis 15 Raumlabors, die zusammen nicht weniger als 336 einzelne Missionen absolvieren sollen: 60 astronomische Experimente, 11 Versuchsreihen zur Kommunikation und Navigation, 36 physikalische und Erdbeobachtungen, 43 Experimente zur Herstellung neuer Werkstoffe, 28 biologische und medizinische Forschungsaufgaben, 46 technologische und 112 weltraumphysikalische.

Neben den Spacelabs werden auch in Zukunft mehr und mehr unbemannte Satelliten unsere Erde umkreisen und Raumsonden ins All starten. Sie sollen Licht in die verschiedensten Forschungsprobleme bringen oder auch kommerzielle Aufgaben lösen. Einen Überblick in Bildern über einige der neuesten und der zukünftigen künstlichen Himmelskörper und ihre Arbeitsgebiete geben Ihnen die Abbildungen 137 bis 144.

Wohin schwimmen die Kontinente?

»Indem aber Erdbeben und Überschwemmungen eintraten, versank in einem schlimmen Tage und in einer schlimmen Nacht das ganze hellenische Heer in der Erde, und ebenso wurde auch die Insel Atlantis, die in das Meer versank, unsichtbar.« – Plato, Timaios –

Der Bericht Platos über den Untergang der sagenumwobenen Insel Atlantis und ähnliche Überlieferungen zeigen, daß der Mensch

Abbildung 137: Als deutsch-amerikanisches Gemeinschaftsprojekt startete im Juli 1974 die Sonnensonde »Helios« zu ihrer Mission in das Weltall. Sie soll Daten über Sonnenwinde, interstellare Magnetfelder, kosmische Strahlungen und den Staub im Weltall zur Erde funken.

Abbildung 138: Ab 1976 kreist der erste »OTS« (*O*rbital *T*est *S*atellite) um die Erde. Er ist der Vorläufer eines großangelegten europäischen Datenübertragungsnetzes.

Abbildung 139: Ebenfalls im Sommer 1976 geht der Forschungssatellit »GEOS« in seine Umlaufbahn. Er soll in neun wissenschaftlichen Experimenten geophysikalische Spezialfragen beantworten helfen.

Abbildung 140: Als künstlicher Planet wird die Raumsonde mit dem geheimnisvollen Doppelnamen SERTOG/SOREL um die Sonne kreisen und zum wissenschaftlichen Verständnis der Anziehungskraft zwischen den Gestirnen beitragen.

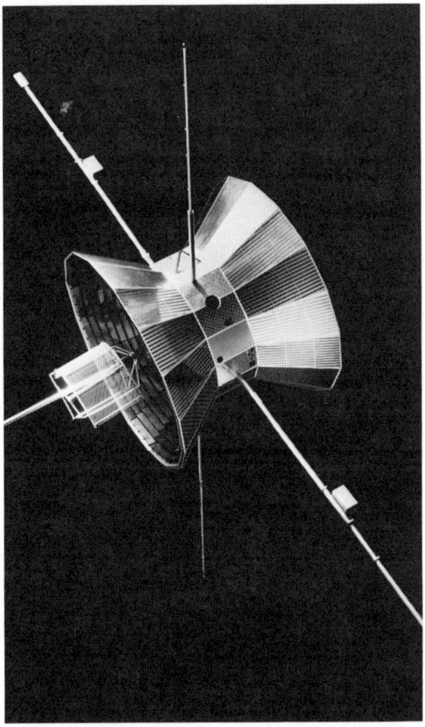
7

138

9

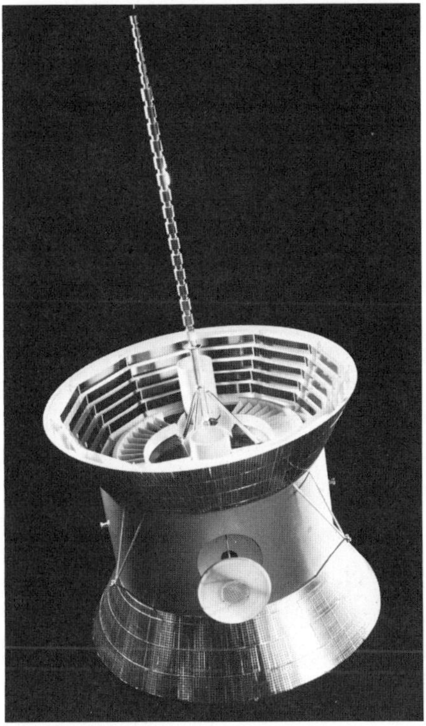
140

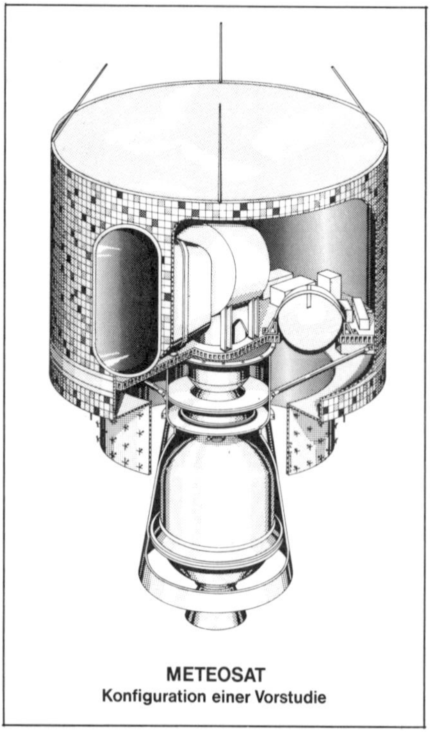

141

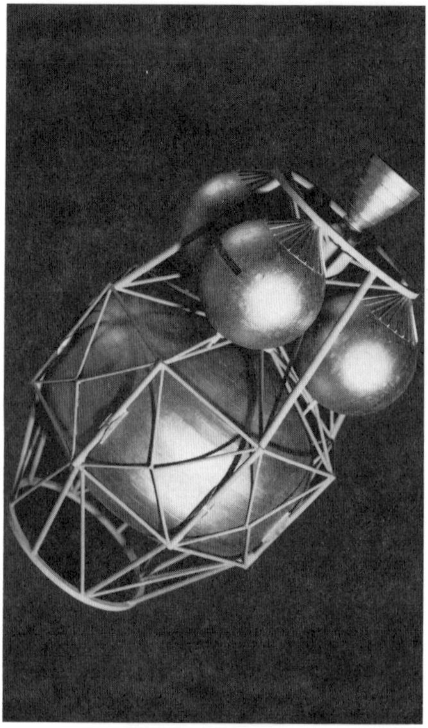
1

143

1

schon sehr zeitig aufmerksam das Wechselspiel zwischen Land und Meer beobachtet hat. Die Erdoberfläche ist ständig in Bewegung. Das beweist das Vorkommen von Gesteinen in Hochgebirgen, die sich nur auf Meeresböden gebildet haben können, und das verdeutlicht das Absinken der Lagunenstadt Venedig. Aus Meer wird Land, aus Land Meer. In Jahrmillionen haben sich Kontinente gebildet und umgebildet. Vulkane und Gebirge sind entstanden, auf dem Boden der Ozeane Tausende von Kilometern lange Spalten und Gräben aufgerissen. Wie haben sie sich gebildet, wie wirken die formenden Kräfte zwischen der Erdkruste und dem Erdinneren zusammen?

Im vergangenen Jahrzehnt haben die Geologen eine Theorie gefunden, die viele dieser Fragen beantworten könnte. Sie sagen, daß die äußere Schale der Erde, die etwa 100 Kilometer dicke *Lithosphäre*, in sechs große und mehrere kleine Platten zerborsten ist, die wie Eisschollen auf dem glutflüssigen Erdinneren schwimmen. Dabei stoßen sie zusammen, falten sich an den Rändern auf oder schieben sich mit ihren Kanten untereinander und schmelzen dabei ein, um

Abbildung 141: Schon der Name METEOSAT läßt erkennen, wofür dieses Satellitenmodell bestimmt ist. Mindestens sechs künstliche Monde dieser Bauart werden den europäischen Meteorologen ständig Beobachtungswerte über das weltweite Wetter herabfunken. Die Wissenschaftler versprechen sich von diesem Großprojekt, zu dem auch der Neubau zahlreicher Bodenstationen gehört, wesentliche Verbesserungen in der Wetterbeobachtung und Wettervorhersage. Der erste METEOSAT (hier eine Vorstudie) soll schon 1976 starten.

Abbildung 142: Kein Satellit, sondern ein Traktor für Weltraumtransporte ist der »Space Tug« (hier ein Modellentwurf). Er soll Nutzlasten von einer niedrigeren Umlaufbahn auf eine höhere befördern. Dann kehrt er von selbst zur niedrigeren Bahn zurück, und der »Orbiter« (vgl. Abb. 136) transportiert ihn wieder zur Erde.

Abbildung 143: Wie der »Space Tug« ist auch »SELAM« kein Satellit, sondern ein Raumfahrzeug. Seine elektrischen Triebwerke erhalten ihre Energie aus großen »Sonnensegeln«, die mit Fotozellen besetzt sind. Das Bild zeigt eine Konzeptstudie.

Abbildung 144: Dieser geplante deutsche Fernsehrundfunksatellit für den Direktempfang soll ab Anfang der achtziger Jahre alle bundesdeutschen Fernsehantennen direkt von oben mit den Programmen der verschiedenen Sendeanstalten versorgen. Störende Hochhausschatten oder schlechten Empfang in engen Bergtälern gibt es dann nicht mehr. Natürlich wird der Satellit nicht um die Erde kreisen, sondern über Deutschland fest am Himmel stehen.

sich an anderen Stellen zu erneuern. Kontinente, die in frühen Zeiten der Erdgeschichte zusammenhingen wie Amerika und Afrika treiben auseinander, andere nähern sich gegenseitig an.

Natürlich möchten die Forscher die Richtigkeit ihrer Theorie durch große geologische Experimente beweisen. Dazu müssen sie Meeresböden vermessen, Erdbeben und Vulkanausbrüche untersuchen, durch Sprengungen künstliche Druckwellen in der Erdrinde erzeugen. In den vergangenen Jahren trugen vor allem zwei große Projekte erfolgreich zur Klärung vieler Fragen bei, das »Internationale geophysikalische Jahr« und das »Projekt oberer Erdmantel«. Erdwissenschaftler aus aller Herren Länder haben dabei zusammengearbeitet. 1971 beschlossen sie nun auf der Tagung der Internationalen Union für Geodäsie und Geophysik in Moskau, die gemeinschaftlichen Anstrengungen im neuen internationalen Großprojekt »Geodynamics« fortzusetzen. In diesem Rahmen wollen sie besonders die Bewegungen im Inneren des Erdkörpers und deren Ursachen ergründen. Bessere Erdbebenvorhersagen und Erkenntnisse über Lagerstätten geothermischer Energie können zu den praktisch verwertbaren Ergebnissen dieser Arbeiten gehören.

Eis im Norden – Eis im Süden Ein Kontinent für Wissenschaftler, das ist die Antarktis. Hier ist alles anders. Die Luft ist reiner als irgendwo sonst auf der Welt und ermöglicht exakte atmosphärische Messungen. Ungestört lassen sich von antarktischen Observatorien Veränderungen in den obersten Luftschichten beobachten, oder das Entstehen von Sonnenwinden, die möglicherweise Astronauten auf dem Mond gefährden könnten.

Jenseits der Bergkette von Marie Byrd Land ist das ewige Eis über zwei Kilometer dick und 50000 Jahre alt. Wissenschaftler, die diese mächtige Kruste gefrorenen Wassers anbohren, finden einen direkten Weg in ein Stück Erdgeschichte. Sie kommen unter anderem Klimaänderungen in den vergangenen Jahrzehntausend auf die Spur, die das Eis Schicht für Schicht dokumentiert wie ein gut geführtes Museum.

In der extremen Kälte, gepaart mit der Trockenheit der antarktischen Inlandwüsten und der sechs Monate langen Dunkelheit der Polarnacht absolvieren mikroskopisch kleine Lebewesen die härteste Schule des Überlebens, die sich auf Erden denken läßt. Biologen des kalifornischen *Jet Propulsion Laboratory* erforschen sie und erklären dazu: »Wir hoffen, mit unseren Erkenntnissen Leben auf anderen Planeten nachweisen zu können, wenn es dort welches gibt.«

Wissenschaftler, die ein ganzes Jahr oder länger in der Abgeschiedenheit der Antarktis leben, sind ihrerseits interessante Studienobjekte für andere Wissenschaftler. Psychologen und Ärzte untersuchen, wie die polaren Einsiedler unter ihren extremen Lebensbedingungen träumen und wie sie sich im Schlaf verhalten. Das kann wertvolle Erkenntnisse liefern, die sich vielleicht auf die Besatzungen zukünftiger Weltraumstationen übertragen lassen.

Pinguinbabies geben den Verhaltensforschern Rätsel auf. In der Nähe der Hallett-Station am Rande des antarktischen Ross-Meeres versuchen die Biologen, dem Unterscheidungsvermögen auf die Spur zu kommen, mit dem die jungen Vögel in großen Kolonien ihre Eltern wiedererkennen. Und wie schaffen es die Pinguine, unter den extremen Temperaturbedingungen ihre Körperwärme exakt zu regulieren?

Wie die Antarktis ist auch das nordpolare Gebiet ein idealer Übungsplatz für Wissenschaftler der verschiedensten Fachrichtungen. In Grönland, Alaska und Spitzbergen untersuchen Geobiologen Jahrtausende alte Flechten, Gletscherforscher verfolgen die Bewegungen riesiger Eisströme, und Eisbergexperten beobachten, wie die abfließenden Gletscher kalben, wenn sie das offene Meer erreichen. Andere Spezialisten widmen sich den phantastischen Spielen des Polarlichts oder untersuchen die tausend verschiedenen Kristallisationsformen von gefrierendem Wasser.

Dem Wetter auf der Spur In den Jahrmillionen seiner Geschichte hat sich der Mensch an das Wetter angepaßt. Änderte sich das Klima, beispielsweise während der Eiszeiten, änderte sich auch der Mensch. Heute läßt sich nicht mehr ausschließen, daß schon bald der Mensch seinerseits das Klima ändert. Das kann ungewollt und unbewußt geschehen durch das Verheizen aller Erdöl- und Erdgasvorräte und eines großen Teils der Kohlereserven innerhalb eines einzigen Jahrhunderts und die damit verbundene Erwärmung der Atmosphäre. Das kann später aber zu einem gewissen Grad vielleicht sogar ganz bewußt erfolgen. So bemühen sich schon heute US-Meeresforscher in Florida, den gefürchteten Hurrikanen die Kraft zu nehmen. Breiten sie hauchdünne Filme einer synthetischen Flüssigkeit auf der offenen See aus, dann läßt sich damit die Wasserverdunstung einschränken, und die Hurrikane, die ihre Energie gerade aus dem verdunstenden Wasser erneuern, hungern regelrecht aus.

Um aber den möglichen weltweiten Einfluß des Menschen auf das Wetter abschätzen zu können und um andererseits unsere Abhängigkeit vom Klima besser zu verstehen, hat die Wissenschaft noch einen weiten Weg vor sich. Es gilt, äußerst verzwickten Zusammenhängen auf die Spur zu kommen. Die Sommermonsune über Südasien sind zum Beispiel die Folge einer Wechselwirkung zwischen westlichen Luftströmungen, die in mittleren und großen Höhen über Europa dahinziehen und Oströmungen über dem äquatorialen Pazifik und dem Indischen Ozean.

Die europäischen Winterstürme andererseits bilden sich oft über der amerikanischen Ostküste. Manche solche Zusammenhänge haben die Meteorologen schon herausgefunden. Viel müssen sie noch ergründen. Das ist eine internationale Aufgabe größten Stils. Ende 1967 haben Wissenschaftler aller Länder in Stockholm beschlossen, sich an sie heranzuwagen. Mit einem weltumspannenden Beobachtungsnetz, dem Einsatz modernster Datenverarbeitungsanlagen, einem internationalen Telekommunikationsnetz, einem weitgespannten Forschungsprogramm und speziellen Ausbildungskonzepten wollen sie dem Wetter jetzt zu Leibe rücken. Alle diese Bestrebungen laufen unter dem Sammelnamen GARP (GARP = *G*lobal *A*tmospheric *R*esearch *P*rogramme) und werden Jahrzehnte in Anspruch nehmen. Die Hilfsmittel der GARP-Forschungsaktion reichen vom Mikroskop für die Untersuchung der Regentropfenbildung bis zum modernen Wettersatelliten, der innerhalb weniger Minuten meteorologische Daten rund um den Globus zusammenträgt.

Lichtstrahlen – härter als Diamanten Eines der schönsten Beispiele dafür, welche weitreichenden Segnungen die Erkenntnisse der reinen wissenschaftlichen Forschung auf den verschiedensten Gebieten mit sich bringen kann, ist die Laser-Technik. In den eineinhalb Jahrzehnten zwischen der Erfindung des Laser-Lichts im Jahre 1960 und dem Erscheinungsjahr dieses Buches hat sich die Laserforschung zu einem der bedeutendsten Hilfsmittel der Technik an allen ihren

Fronten entwickelt. Über drei faszinierende Beispiele für die unglaublich scheinenden Leistungen dieser extrem scharf gebündelten Hochleistungslichtstrahlen habe ich schon berichtet. Bereits erklärt wurde, welche Hoffnungen die Energieforscher auf Laserstrahlen im Zusammenhang mit der Kernfusion setzen (vgl. Seite 65 und Abb. 24), und beschrieben, wie ein Laserstrahl in einer hauchdünnen Glasfaser gleichzeitig Zehntausende von Telefongesprächen übertragen kann (vgl. Seite 304 und Abb. 132). In der Technik der elektronischen Datenspeicher macht das Laserlicht Konstruktionen möglich, die auf gleichem Raum 1000mal mehr Informationen aufzeichnen können als Magnetbandspeicher (vgl. Seite 313).

Hier seien noch ein paar weitere Streiflichter auf die Zauberwelt des Lasers geworfen. Laserstrahlen sind außerordentlich energiereich. Fällt ein scharfgebündelter Strahl dieses Lichts auf irgendeinen Werkstoff, dann kann er ihn in Sekundenbruchteilen glatt und äußerst präzise durchbohren. Auf diese Weise lassen sich die härtesten Materialien, zum Beispiel Diamanten, exakt bearbeiten, ohne daß sich das »Werkzeug« abnutzt. Und wo normale Sägen oder Bohrer nicht mehr hinkommen, weil das Werkstück zu winzig oder zu kompliziert ist, hilft Laser natürlich auch weiter.

Wegen seiner linealgeraden Ausbreitung lassen sich mit Laserlicht ganz ausgezeichnete Zielvorrichtungen bauen, für den militärischen Einsatz ebenso wie für friedliche Vermessungsgeräte oder die Steuermechanismen im Tunnelbau.

Die Laserforschung ist noch längst nicht abgeschlossen. Laufend ergeben sich neue Anwendungsgebiete. So hat ein deutscher Medizinprofessor kürzlich ein aufsehenerregendes Laserschweißgerät für die Augenchirurgie entwickelt. Durch Entzündungen oder Augenverletzungen und auch als Folge sehr starker Kurzsichtigkeit kann sich im Augenhintergrund die Netzhaut, auf der die Augenlinse das Bild von der Umwelt zeichnet, von der sogenannten Aderhaut ablösen. Das führt ohne Operation fast immer langsam, aber sicher zur Erblindung. Operationen am Auge sind aber nicht ungefährlich. Hier hilft die Laserlichtchirurgie. Durch die Linse wandert ein zunächst breiter Laserstrahl ungehindert in das Innere des Augapfels wie normales Licht auch. Der Arzt bündelt nun den Strahlengang so, daß sich das Laserlicht genau auf der Netzhaut in einem winzigen Brennpunkt trifft. Dadurch erhitzt sich die abgelöste Haut an dieser Stelle wie

Zeitungspapier unter dem Brennglas eines experimentierenden Schulkindes. Und dann geschieht das Wunderbare: Die Netzhaut verschweißt sich wieder mit der Aderhaut, und der Patient ist geheilt.

Mit Laserimpulsen können Wissenschaftler extrem kurze Vorgänge untersuchen, wie sie sich beispielsweise im Inneren von Atomkernen abspielen, denn Laserlicht läßt sich am exaktesten zeitlich steuern. Laserimpulse von der Dauer eines Millionstel einer millionstel Sekunde sind der kürzeste Prozeß, den Forscher im Labor exakt beherrschen.

Doch das sonderbare Licht gibt den Physikern auch so manches Rätsel auf: ohne einen ersichtlichen Grund wird es beispielsweise von durchsichtigen Körpern reflektiert, durch die normales Licht glatt hindurchgeht; oder es ändert ohne erkennbaren Anlaß plötzlich seine Farbe. Wo sich ein gewöhnliches Lichtbündel ausbreitet, verengen sich Laserstrahlen auf einmal und laufen wie von Geisterhand gesteuert zu einem stabilen Brennpunkt zusammen. Die Laserforscher kennen viele solcher Erscheinungen. Erklären können sie bis jetzt die wenigsten.

Doch wer glaubt, Laserstrahlen seien ein Privileg der Forscher, der irrt. Vielleicht werden sie eines Tages sogar die Schneiderschere ersetzen. Ein Kunde, der einen neuen Maßanzug bestellen möchte, tritt dann in die Werkstatt des Couturiers, und sofort tastet eine elektronisch gesteuerte Stereokamera dreidimensional seine Körpermaße ab. Ein Computer überträgt die Meßergebnisse auf einen Lochstreifen und wertet ihn augenblicklich aus. Dann lenkt er einen messerscharfen Laserstrahl über eine Stoffbahn, der in Sekundenschnelle das Tuch zuschneidet, genau nach den Maßen des Kunden. Will man zwei, drei oder vier Anzüge? Nichts leichter als das, dann legt der Schneider eben mehrere Stoffbahnen übereinander auf den Laserzuschneidetisch. Der Rest ist reine Näharbeit.

Kernphysiker suchen nach der Insel der Hoffnungen Abgesehen von vereinzelten Plutoniumatomen kommen auf der Erde keine schwereren Elemente als Uran vor. Trotzdem gibt es sie. Forscher haben eine ganze Reihe davon in ihren Laboratorien künstlich hergestellt. Das erste solche Element war *Technetium*, das die Amerikaner Perrier und Segrè 1937 bei Experimenten mit radioaktiver

Strahlung erzeugten. Rasch folgten andere, zum Beispiel *Neptunium* und künstliches *Plutonium* im Jahre 1940. Bis 1970 gelang es Wissenschaftlern in den USA, neue sogenannte Transuranelemente, also Elemente deren Gewicht jenseits des Urans liegt, herzustellen. Die beiden letzten bis heute noch namenlosen Elemente in dieser Kette haben die Ordnungszahlen 104 und 105. Sie entstanden zuerst in russischen Laboratorien.

Manche dieser künstlichen Elemente lassen sich nur extrem schwer und in winzigsten Mengen erzeugen. Oft gewinnen die Forscher nur wenige Atome pro Tag, die in Bruchteilen von Sekunden von selbst wieder zerfallen und gerade lange genug leben, um sich nachweisen zu lassen. Je schwerer die neugefundenen Kerne werden, desto instabiler sind sie. Deshalb ist kaum mit wissenschaftlichen Sensationsmeldungen zu rechnen, die etwas über die Herstellung von Atomen mit den Ordnungszahlen 107 oder 108 berichten.

Der russische Atomphysiker Swiatecki sagt, jenseits der Elemente 104 und 105 beginnt das »Meer der Instabilitäten«. Doch er rechnet damit, daß es in diesem Meer eine »Insel der Hoffnungen« gibt, ungefähr bei der Ordnungszahl 114. Atome mit etwa 114 Protonen in ihrem Kern (das nämlich besagt diese Ordnungszahl) könnten wieder stabil sein. Eine englische Forschergruppe will sogar schon Ende 1970 bei ihren Experimenten Atome des Elements 112 erzeugt haben und glaubt, es könnte 500 Jahre leben. Ganz sicher ist das aber noch nicht. Um das Gebiet der »überschweren Kerne« zu erschließen, bauen seit einigen Jahren Kernforschungsinstitute in Berkeley (USA), Dubna (Rußland), Orsay und Lyon (Frankreich) und Darmstadt (Westdeutschland) neue riesige »Protonenbeschleuniger«. Das sind Anlagen, in denen schwere Atomkerne mit ungeheuer energiereichen Protonen beschossen werden, die dabei in das Innere der Kerne eindringen sollen.

Ist die sogenannte *Schwerionenforschung* mehr als eine extrem teure wissenschaftliche Spielerei? Niemand weiß heute, ob sich ihre Ergebnisse je praktisch verwerten lassen. Aber vermuten läßt es sich, denn viele der bis jetzt bekanntgewordenen Transuranelemente nehmen inzwischen einen festen Platz in Wissenschaft und Technik ein. Plutonium, das in Brutreaktoren entsteht (vgl. Seite 57), ist heute bei weitem das wichtigste unter ihnen, denn es wird bald das Natururan als Brennstoff in den Kernreaktoren ersetzen.

Eine besondere Form des Plutoniums, das Plutonium 238, ist eine bedeutsame und zuverlässige Wärmequelle, deren Leistung von einem halben Watt je Gramm erst in 86 Jahren auf die Hälfte abnimmt. In abgelegenen Meßstationen versorgen Plutoniumbatterien wissenschaftliche Instrumente. Ein ganz wesentliches Anwendungsgebiet erobern sie gerade in der Medizin als Energielieferanten für eingepflanzte Herzschrittmacher, die nicht wie die bisher üblichen elektrischen Batterien alle zwei Jahre erneuert werden müssen, sondern zeitlebens im Körper des Patienten bleiben. In den USA und Westdeutschland arbeiten Forscherteams seit einigen Jahren sogar an der Entwicklung ganzer künstlicher Herzen mit 60 Gramm Plutonium als lebenslanger Energiequelle.

Ein nicht gerade billiges Transuranelement ist das *Californium.* Ein einziges Gramm davon kostet zehn Millionen Dollar! Doch auch dieses teuere Material findet seine Abnehmer. Es sendet nämlich ständig Neutronen aus, pro Gramm eine Million Millionen in jeder Sekunde. Mit so einer langlebigen Neutronenquelle lassen sich Kapseln zur Untersuchung des Tiefseebodens bauen oder zur Erforschung des Gesteins in tiefen Bohrlöchern und zur Gehaltsbestimmung von Mineralien und Erzen. Röhrchen, die nur ein halbes Milligramm Californium enthalten, zerstören durch ihren Neutronenstrom im Körper von Krebspatienten das kranke Gewebe.

Vielleicht werden die superschweren Atome der Zukunft eines Tages ähnliche interessante Anwendungsgebiete finden. Zunächst müssen aber unsere Wissenschaftler in großen Forschungsprojekten sie selbst suchen.

Pessimismus und Resignation führen ins Abseits – gleichsam eine Bilanz –

Die Anregungen, die ständig von der reinen wissenschaftlichen Forschung auf die Technik ausgehen, die neuen Wege, die sich heute beinahe täglich öffnen, und die neuen Methoden zur Lösung alter Probleme sind faszinierend. Doch dieses Buch soll nicht bloße Faszination erzeugen, die bestenfalls in der Lage wäre, für einige Stunden von den großen Umweltproblemen abzulenken, denen wir heute gegenüberstehen. Es sollte vielmehr gezeigt werden, daß wir keinen Grund haben, jenen Schwarzmalern bedingungslos zu glauben, die uns fortwährend erklären, daß wir am Ende sind, daß die Energiekrise, die Rohstoffmisere, die Umweltverschmutzung der Menschheit in wenigen Jahrzehnten den Garaus machen werden.

Gewiß, es gibt auch optimistische Stimmen, die sagen, daß sich bis jetzt immer wieder Auswege gefunden haben, und daß unsere Wissenschaftler auch in Zukunft welche finden werden. Doch mit dieser naiv-freudigen Annahme allein ist es nicht getan. Wer solche Behauptungen aufstellt, muß sich schon die Mühe machen, sie mit Beispielen zu belegen. Eben das wurde in diesem Buch versucht. Und wer jetzt, nachdem er die Fülle der Lösungsbeispiele zur Kenntnis nahm, das Gefühl hat, unsere Wissenschaftler und Techniker verwirklichen ihre Projekte auf die Dauer schneller als die Katastrophe fortschreitet, der wird mit dem gleichen Optimismus in seine Zukunft und die Zukunft seiner Kinder blicken, der mich als Ingenieur und Autor veranlaßt hat, dieses Buch zu schreiben. Er wird auch nicht jenen Stimmen beipflichten, die da predigen, wir seien am Ende. Dabei soll nicht übersehen werden, daß die Beispiele großer und kühner Projekte in diesem Buch wirklich nicht mehr als *Beispiele* sind, herausgegriffen aus einer Fülle von ähnlichen Vorhaben, die alle ihren Teil zu unserer Zukunft beitragen.

Wir haben allen Grund, optimistisch zu sein, optimistischer als etwa vor zehn Jahren. Und doch sprach damals kaum jemand von der großen Krise, obwohl viele der hier gezeigten Lösungswege noch nicht einmal in ihrem Ansatz zu erkennen waren.

Wer aber nicht bereit ist, diesen Optimismus zu teilen, sollte bitte daran denken, daß aus Pessimismus und Resignation niemals große Leistungen und positive Ergebnisse erwachsen. Wenn unsere Wissenschaftler und Ingenieure – die wahren »Baumeister unserer Zukunft« in allen Ländern dieser Erde – nicht an den Sinn ihrer Arbeit glaubten, und wenn sie die Verantwortung für die Sicherung der menschlichen Existenz auf unserem Planeten nicht übernehmen würden, hätten sie nicht einmal die Grundlagen für die Projekte schaffen können, von denen dieses Buch handelt.

Quellennachweis

Folgenden Privatpersonen, Verlagen, Instituten und Firmen danke ich für zur Verfügung gestelltes Bildmaterial:

Abbildungen 3, 4, 6
The British Petroleum Co. Ltd., London
Abbildungen 5, 114
Howaldtswerke – Deutsche Werft, Hamburg
Abbildung 7
The Phillips Norway Group
Abbildung 8
Zeichnung des Autors nach Unterlagen der Howaldtswerke – Deutsche Werft, Hamburg
Abbildungen 10, 116, 117, 118, 120
Boeing Commercial Airplane Company, Seattle
Abbildungen 11, 12
Ministery for Energy, Mines and Resources, Canada
Abbildungen 13, 14, 15
Archiv Dr. G. Beeger, Darmstadt
Abbildungen 16, 17, 22, 23, 24, 25, 41
Lawrence Livermore Laboratory, University of California, Livermore
Abbildungen 18, 19, 20
U.S. Atomic Energy Commission, Washington, D.C.
Abbildung 21
Zeichnung des Autors nach Unterlagen des California Institute of Technology
Abbildungen 26, 27, 31
Hochtief AG, Essen
Abbildungen 28, 60
AEG-Telefunken, Frankfurt
Abbildungen 29, 30
Zeichnungen nach Unterlagen der Hochtief AG, Essen
Abbildungen 33, 34
Archiv Electricité de France, Paris
Abbildungen 35, 36
Nach Unterlagen des ETZ-Verlages, Berlin
Abbildung 37
Nach Unterlagen der Ente Nazionale per l'Energia Elettrica, Florenz
Abbildungen 38, 39, 40
Ente Nazionale per l'Energia Electrica, Gruppo Minerario di Larderello, Larderello
Abbildungen 42, 50, 51
Archiv d. US-Repräsentantenhauses, Committee on Science a. Astronautics
Abbildung 43
U.S.-Weltraumbehörde NASA, Houston, Texas
Abbildung 44
University of Delaware, Institute of Energy Conversion
Abbildungen 45, 46, 47, 48, 49, 52, 53, 72, 77, 98
Laing Institut, Aldingen bei Stuttgart
Abbildungen 54, 55, 56, 57
Arthur D. Little, Inc., Cambridge, Massachusetts

Abbildungen 58, 59
Siemens-Schuckert-Werke, Erlangen
Abbildungen 62, 63
Metallgesellschaft, Frankfurt
Abbildung 64
AMR (Arbeitsgemeinschaft meerestechnisch verwendbarer Rohstoffe), aus der Broschüre »Raw Materials from the Sea«; Frankfurt
Abbildung 65
U.S. Navy Department
Abbildung 67
Steinkohlenbergbauverein, Essen
Abbildungen 68, 134, 135, 136, 137, 138, 139, 140, 141, 142, 143
ERNO Raumfahrttechnik GmbH, Bremen
Abbildungen 69, 70
Kohlenstoffbiologische Forschungsstation, Dortmund
Abbildungen 71, 73 a u. b, 74 a u. b, 78
General Motors Corporation, Warren, Michigan
Abbildung 79
Ministério dos Trasportes Relações Públicas, Brasilia
Abbildung 80
Zeichnung des Autors nach Unterlagen des Eidgenössischen Amts für Strassen- und Flussbau, Bern
Abbildung 81
»Comet«-Foto, Zürich
Abbildungen 82, 83, 84
Zeichnungen des Autors nach Unterlagen der Französischen Eisenbahnen, Generalvertretung Frankfurt
Abbildung 85
Französische Eisenbahnen, Generalvertretung, Frankfurt
Abbildung 86
Britische Eisenbahnen, Generalvertretung, Frankfurt
Abbildung 87
Deutsche Bundesbahn, Frankfurt
Abbildungen 88, 89, 94 a und b, 105
Soc. Bertin/Soc. de l'Aerotrain, Paris-La Défense
Abbildungen 90, 101
Rohr Industries, Inc., Chula Vista, California
Abbildungen 91 a und b, 92, 99
Krauss-Maffei AG, München
Abbildung 93
Projektgruppe Magnetschwebebahn, Erlangen
Abbildung 95
Arbeitsgemeinschaft schnellfahrende Bandzüge (asbz), Archiv der WESERHÜTTE GmbH, Bad Oeynhausen
Abbildungen 96, 97
Archiv J. V. Foa, Washington, D.C.
Abbildungen 100, 113
Boeing Aerospace Company, Seattle, Washington
Abbildung 102
Aerobus Engineering Ltd., Zürich
Abbildungen 103, 104, 110
Transportation Technology, Inc., Denver, Colorado
Abbildungen 106, 107
DEMAG Fördertechnik, Wetter an der Ruhr
Abbildung 108
LTV Aerospace Corporation, Dallas, Texas
Abbildung 109
Schweizerische Industriegesellschaft, Schaffhausen
Abbildung 111, 112
Engins Matra, Velizy
Abbildungen 115, 119
Bell Aerospace Company, Buffalo, New York
Abbildung 121
Architekturbüro Pereira, Los Angeles
Abbildung 122
Archiv der Port of London Authority, London; Crown Copyright
Abbildung 123
Nach Unterlagen der University of Hawaii
Abbildungen 124, 125
Fotos der Alza Corp., Palo Alto; Archiv der Chemie Grünenthal, Stolberg
Abbildungen 126, 127
Engins Matra (SFOM), Rueil
Abbildung 128
Deutscher Wetterdienst, Offenbach

Abbildung 129
Fernmeldetechnisches Zentralamt, Darmstadt
Abbildungen 132, 133
AEG-Telefunken, Ulm
Abbildung 144
Messerschmitt-Bölkow-Blohm GmbH, München

Folgenden Privatpersonen, Instituten und Firmen danke ich für Informationen:

Soc. Alsthom C.T.M., Paris
Düsseldorfer Messegesellschaft mbH – NOWEA –, Düsseldorf
Deutsche Forschungsgemeinschaft, Bonn-Bad Godesberg
Electricité de France, La Richardais
Textron, Spectrolab Division, Providence
Deutsches Atomforum e.V., Bonn
Interatom GmbH, Bensberg
Schnell-Brüter-Kernkraftwerksgesellschaft mbH, Essen
Deutsche Gesellschaft für Luft- und Raumfahrt e.V., Köln
Arthur D. Little, Inc., Cambridge, Massachusetts
Siemens Aktiengesellschaft, Erlangen und München
Forschungsgemeinschaft für Hochspannungs- und Hochstromtechnik, Mannheim
Professor K.W. Böer, University of Delaware, Newark
Gesellschaft für Kernenergieverwertung in Schiffbau und Schiffahrt mbH, Geesthacht-Tesperhude
Howaldtswerke-Deutsche Werft, Hamburg und Kiel
AEG-Telefunken, Frankfurt und Ulm
Vereinte Nationen, Economic Commission for Europe, Genf
Ministerium für Energy, Mines and Resources, Ottawa
United States Atomic Energy Commission, Oak Ridge
Ente Nazionale per l'Energia Elettrica, Florenz und Larderello
Professor Dr. Ing. G. Marotz, Universität Stuttgart
National Science Foundation, Washington, D.C.
Vorsitzender des Subcommittee on Energy, Mike Mc. Cormack, Repräsentantenhaus der USA, Washington, D.C.
Hochtief AG, Essen
The Phillips Petroleum Co., London
Bundesanstalt für Bodenforschung, Hannover
Japanische Botschaft, Bonn-Bad Godesberg
Lawrence Livermore Laboratory, University of California, Livermore
Prof. Dr.-Ing. G. Rouvé, TH Aachen
Prof. Dr.-Ing. Bassler, TH Darmstadt
Prof. Dr.-Ing. Kurt Roske, Direktor der Kreditanstalt für Wiederaufbau, Frankfurt
Dipl.-Phys. Nikolaus Laing, Aldingen bei Stuttgart
Prof. Dr. Werner Peters, Essen-Kray
Patents International Affiliates, Direktion für Europa, London
The Rand Corp., Santa Monica, California
Verband Kunststofferzeugende Industrie e.V., Frankfurt
Alza Pharmaceuticals, Palo Alto, California
Chemie Grünenthal GmbH, Stolberg
AMK, Berlin
Daimler-Benz AG, Stuttgart
General Motors Corp., Warren, Michigan
Eidgenössisches Amt für Strassen- und Flussbau, Bern
Prof. Dr.-Ing. Erich Bahke, Universität Karlsruhe
Prof. J.V. Foa, George Washington University, Washington, D.C.
La Société de l'Aerotrain, Paris-La Défense
Projektgruppe Magnetschwebebahn, Erlangen
Arbeitsgemeinschaft schnellfahrende Bandzüge (asbz), Weserhütte GmbH, Bad Oeynhausen

Britische Eisenbahnen, Generalvertretung, Frankfurt
British Railways Board, London
Französische Eisenbahnen, Generalvertretung, Frankfurt
Deutsche Bundesbahn, Hauptverwaltung, Frankfurt
Messerschmitt-Bölkow-Blohm GmbH, München
Engins Matra S.A., Velizy
Engins Matra (SFOM), Rueil-Malmaison
Schweizerische Industriegesellschaft, Schaffhausen
Hawker Siddeley Dynamics Ltd., Hatfield, Herfordshire
Aerobus Engineering Ltd., Dietlikon, Zürich
Krauss-Maffei AG, München
Transportation Technology, Inc., Denver, Colorado
Rohr Industries, Inc., Chula Vista, California
Projektgruppe Siemens-Düwag, Erlangen
Ground Transportations Division, LTV Aerospace Corp., Dallas, Texas
The Bendix Corporation, Southfield, Michigan
Boeing Aerospace Company, Seattle, Washington
Boeing Commercial Airplane Company, Seattle, Washington
Erno Raumfahrttechnik GmbH, Bremen
Howaldtswerke – Deutsche Werft, Hamburg und Kiel
Pereira Firms, Los Angeles
Dornier Public Relations, Friedrichshafen
J.N. Black, Director of Maplin, Port of London Authority, London
Bell Aerospace Company, Buffalo, New York
Prof. Dr. J. Bodechtel, Zentralstelle für Geo-Photogrammetrie und Fernerkundung, München
Fernmeldetechnisches Zentralamt, Darmstadt
University of Hawaii, Dept. of Architecture, Honolulu
Deutscher Wetterdienst, Zentralamt, Offenbach
Prof. Dr.-Ing. U. Ganzer, Technische Universität Berlin
Prof. Dr. A. Silbermann, Universität Köln
Dr. Schilling, Bergbau-Forschung GmbH, Essen
Metallgesellschaft AG, Frankfurt
Dr. C.J. Soeder, GSF, Abt. für Algenforschung und Algentechnologie, Dortmund
Department of the Air Force, Headquarters, Edwards Air Force Base, California
Dr. Georg Beeger, Darmstadt
Dipl.-Ing. Martin F. Wolters, München
Dr. Budinger, ZMD, Frankfurt
Prof. Dr. Kurt Lotz, Heidelberg
Prof. Martin Goldsmith, California Institute of Technology

Register

Felix R. Paturi

Geniale Ingenieure der Natur

Wodurch uns Pflanzen technisch überlegen sind

352 Seiten, 106 Abbildungen, Leinen

»Können wir von den Pflanzen lernen? Paturi beweist es. Er fordert Ingenieure und Physiker auf, sich die Entwicklungsmethoden der Natur zu eigen zu machen. Er wendet sich mit seinem Buch aber auch an jeden an Natur und Technik interessierten Menschen, der das Staunen über das Geniale noch nicht verlernt hat. Den genialen physikalischen, architektonischen, chemischen, energiewirtschaftlichen, nachrichtentechnischen und vielen anderen pflanzlichen Problemlösungen begegnet der Leser auf Schritt und Tritt. Paturi entzündet in seinem Buch ein Feuerwerk botanischer Glanzleistungen.
So faszinierend wie der Stoff dieses Buches, so flüssig und zugleich frei von Effekthascherei und falschem Pathos ist der Stil des Autors. Im wörtlichen Sinne einmalig sind auch die Abbildungen.«

Welt am Sonntag

»Wodurch uns Pflanzen technisch überlegen sind, ist ein Thema, das den Ingenieur, aber eigentlich jeden Angehörigen unseres fortschrittsgläubigen technischen Zeitalters herausfordern muß. Und so wirkungsvoll uns der Elektronik-Ingenieur Paturi mit staunenswerten und von uns unerreichten Leistungen der Pflanzen konfrontiert – noch wichtiger ist das hier formulierte Prinzip: die schrittweise Entwicklung. Von ihr könnten unsere Techniker lernen – und wir aus Paturis fesselndem und amüsantem Buch, wie interessant Pflanzen-Biologie sein kann.«

Westermanns Monatshefte

Jahreszahl	Verkehr	Information und Kommunikation
1970		In verschiedenen Ländern Versuchsstrecken für Hohlkabeltelefonie; 200 000 Gespräche pro Rohr
71		In Moskau Erforschung des Erdmantels beschlossen
72		Koaxialkabelverbindung für 10 800 Telefonate pro Doppelkabel
73		
74	Brasilien: Fernstraße Transamazonica fertig (5 400 km)	
1975	JETFOIL: Erstes Wasserfahrzeug der Welt ohne Seekrankheit Deutschland: Erster Autobus mit Dampfantrieb (Kraftwerksdampf) Eisenbahnen verkehren auf Fernstrecken mit Tempo 250 Mehrere öffentliche Versuchsstrecken für Kabinenbahnen verschiedener Systeme im Stadtverkehr	
76	Die Concorde nimmt als erstes Überschallflugzeug der Welt Liniendienst auf.	Testsatellit OTS startet als Vorläufer für ein großes europäisches Datenübertragungsnetz; Wettersatellit METEOSAT leitet neue Wettersatellitengeneration ein
77	Luftkissenzug bei Paris befördert stündlich 4000 Fahrgäste Gotthardtunnel fertig, längster Straßentunnel der Welt elektrodynamisch getragene Versuchszüge mit Tempo 500 Erste öffentliche Versuchsstrecken für Magnet- und Luftkissenfahrzeuge	Computerprogramme für Gespräche Mensch-Maschine und automatische Dokumentation alter Bücher Optische Datenspeicher können theoretisch alles Wissen d. Welt speichern
78	Erste LKW's verkehren mit Gasturbinenantrieb	
79	Klimatisierte rollende Bürgersteige führen sich ein (20 km/h)	Kommerzieller Einsatz von Hohlkabeln in USA, Europa, Japan
1980	Atom-Handelsschiffe mit 80 000 Wellen-PS laufen von Stapel „Maplin-Sand" Seehafen in England fertiggestellt	
81	Durch wiederverwendbare Raumfähren Raumfahrt billiger Kabinenbahnen für den öffentlichen sich in Großstädten mehr und mehr Einführung schneller Magnet- (und L kommerziellen Personenverkehr mit Flugverkehr zwischen Cities und Flughäfen mit Senkrechtstartern	Telefon-, Rundfunk- und TV-Übertragung mit Licht über Glasfasern
82	Frachtverkehr rund um die Uhr mit Riesen-Containerflugzeugen USA: Passagierflugzeuge mit 1,3- bis 2,7facher Schallgeschwindigkeit	Computergespeichertes Landkartennetz für Frankreich
83		Deutscher Fernsehrundfunksatellit versorgt Antennen vom All aus Breitbandkommunikati von Theater, Fußballp angebot usw. an
84		
1985	Atom-Handelsschiffe mit 240 000 Wellen-PS laufen von Stapel Im Linienflugverkehr Maschinen für rund 1000 Fluggäste	
86	Lu ze 10	

88

89 – USA: Kohlevergasung trägt maßgeblich zur Naturgasversorgung bei
– USA: Brutreaktoren tragen maßgeblich zur Energieversorgung bei

1990 – Kanada: Aus den Athabaska-Teersandfeldern täglich 150000 Tonnen Öl
– „In-situ"-Verfahren zur Gewinnung von Öl aus Ölschiefern und Teersanden sind erprobt und können eingesetzt werden

91

92

93

94

1995 – Gegenüber 1970 hundertmal soviel Kernenergie in Westdeutschland

96

97

98

99 – USA: Geothermische Energie 1,5% der Gesamtenergieproduktion (1972: 0,1%)
– Kanada: Kernenergie 44% der Gesamtenergieproduktion (1972: 3%)

2000 – USA: 50% aller Neubauten sind Sonnenhäuser
– Der jährliche Weltenergiebedarf hat sich seit 1950 verachtfacht

01 – Der Kohlendioxidgehalt der Luft ist seit 1975 um 20% gestiegen

02

03

04

2005

…vergasung möglich

…g mit Hochtemperatur-…technisch möglich

…den in größerem …bertragung

Prototyp eines Sonnenenergiesatelliten nimmt Arbeit auf

Kommerzieller Einsatz von Sonnenenergiesatelliten

Erste kommerzielle Fusionskraftwerke arbeiten

Erdwärmefelder in Kalifornien liefern täglich 10 Mio. m³ Trinkwasser

Kernreaktor-Meerwasserentsalzungsanl. liefern pro Anlage täglich bis zu 4000 m³ Trinkwasser; das entspricht der Weltproduktion von 1975

In Europa Gewinnung von Kies und Sand aus dem Schelfmeer erforderlich

…ung